陕西省自然科学基础研究计划项目
“服务型制造企业定价—库存策略研究”（编号：2022JQ-726）

数据资产评估

徐　超　张玉珍　徐　寒　著

西北大学出版社
·西安·

图书在版编目（CIP）数据

数据资产评估 / 徐超，张玉珍，徐寒著. —西安：西北大学出版社，2024.2

ISBN 978-7-5604-5344-6

Ⅰ. ①数… Ⅱ. ①徐… ②张… ③徐… Ⅲ. ①数据管理—高等学校—教材 Ⅳ. ①TP274

中国国家版本馆 CIP 数据核字（2024）第 047260 号

数据资产评估

SHUJU ZICHAN PINGGU

徐 超 张玉珍 徐 寒 著

出版发行 西北大学出版社

（西北大学校内 邮编：710069 电话：029-88303059）

http: //nwupress.nwu.edu.cn E-mail: xdpress@nwu.edu.cn

经 销 全国新华书店

印 刷 西安华新彩印有限责任公司

开 本 787 毫米×1092 毫米 1/16

印 张 16

版 次 2024 年 2 月第 1 版

印 次 2024 年 2 月第 1 次印刷

字 数 276 千字

书 号 ISBN 978-7-5604-5344-6

定 价 58.00 元

前 言

习近平总书记指出“要构建以数据为关键要素的数字经济。建设现代化经济体系离不开大数据发展和应用。”在党的十九届四中全会通过的《中共中央关于坚持和完善中国特色社会主义制度、推进国家治理体系和治理能力现代化若干重大问题的决定》中首次将“数据”与“劳动、资本、土地、知识、技术、管理”等生产要素并列，“数据要素”成为生产要素的重要组成部分。数据作为数字经济时代一项全新的生产要素，全方位参与经济社会活动，推动了数字经济的高质量发展，在数字社会和数字政府建设中发挥着重要的作用。在中共中央、国务院发布的《关于构建更加完善的要素市场化配置体制机制的意见》中指出要“加快培育数据要素市场”。通过数据要素市场建设，促进数据要素自主有序流动，才能实现数据自身的价值。数据的价值化是数据要素市场建设和运行的核心。而数据资产评估是实现数据价值化的重要抓手。

在中共中央、国务院发布的《关于构建数据基础制度更好发挥数据要素作用的意见》中指出要有序培育包括资产评估在内的第三方专业服务机构，提升数据流通和交易全流程服务能力。此文件鼓励了资产评估机构从事数据资产业务、为数据交易服务的积极性。财政部和中国资产评估协会先后制定印发的《企业数据资源相关会计处理暂行规定》《数据资产评估指导意见》，为资产评估机构从事数据资产评估业务提供了依据和标准。我们相信在党和政府的大力推动下，我国数据资产评估事业必将进入快速发展时期。

数据资产评估是一个崭新的、富有挑战性的评估领域，主要体现在以下方面：

第一，资产评估行业从事数据资产评估业务的时间较短。2022 年资产评估机构开始从事数据资产评估业务，目前数据资产评估事业处于初创时期。

第二，从事数据资产评估业务有较高的难度和复杂程度。数据资产种类繁多、应用场景多样，即使同一项数据资产应用于不同的场景其价值也有较大差异。这些因素导致了数据资产评估业务具有较高的难度和复杂程度。

第三，数据资产评估是资产评估师新的执业领域。从事数据资产评估业务需要资产评估师掌握数据科学理论并能熟练运用数据挖掘与分析工具，同时又需要掌握资产评估理论与方法。由于数据资产评估事业处于初创时期，资产评估师接触数据资产评估业务的机会有限，资产评估师比较缺乏数据科学知识、数据资产评估理论知识和实践经验。数据资产评估是摆在资产评估师面前的一个新的课题。

数据资产评估是一个崭新的、富有挑战性的又具有光明前景的事业，在这个领域进行研究是有意义的。

本书内容分为三部分，共八章。

第一部分为数据资产基础理论研究，包括第一章至第三章，主要研究数据、数据资源、数据资产之间的递进关系，重点研究数据资产评估涉及的数据质量评价、数据资源权属、数据资源核算以及数据资产管理。

第二部分为数据资产评估理论与方法研究，包括第四章至第七章，主要研究数据资产评估基础理论、数据资产评估法规与标准、数据资产评估程序和数据资产评估方法。

第三部分为数据资产评估风险管理研究，第八章，主要研究数据资产评估风险管理的意义以及风险的识别、风险的分析、风险的应对。

本书由徐超博士、张玉珍教授和徐寒教授共同撰写。徐超撰写第一章、第二章、第三章、第四章、第七章、第八章；张玉珍撰写第五章、第六章；徐寒进行了大纲拟定和定稿工作。高耸松博士审阅了书稿并提出了修改建议。

因数据资产评估事业处于初创时期，作者在撰写中会存在疏漏或不足，恳请大家不吝赐教。本书在撰写过程中，也参考了其他学者的研究成果，在此表示致谢。

在我们的共同努力下，我国的数据资产评估理论研究和实务将达到新的高度。期待本书的出版能对资产评估师执业能力的提升以及数据资产评估事业的发展尽到绵薄之力。

作　者

2023 年 12 月于西安

目　录

第一章　数据

在国务院发布的《"十四五"数字经济发展规划》中指出"数字经济是继农业经济、工业经济之后的主要经济形态，是以数据资源为关键要素，以现代信息网络为主要载体，以信息通信技术融合应用、全要素数字化转型为重要推动力，促进公平与效率更加统一的新经济形态。"在数字经济时代，数据作为重要的生产要素，发挥着非常重要的作用。

小资料 1-1

习近平总书记对"数据"的重要论述

2017 年 12 月 8 日，习近平总书记在中共中央政治局第二次集体学习时指出要"推动实施国家大数据战略，加快建设数字中国"，指出"要构建以数据为关键要素的数字经济。建设现代化经济体系离不开大数据发展和应用。我们要坚持以供给侧结构性改革为主线，加快发展数字经济，推动实体经济和数字经济融合发展，推动互联网、大数据、人工智能同实体经济深度融合，继续做好信息化和工业化深度融合这篇大文章，推动制造业加速向数字化、网络化、智能化发展。要深入实施工业互联网创新发展战略，系统推进工业互联网基础设施和数据资源管理体系建设，发挥数据的基础资源作用和创新引擎作用，加快形成以创新为主要引领和支撑的数字经济。"

（摘自人民网）

第一节　数据概述

一、数据与大数据

（一）数据

2021 年 6 月发布的《中华人民共和国数据安全法》（以下简称为《数据安全法》）

中对数据的描述为“数据，是指任何以电子或者其他方式对信息的记录。”从该描述可以看出，数据是对客观世界的真实记录，其表现形式可以是数字、文本、图像、音频、视频等形式，见图 1-1。

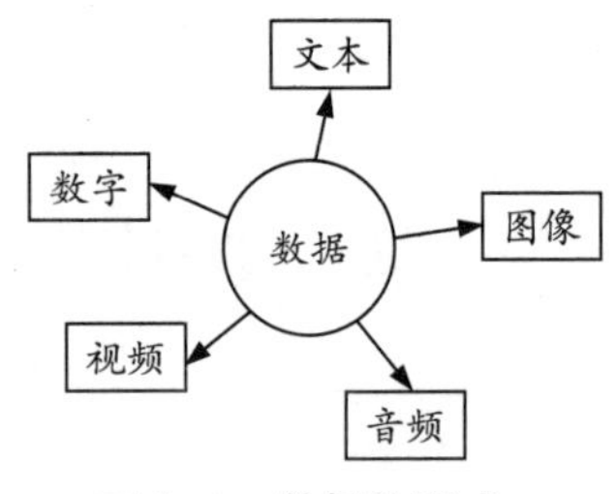

图 1-1 数据的形式

在当前的数字化大背景下，数据的存储和处理一般以数字化完成。在完成数据的获取后，首先要对数据进行数字化，进而将数据以数值的方式进行存储。数字化的数据存储方式大大简化了数据存储难度，使得大规模的数据存储成为可能。例如，128GB 容量的存储卡约可存储照片 11 万张，存储视频约 8000 分钟。从而可以看出，数值和数据是两种不同的概念。数值是数据的载体，是数据在电子设备中的存储方式。

随着移动互联网、物联网等信息技术的发展，人们获取数据的效率得到极大的提高。在人们的日常生产生活中，手机 APP、网站、智能家居、智能汽车等，都在产生和记录数据。除了被动记录数据外，人们还可以根据具体的需求，通过网络爬虫和搜索引擎等工具，主动地搜集所需要的数据。因此，我们当前的时代是一个数据大爆炸的时代，企业和个人每天所产生的数据都在高速增长。例如，滴滴每天所产生的订单数已超千万条。微信及 WeChat 的合并月活跃账户数达 13.27 亿。农夫山泉每天上传处理 100G 产品照，每个月产生 3TB 数据。

由于数据量的大幅增长，为了更好地对数据进行存储和处理，学术界提出了大数据的概念，用于对海量数据进行分析和处理。

（二）大数据

大数据的概念可以追溯到 20 世纪 90 年代中期，美国硅图公司前首席科学家 John Mashey 首次使用“大数据”来分析和处理超大型数据集。在 2001 年，Doug Laney 对大数据的概念进行了细化，使用 3V 刻画了大数据的特征，分别是数据体量（Volume）、数据实时性（Velocity）、数据多样性（Variety）。大数据 3V 的具体含义如下：

1. 数据体量（Volume）。数据体量大是大数据的一个重要特征。当数据体量很大时，传统的数据存储和处理方法将不再适用，需要针对性地提出新的方法。同时，大规模的数据体量对计算能力也提出了更高要求，需要引入新的计算模式来完成计算任务。

2. 数据实时性（Velocity）。实时性强是大数据的另一个重要特征。在传感器、电子交易和物联网设备的支持下，所获取数据的时效性得到了很大的提高，可以做到低延时乃至实时。这种高频数据包含了丰富的有用信息，但同时也对数据分析和处理能力提出了挑战。

3. 数据多样性（Variety）。数据多样性也是大数据的一个重要特征，其多样性表现在以下几个方面。首先是数据形式的多样性，对于大数据，其数据集可以由文本、图像、音频、视频等组成。其次是数据格式的多样性，数据文件格式可以是 Excel 表格、数据库文件、XML 文件等格式。由于数据的多样性，在进行数据分析时，需要对不同来源的数据进行综合分析，从而对分析方法提出了更高要求。

除了大数据的经典 3V 外，一些机构还刻画了大数据的其他特征。例如，知名数据库公司 Oracle 在 3V 标准的基础上，进一步考虑了大数据的价值（Value）和真实性（Veracity）。其中，价值（Value）表示数据天生包含价值，但该价值需要通过挖掘来发现。真实性（Veracity）刻画了大数据的可靠性，指出只有高质量的数据才值得依赖。数据分析公司 SAS 提出了大数据的可变性（Variability），表征了大数据应该是可以预测的。

（三）数据集

现实生活中，数据一般是以数据集的形式存在的。数据集是数据的一个集合。数据集通常以数据表的形式出现，表中的每一列对应数据集的每一个字段，表中的每一行代表数据集的每一条记录。数据集通常使用数据文件（如 CSV 文件）或数据库（Mysql 数据库）进行存储。在存储数据集时，应保证数据集可以被方便和快速地进行访问，从而保证后续数据分析的可行性。数据集的示例见表 1-1。

表 1-1　上海银行间同业拆放利率表

日期	O/N	1W	1M	6M	1Y
2023-09-27	1.7060	1.8480	2.2780	2.3530	2.4400
2023-09-26	1.7410	1.9690	2.2600	2.3350	2.4320
2023-09-25	1.6940	2.0050	2.2290	2.3200	2.4160
2023-09-22	1.7270	1.9880	2.2110	2.3120	2.4120
2023-09-21	1.8840	1.9510	2.1920	2.3030	2.4090
2023-09-20	2.0380	1.9610	2.1570	2.2880	2.4020
2023-09-19	1.8370	1.9250	2.1260	2.2740	2.3880

例如，某金融机构需要分析后续的金融市场利率趋势。为此，该金融机构收集了近 7 日的上海银行间同业拆放利率，存放在数据表（表 1-1）中。该数据表共有 6 个字段，第一个字段表示了数据获取的日期，第二个字段表示了当日的隔夜拆借利率，第三到第六个字段分别表示期限为一周、一月、半年、一年的拆借利率。

（四）元数据

元数据是关于数据的数据，是定义和描述其他数据的数据。在国家标准《信息技术　大数据　术语》（GB/T35295—2017）中对元数据进行了定义，指出“元数据是关于数据或数据元素的数据，以及关于数据拥有权、存取路径、访问权和数据易变性的数据。”例如，《数据资产评估》的元数据包括作者、出版社、责任编辑、出版年、版次、印张、印数、页码、字数等。

二、数据类型

数据的类型多种多样，可以按照数据的结构化程度、数据的加工程度以及数据的来源等多个维度对数据进行分类。

（一）按照数据的结构化程度分类

按照数据的结构化程度，可以将数据划分为结构化数据、非结构化数据和半结构化数据。

1. 结构化数据。结构化数据是指直接可以用传统的关系数据库进行存储和管理的数据。例如，销售数据、财务数据、地理数据等。结构化数据的特点在于其首先有明确的结构标准，进而在标准下完成对数据集的收集。结构化数据可以采用传统的关系数据库进行存储，从而使数据存储和处理都相对简单。

2. 非结构化数据。非结构化数据是指无法从数据中发现结构的数据，例如，文本、图像、视频、网页等数据。非结构化数据无法使用传统的关系数据库进行存储，而应采用 NoSQL 数据库进行存储。

3. 半结构化数据。半结构化数据是介于结构化数据和非结构化数据之间的一种类型，如应用系统日志、电子邮件等。半结构化数据的特点在于先有数据，后有结构，即可以从数据中挖掘出其内在结构。例如，HTML 文件作为一种文本文档，本质上是一种非结构化数据。然而，如果通过文档对象模型（DOM）对 HTMl 文件进行转换，则可以形成树形结构数据。因此，半结构化数据在进行转化后，可以使用关系数据库进行存储。

（二）按照数据的加工程度分类

按照数据的加工程度，可以将数据划分为零次数据、一次数据、二次数据和三次数据。数据层次随着数据加工程度的增加依次提高。

1. 零次数据。零次数据也称为原始数据，是最初形成的数据。由于在数据采集过程中会因为传感器误差或信息系统错误等原因而产生噪声。因此，零次数据的数据质量有可能无法满足后续的数据分析。例如，某购物平台储存的客户采购行为的原始数据，这类数据就属于零次数据，这些数据可能包括客户“非正常采购”“非正常退货”等行为产生的数据，还不能直接用来进行数据分析。

2. 一次数据。一次数据是对零次数据进行预处理后得到的数据。通过对零次数据进行预处理，可以去除掉零次数据中所包含的噪声和错误，提升数据质量，保证后续分析结果的准确性。例如，对上述客户的采购数据进行清洗，利用算法工具，发现并去除“非正常采购”“非正常退货”等行为产生的数据，提升了数据的可信性和质量，这样的数据就属于一次数据。

3. 二次数据。二次数据是在一次数据的基础上，进一步进行数据分析处理得到的数据。该数据提取了原始数据中所包含的知识，可以进一步用于实际中的决策。依前例，对一次数据进行分析处理，可掌握客户的采购习惯和风格以及消费的档次等方面的数据，为向客户精准推送商品信息提供了数据支持。这时，进行分析处理后得到的数据就属于二次数据。

4. 三次数据。三次数据是在二次数据的基础上，进一步将数据分析结果应用于实践所产生的数据。从而可以看出，三次数据可以产生实际价值，从而实现从数据中挖掘价值的目标。再依前例，根据分析处理后的采购数据，结合同期居民收入水平、社会商品零售额以及增长情况的数据，构建算法建立模型，该模型的应用就不再局限于平台销售业务，同时也对工业品生产以及物流、仓储等行业的发展有很大的指导意义。这时构建的模型就属于三次数据。

随着数据加工程度的提高，有用数据在不断集中，数据效用不断提升，数据隐含的价值也在不断增加。

（三）按照数据的来源分类

按照数据的来源，可以将数据划分为公共数据、企业数据和个人数据。

1. 公共数据。公共数据是指国家机关，法律、法规授权的具有管理公共事务职能的组织，以及其他提供公共服务的组织在履行法定职责、提供公共服务过程中产生、收集的数据。如人口数据、税收数据、交通数据等。

2. 企业数据。企业数据是指各类市场主体在生产经营活动中产生、收集的数据。如企业在生产经营活动中形成的产品试验数据、采购数据、生产数据、销售数据以及收集的客户数据、编制的市场分析数据等。

3. 个人数据。个人数据是指载有已识别或者可识别的自然人信息的数据，不包括匿名化处理后的数据。个人数据包括住所、出行、消费、健康等数据。

此外，按照数据质量将数据划分为高质量数据、普通质量数据、低质量数据。按照数据安全保护程度将数据划分为一级数据、二级数据、三级数据或一般数据、重要数据和核心数据等。

三、数据加工

数据的形式各异，要从海量的数据中取得有价值的数据，就需要对原始数据进行加工。因此数据加工是数据管理中的一个非常重要的环节。

（一）数据加工

数据加工是指将原始数据通过处理和转换，使其便于理解并更加有用的过程。数据加工过程一般包括数据清洗、标注、脱敏、集成、分析、挖掘、可视化等，见图 1-2。

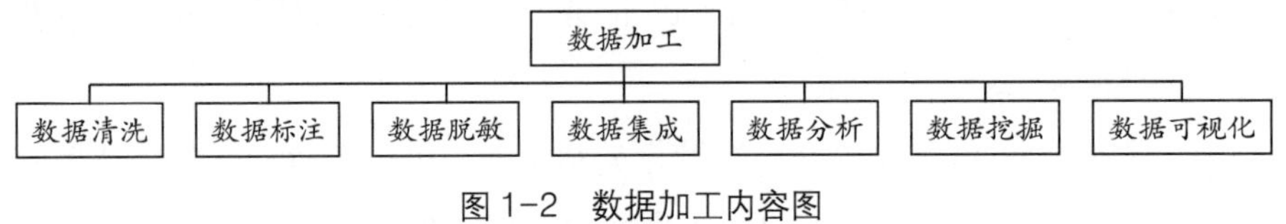

图 1-2　数据加工内容图

1. 数据清洗。数据清洗是将“脏”数据清洗成“干净”数据的过程。“脏”数据是指存在问题的数据，例如，有缺失值的数据、重复数据、无效数据、错误数据、虚假数据、异常数据等。通过数据清洗能提升数据质量，便于数据的后续加工。

2. 数据标注。数据标注是对数据词性、关键词等各类元数据的必要补充，提高其检索、分析、挖掘的效率。例如，为了分析年龄对安全驾驶的影响，可以对交通事故数据库中的交通肇事信息，增加一列交通事故肇事人年龄的信息，用于分析交通肇事人的年龄结构，以便于公安交通管理机关根据驾驶人员的年龄，向驾驶人员推送相应的安全驾驶提醒。

3. 数据脱敏。数据脱敏是在不影响数据分析的前提下，对原始数据进行一定的变换操作，对个人（或组织）的敏感数据进行替换、过滤或者删除，降低信息的敏感性，减少相关主体的信息安全隐患和个人隐私风险。例如，对原始数据中的个人姓名进行删除，对家庭住址、身份证号码模糊处理等。数据脱敏要具有单向性，数据使用者不能根据脱敏后的数据推出原始数据。另外数据脱敏要无残留，不能根据脱敏后相关数据相互印证推出原始数据，例如，家庭住址和邮政编码需要同时脱敏，这两项数据可相互印证。

4. 数据集成。数据集成也称为数据整合，是对来自不同数据源的数据进行集成处理，并在集成后得到的数据集之上进行数据处理。

5. 数据分析。数据分析是运用相关分析、回归分析、方差分析、分类分析、聚类分析、时间序列分析等数据工具，分析数据资源背后隐含的规律。

6. 数据挖掘。数据挖掘是从大量的数据中通过算法搜索隐藏于其中信息的过程。数据挖掘一般通过统计、情报检索、机器学习、专家系统、模式识别等方法实现。通过数据挖掘，可以进一步发现数据资源的价值，以便于对社会经济活动进行指导。

7. 数据可视化。数据可视化是通过相关图形将数据直观地展示出来，帮助数据使用者正确理解数据，降低数据使用者理解数据的难度，帮助数据使用者最大限度提高数据的利用效率。

通过数据加工，形成数据产品。数据产品形成后，才能被使用或交易，数据的价值才能真正实现。

（二）数据产品

根据《海南省数据产品超市数据产品确权登记实施细则（暂行）》的规定，数据产品是指经过加工处理后可计量的、具有经济社会价值的数据集、数据接口、数据指标、数据报告、数据模型算法、数据应用、数据服务等可流通的标的物。《深圳经济特区数据条例》指出“数据产品主要包括用于交易的原始数据和加工处理后的数据衍生产品。包括但不限于数据集、数据分析报告、数据可视化产品、数据指数、API 数据、加密数据等。”可以从以下方面理解数据产品的含义：

1. 数据产品一般是对原始数据加工处理后形成的。未经处理的原始数据，可能存在无序、错误等情况，价值量较低，也可能原始数据存在国家秘密、企业商业秘密、个人隐私，若直接交易流通就涉嫌违反《数据安全法》《中华人民共和国个人信息保护法》（以下简称为《个人信息保护法》）。因而原始数据要发挥其价值，就要经过加工过程，对原始数据进行清洗、脱敏、集成、分析、可视化等，成为能直接运用的数据集、数据模型等。

2. 数据产品的形式多样。数据产品的形式包括但不限于数据集、数据接口、数据指标、数据报告、数据模型算法、数据应用、数据可视化产品、数据指数、API 数据、加密数据、数据服务等可流通的标的物。随着数字经济的蓬勃发展，数据技术的不断深入，更多新的数据产品形式将不断出现。

3. 数据产品要可流通、可交易。数据通过流通、交易才能实现其价值，因而开发的数据产品要符合社会的需要，具有社会价值和经济价值。数据产品的流通交易，可以进行场外交易，也可以在数据交易所进行场内交易。例如，海南省成立了数据产品超市，数据产品在数据产品超市进行挂牌和交易。上海成立了上海数据交易所，挂牌的数据产品包括数据集、数据服务和数据应用。数据集、数据服务和数据应用含义如下：数据集是数据资源经过加工处理后，形成有一定主题的、可满足用户模型化需求的数据集合。数据服务是数据资源经过加工处理后，可提供定制化服务，为用户提供满足其特定信息需求的数据处理结果。数据应用是数据资源经过软件、算法、模型等工具处理，或经过工具处理后可提供定制化服务，形成的解决方案。在上海数据交易所挂牌的部分数据产品见表 1-2。

表 1-2 上海数据交易所挂牌的部分数据产品

产品名称	数库产业链图谱	中远海科船视宝	数字“三农”领导驾驶舱
供方名称	数库科技	中远海科	左岸芯慧
应用板块	金融	综合、航运交通、国际	综合
数据主题	企业信息	海洋交通	农业信息
产品类型	数据集	数据服务	数据应用
产品描述	数库精准定位中国超过 5000 万家上市及非上市企业的主营业务并形成海量上下游产业关系及产业链条之间的网络关系，构筑了完整的中国实体经济产业结构。该数据体系既可以作为产业上下游结构参考，直接应用于产业及公司分析，亦可作为数据串联逻辑整合市场全量宏观、中观及微观数据，将市场全量数据基于产业逻辑重新编排组装	提供全球船舶、港口及航线的全生命期行为动态数据。主要报告船舶当期状态、历史挂靠港口、下一港及预抵时间预测、船舶事件等船舶动态数据；港口动态、泊位动态、港口流量动态、港口拥堵指标等港口动态数据；全球历史航线、港口间距、任意港对航线规划、航线动态监控等数据。本次挂牌的产品为近 6 个月船舶挂港纪录	系统涵盖了上海农业主体信息、农业地块信息、农业生产以及农产品销售等数据，能够实时了解上海农业主体生产和销售情况的详细变化

续表

关键词	产业图谱、产业链数据、产业营销	船舶、港口、航线	“三农”信息、农业地块、农业生产
更新频率	每日	实时	每年
覆盖范围	A 股、港股、三板、发债企业、中国大陆工商企业产业链及主营业务明细	全球 7 万余商船，4000 余港口等	上海市、旌阳区、上饶市等 50 余个
使用案例	银行数字化领域、政务数字化领域、券商及金融监管	数据使用方根据船舶名称缩写等条件快速查询船舶最近 6 个月的挂靠港口历史，包括启运港、目的港、航程时长、航程里程等	四川某镇使用平台有效地完成日常农村数据采集查询分析以及相关政策制定的辅助决策，对该镇的“三农”数据进行有效的监测和分析，运用现代信息技术全方位赋能传统农业，推动农业供给侧结构性改革
数据内容	略	略	略
来源描述	公开收集、协议取得	自行生产	自行生产
合规评估报告	有	有	有
质量评估报告	有	有	有
资产评估报告	无	无	无
产品价格	面议	2 万元/年	300 万元/年

（摘自 IMA 管理会计师协会、上海国家会计学院、上海数据交易所联合编制的《企业数据资产化调研报告——基于上海数据交易所的挂牌企业》。上海国家会计学院公众号，2023-12-12）

小资料 1-2

上海首笔气象数据产品交易落锤定音　激活气象数据乘数效应

上海市气象局数据产品“上海年度辐射分析报告”在上海数据交易所完成上海首笔场内气象数据产品交易，购买方为上海微焓能源科技有限公司。“上海年度辐射分析报告”可以帮助上海微焓能源科技有限公司对光伏项目智能生产进行精准量化分析，为未来运营管理提供评价依据。

上海气象部门从场景应用潜力出发，相继从高质量气象数据产品挑选了 16 项在上海数据交易所上市，产品涵盖高分辨率气象实况格点产品、华东中尺度区域模式数值预报产品，以及精细化风浪、臭氧、气溶胶光学厚度等相关数据产品，涉及气象实况、预报和服务等各个方面，可广泛应用于农业、电网、新零售、新能源、交通、保险、健康等领域。通过上海数据交易所这一“第三方”平台，上海气象部门数据产品成为确权定价后的商品，将通过市场化流通不断释放气象数据“乘数效应”，深度赋能相关行业数字化转型，进一步推进社会服务现代化。

（摘自上海数据交易所公众号相关报道并删改）

四、数据应用

根据应用目的对数据进行加工，形成了数据产品，提升了数据的有效性，有利于进一步发掘数据的价值。随着大数据与人工智能的结合，数据应用场景已经实现了多元化，数据可以在地球科学、医疗、交通、电子商务、金融等多个领域发挥重要作用。

（一）在地球科学领域的应用

数据可以作为一种有效的工具来帮助专家更好地理解和预测地球科学现象。通过收集和分析数据，专家可以基于数据驱动决策的方式进行天气预测，更好地应对台风、泥石流、滑坡、地震等地质灾害的发生。

小资料 1-3

华为云盘古气象大模型

华为云盘古气象平台于 2023 年 9 月 30 日正式启动遥测，让全球用户都可以直接调用降水预测等功能，携手全球客户和伙伴，打造区域更高分辨率降水预测模型，挑战暴雨红色预警从提前 3 小时到提前 24 小时。

暴雨预测是气象领域最难的工作之一，其影响因子复杂、充满了随机性，每年全球由于暴雨造成的经济损失高达数千亿元。华为云研发团队结合全球 40 年气象数据和 10 年卫星降水数据，通过 3D EST-3 地球空间网络训练优化，打造全新的具备降水预测能力的盘古气象大模型，可实现对未来 6 小时、24 小时的短期和中期降水预报，模型的降雨量预报精度提升了 20%以上。

此前，华为云发布的盘古气象大模型已对台风、寒潮等实现精准预测。作为全球首个精度超过传统数值预报方法的 AI 模型，华为云盘古气象大模型于 2023 年 7 月登上《自然》杂志，并正式上线欧洲中期天气预报中心官网。此外，华为云还联合深圳市气象局，打造区域气象预报大模型提供深圳及周边区域高分辨率中短期气象预报产品。

（根据新浪网新浪看点相关报道改编）

（二）在医疗领域的应用

随着计算机视觉技术和图像处理技术在医疗领域的使用，可以提升医学图像判读效率，帮助医生诊断病情。同时，数据分析技术的使用可以发现微小的患者生理指数变动，从而帮助医生发现潜在的疾病。将数据技术和人工智能技术实现有机结合，药企可以提升新药的研发速度，优化临床治疗流程。

小资料 1-4

盘古大模型下的医学

在医疗行业中，检验报告是医生诊断和治疗的重要依据之一。在华为云盘古大模型的支持下，“良医小慧”模型经过高达 10 亿次的训练，能解释超过 4500 个检验项目和 2800 种疾病，综合准确性达到 87.74%，能够综合考虑患者的病史、病症和其他相关因素，为患者提供更全面、详尽的评估，从而给出更精确的诊断和治疗方案。

在药物研发领域，针对药物研发周期长、人工实验成本高及耗时长等问题，华为云研发出盘古药物分子大模型，并让大模型像人类一样学习小分子化合物，充分了解分子结构，最终让成药预测准确性提高了 20%。基于盘古药物分子大模型，华为云联合西安交通大学第一附属医院共同研发出抗菌药，其中先导药研发周期从之前的一年缩短到了一个月，大幅提升了药物的研发效率。

（根据华为云公众号相关报道改编）

（三）在交通领域的应用

随着交通大数据的使用，可以极大地提升道路通行效率，实现智能交通的重大变革。通过智能化信号灯控制技术，交管部门可以对路口交通流数据进行实时地采集，从而优化信号灯控制，提升路口通行效率。基于交管部门提供的道路交通数据、地图软件可以提供实时通行路线规划，通过评估不同路线的通行效率，选出通行成本最低的路线供驾驶员采用。

小资料 1-5

“云+数智平台”赋能绿色智慧城轨建设

中兴通讯以“城轨云+城轨数智平台”驱动基础数据分析与价值挖掘，打造从单场景智能化到全场景智慧化的智慧城轨。在杭州地铁开展了实践应用，基于杭州地铁城轨云平台，各线路基础资源统一建设，资源利用率提高 70%；视频调看并发数由原来的 20 路提升到 100 路；各线路的视频监控业务汇总到线网平台处理，突发事件处理效率提高 30%；通过视频结构化技术，排查搜索处理时间缩短 60%。

（根据中国交通报公众号相关报道改编）

（四）在电子商务领域的应用

数据在电子商务领域的应用，能够帮助企业预测客户的消费行为，从而实现为客户提供个性化的商品推荐。个性化的商品推荐可以大大提升顾客的消费体验，并进一步提升企业销售额，提升企业利润。除了在销售端外，数据科学在电商供应链管理方面也发挥了重要作用。通过对运营数据进行分析和可视化，可以帮助企业降低运营成本，避免供应链中断，提升供应链管理效率。

小资料 1-6

大数据在电商领域的典型应用

第一，客户画像。客户画像是对客户进行数字化描述，提供用户的兴趣、偏好、消费行为、社交关系等信息，从而了解客户，形成对客户的个性化洞察。例如，在电商网站上浏览过某件商品的客户会被打上标签，如“价格敏感型”等，可以在此基础上对其进行个性化推荐。通过大数据分析客户的购买行为，企业可以对用户进行“画像”，了解用户的兴趣偏好和消费行为，从而为商品推广提供参考。

第二，精准营销。以淘宝为例，淘宝通过大数据分析技术对用户进行消费行为分析，如分析用户在淘宝上的浏览信息、购买信息等，根据分析结果将消费者划分为不同的类别，再根据不同类别制定相应的营销策略。例如，通过大数据分析技术对客户购买信息进行统计分析，可以了解客户购物喜好、消费习惯等。根据用户在淘宝上的购物历史记录等信息，可以将这些用户分为不同的类型，进而向不同类型的用户提供相对应的广告或者活动。

第三，商品推荐。电商企业通过分析消费者的购买行为，从而获得更多的消费者数据，并根据这些数据分析消费者的购买偏好，从而实现对用户的精准营销。商品推荐系统可以分为基于物品的推荐系统和基于用户的推荐系统。前者主要通过用户已购买过的商品信息和历史购买记录来识别用户需求，并向用户提供相关产品或服务。后者主要利用大数据分析用户历史购买行为，通过分析用户对同一类产品或服务的偏好，从而向用户提供与该商品或服务相关的产品或服务。

（摘自数字经济观察网并删改）

（五）在金融领域的应用

企业可以通过数据的收集和总结用户数据，对用户的行为进行预测，最终基于机器学习方法实现商业欺诈行为检测功能。例如，在信用卡交易中，银行可以利用持卡人信息、交易历史、客户历史行为等，对客户的行为进行建模，从而实现实时的交易欺诈分析。保险公司可以基于已发生的欺诈案件建立预测模型，用于对车险欺诈和医疗保险欺诈进行识别。

小资料 1-7

深化公共数据应用　赋能普惠金融发展

在客户触达环节，政府采购等公共数据的应用能够帮助金融机构更加精准地筛选出有融资需求的中小企业，既能够提升金融机构的获客效率，又能够使没有融资需求的企业免受营销信息的打扰。在贷款审批环节，公共数据作为征信领域的替代数据（由征信机构和数据服务机构等收集并进行加工整理的、用于放贷机构授信决策的、在传统的借贷信息采集范围之外的其他信息），既能够弥补金融机构在金融白户上的数据缺失，又能够解决中小企业的财务信息不完整和抵质押物不足的难题，还能够与传统征信数据和企业财务数据交叉核验从而提升贷款对象“画像”的精准度。在贷后监控环节，用水、用电、用气等公共服务数据的采集和分析能够从侧面辅助金融机构实时监控贷款对象的经营情况，及时发现贷款对象的经营异常，从而在必要情况下采取资产或账户冻结等措施，降低贷款损失。

数据和技术的双重保障为金融机构迭代升级原有的信贷风控模型提供了土壤，部分地区已经开始采用“大数据+人工智能”的技术手段为金融机构提供基于公共数据的智能风控产品。重庆“渝快融”企业融资大数据服务平台自主研发的知识模型“鸿算”系统具有风控辅助决策、贷后监测预警等多项功能。湖南省长沙市金融大数据服务开放平台在数据服务的基础上也增加了风控、营销等模型服务。广东深圳创业创新金融服务平台选择引入第三方科技公司作为运营单位，通过大数据分析、人工智能、机器学习等前沿科技，在公共数据基础上，为企业提供金融产品和服务智能匹配的功能。

（摘自财政部山东监管局网站并删改）

（六）在工业企业中的应用

数据分析公司 SAS 在报告中指出，数据所包含的价值取决于人们如何使用数据。如果将数据与企业生产经营活动结合起来，将收集和加工的数据应用于企业的生产经营管理过程中，就可以成为提升企业效益和管理水平的倍增器。

小资料 1-8

华为提出全面智能化战略，加速千行万业的智能化转型

2023 年 9 月 20 日在华为全联接大会上，华为提出全面智能化战略，加速千行万业的智能化转型。华为公司基于客户需求和技术创新的双轮驱动，先后提出了 All IP 战略、All Cloud 战略，促进了联接无处不在，加速了数字化转型升级。面向智能化时代，华为提出全面智能化战略。

全面智能化战略的目标是加速千行万业的智能化转型，让所有对象可连接，让所有应用可模型，让所有决策可计算。

（根据华为官方网站相关报道改编）

数据在工业企业中的应用体现在以下几个方面：

1. 进行智能化精益资源管理。精益资源管理的核心是以最小资源投入，创造出尽可能多的价值。消除浪费是精益资源管理的重要内容，通过数据进行精准控制，是消除浪费的重要抓手。通过大数据分析，构建大模型，实现资源的精益管理，减少资源投入，消除浪费，最终以较少的资源投入为企业利益相关方带来更多的价值回报。例如，进行设备维修，传统的做法有两种，一种是设备坏了才修，这样会导致修理工期长，延误生产活动导致损失。另一种是事先确定维修周期，到期限后就维修，这样会导致多支出维修费用。在万物互联的时代，企业可以将传感器监测的设备运行数据实时传递到数据中心，数据中心利用设备运行数据采用智能化手段对设备运行进行监测，利用构建的大模型对设备运行状况进行预测，在维修费用和延误生产导致损失两个方面之间寻找一个平衡点，确定一个最佳的维修时机，以确保资源得到最佳利用。

2. 提升运营效率。企业的生产过程实现数字化、智能化，从投料开始，到半成品制造，一直到产成品入库，反映企业生产过程的所有数据实时传输到数据中心，企业通过实时数据对劳动生产率、材料利用率、废品率、各道工序质量波动实现全过程实时监控。通过智能监控手段和大数据智能分析工具，对数据异常波动及时提请操作人员和管理人员关注，并且利用大模型对可能发生的不利事件进行预测，这样可以在更大程度上降低生产事故、废品、各种浪费发生的概率，提高优良品率，促进企业运营效率的提升。

3. 优化产品创新。在大数据时代，相关性与因果性相比，数据的相关性可能比因果性更有效。虽然数据相关性反映信息的可靠性可能比因果性要低，但根据相关性数据反映的信息对应的现象可能尚未发生，因此根据具有相关性的数据进行预测，可以使企业的生产经营活动更具有前瞻性。企业通过构建大模型，利用智能技术，对人们的消费习惯进行分析，对未来的消费趋势进行预测，以帮助企业进行产品更新升级。

4. 寻找新的利润增长点。利用大数据分析技术和智能技术对客户进行“画像”，及时掌握客户的经营情况、偿债能力和信用状态，为销售部门制定信用政策提供数据支持。同时利用大模型分析客户的潜在需求，帮助销售部门进行精准营销，有利于企业寻找新的利润增长点。

5. 实现智能决策。随着大数据与人工智能的有机结合，大模型被用于市场调查、生产过程控制、销售管理和考核评价等管理活动中，使市场调查更可靠、生产控制更科学、销售管理更精准、考核评价更合理，作为管理活动核心的决策环节，从科学化走向智能化，支持了企业高质量发展。

五、数据安全

数据作为数字经济重要的生产要素，在企业生产经营活动中的重要作用日益显现，不同主体对数据权益的争夺也日趋激烈，数据安全越来越重要，《数据安全法》规范了数据收集、存储、使用、加工、传输、提供、公开等数据处理活动，保障数据安全，促进数据开发，保护了不同主体的合法权益，维护了国家主权、安全和发展利益。《数据安全法》提出："国家建立数据分类分级保护制度"，工业和信息化部办公厅印发的《工业数据分类分级指南（试行）》（工信厅信发〔2020〕6号）按照工业数据遭篡改、破坏、泄露或非法利用后，可能对工业生产、经济效益等带来的潜在影响，将工业数据分为一级、二级、三级等3个级别。见表1-3。

表1-3　工业数据分类分级表

数据分级	潜在影响	管理措施要求	共享规定
一级数据	1. 对工业控制系统及设备、工业互联网平台等正常生产运行影响较小 2. 给企业造成负面影响较小，或直接经济损失较小 3. 受影响的用户和企业数量较少、生产生活区域范围较小、持续时间较短 4. 恢复工业数据或消除负面影响所需付出的代价较小	应能抵御一般恶意攻击	适当共享
二级数据	1. 易引发较大或重大生产安全事故或突发环境事件，给企业造成较大负面影响，或直接经济损失较大 2. 引发的级联效应明显，影响范围涉及多个行业、区域或者行业内多个企业，或影响持续时间长，或可导致大量供应商、客户资源被非法获取或大量个人信息泄露 3. 恢复工业数据或消除负面影响所需付出的代价较大	应能抵御大规模、较强恶意攻击	只对确需获取该级数据的授权机构及相关人员开放
三级数据	1. 易引发特别重大生产安全事故或突发环境事件，或造成直接经济损失特别巨大 2. 对国民经济、行业发展、公众利益、社会秩序乃至国家安全造成严重影响	应能抵御来自国家级敌对组织的大规模恶意攻击	原则上不共享，确需共享的应严格控制知悉范围

企业可以按照《工业数据分类分级指南（试行）》关于数据分类分级的规定，对本企业的数据资产进行分类和分级，以便于对数据资产实施安全保护措施。在数据安全管理中，涉及敏感数据的管理要按照《数据安全法》《个人信息保护法》等相关法律法规以及国家标准《信息安全技术　个人信息安全规范》（GB/T35273—2020）等规定，采取数据脱敏等方式对数据进行处理，在不影响数据分析结果准确性的前

提下，对原始数据进行替换、过滤或删除操作，以降低敏感数据泄露的风险。数据脱敏要满足单向性、无残留和易于实现三个要求。单向性要求无法从脱敏后数据推导出原始数据。无残留要求无法通过其他途径还原敏感数据。易于实现要求数据脱敏要简便，易于操作。通过数据脱敏，利于敏感数据的保护，也有利于合法使用数据资产。

国家非常重视对个人数据的保护，因此在分析个人数据资源时要高度关注敏感个人信息。《个人信息保护法》指出“敏感个人信息是一旦泄露或者非法使用，容易导致自然人的人格尊严受到侵害或者人身、财产安全受到危害的个人信息，包括生物识别、宗教信仰、特定身份、医疗健康、金融账户、行踪轨迹等信息，以及不满十四周岁未成年人的个人信息。只有在具有特定的目的和充分的必要性，并采取严格保护措施的情形下，个人信息处理者方可处理敏感个人信息。”“除法律、行政法规另有规定外，个人信息的保存期限应当为实现处理目的所必要的最短时间”，如果“处理目的已实现、无法实现或者为实现处理目的不再必要”“个人信息处理者应当主动删除个人信息；个人信息处理者未删除的，个人有权请求删除”。

小资料 1-9

某公司未履行数据安全保护义务案

2022 年 2 月，在广州市公安局开展广州民生实施“个人信息超范围采集整治治理”专项工作中，广州警方检查发现，广州某公司开发的“驾培平台”存储了驾校培训学员的姓名、身份证号、手机号、个人照片等信息 1070 万余条，但该公司没有建立数据安全管理制度和操作规程，对于日常经营活动采集到的驾校学员个人信息未采取标识化和加密措施，系统存在未授权访问漏洞等严重数据安全隐患。系统平台一旦被不法分子突破窃取，将导致大量驾校学员个人信息泄露，会给广大人民群众个人利益造成重大影响。

根据《中华人民共和国数据安全法》的有关规定，广州警方对该公司未履行数据安全保护义务的违法行为，依法处以警告并处罚款人民币 5 万元的行政处罚。

（根据广州市公安局官方网站政务动态栏报道改写）

六、数据管理

为了保障数据的安全完整，持续发挥数据的功效，数据持有人应做好数据的管理工作。在国家标准《信息技术　大数据　术语》（GB/T35295—2017）中，对数据管理进行了定义，提出：“数据管理是指在数据处理系统中，提供对数据的访问、执行或检视数据的存储，以及控制输入输出操作等功能。”国际数据管理协会（DAMA）出版的《DAMA 数据管理知识体系指南（DAMA-DMBOK2）》中对数据管理定义为“数据管理是为了交付、控制、保护并提升数据和信息资产的价值，在其整个生命周期中制订计划、制度、规程和实践活动，并执行和监督的过程。”并提出数据管理具有以下目标：

1. 理解并支撑企业及其利益相关方（包括客户、员工和业务合作伙伴等）的信息需求得到满足。

2. 获取、存储、保护数据和确保数据资产的完整性。

3. 确保数据和信息的质量。

4. 确保利益相关方的数据隐私和保密性。

5. 防止数据和信息未经授权或不当访问、操作及使用。

6. 确保数据能有效地服务于企业增值的目标。

在《DAMA 数据管理知识体系指南（DAMA-DMBOK2）》中，构建了数据管理框架，包括数据治理、数据架构、数据建模和设计、数据存储和操作、数据安全、数据集成和互操作、文件和内容管理、参考数据和主数据、数据仓库和商务智能、元数据、数据质量等。

为了促进我国数据管理规范化和科学化，提高我国数据管理水平，国家质量监督检验检疫总局、国家标准化管理委员会于 2018 年 3 月发布了《数据管理能力成熟度评估模型》（GB/T 36073—2018），国家市场监督管理总局、国家标准化管理委员会于 2022 年 12 月发布了《数据管理能力成熟度评估方法》（GB/T 42129—2022），这两项国家标准的发布，对数据管理的规范化和科学化有极大地推动作用。

在《数据管理能力成熟度评估模型》国家标准中，结合数据生命周期管理各个阶段的特征，按照组织、制度、流程、技术对数据管理能力进行了分析、总结，提出数据管理的 8 个能力域，并划分成 28 个能力项，能力域包含数据战略、数据治理、数据架构、数据应用、数据安全、数据质量、数据标准和数据生命周期。同时将数据管理能力成熟度等级划分为初始级、受管理级、稳健级、量化管理级、优化级五个评估等级。《数据管理能力成熟度评估模型》为数据管理能力成熟度等级评估和数据管理能力建设与提升提供了依据。

在《数据管理能力成熟度评估方法》国家标准中，提出了数据管理能力成熟度评估应该遵守客观性、独立性、可追溯性、安全性等原则，将评估过程划分为评估准备、正式评估和结果确认三个阶段，规定了数据管理能力成熟度等级采用加权平均法计算，并对项目评分以及成熟度等级与评分的对应关系给出了标准。《数据管理能力成熟度评估方法》使数据管理能力成熟度评估工作步骤更清晰、操作性更强，提升了评估结论的科学性和权威性，有助于单位数据管理能力的进一步提升。

七、数据科学

随着数据重要性的日益提高，数据科学逐渐发展成一门新的学科。IBM 公司对数据科学给出了如下定义：数据科学是综合利用计算机算法、研究方法、系统等方式，从结构化和非结构化数据中发掘知识和洞见的过程。数据科学使用分析和机器学习等方式，帮助用户实现预测、促进管理优化、提升运营和决策效率。

从 IBM 对数据科学的定义可以看出，数据科学的核心在于从数据中发掘价值，从而提升用户的管理决策效率。也可以看出数据科学是一门综合性学科，需要多方面的知识。其所需要的知识可以由经典的数据科学韦恩图表示，见图 1–3。

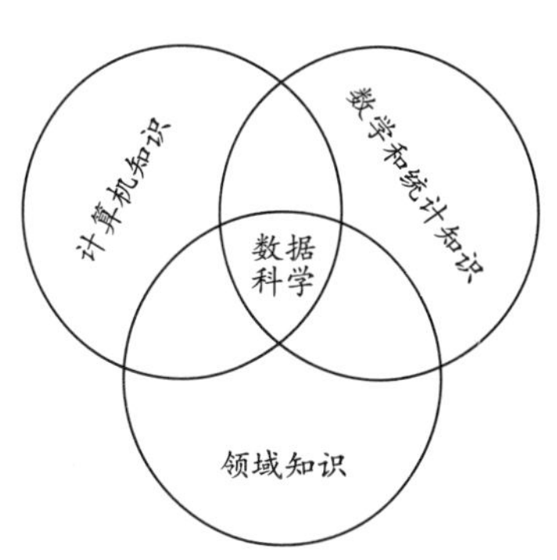

图 1–3　数据科学韦恩图

从图 1–3 中可以看出，数据科学主要需要三大类的专业知识，分别是计算机知识、数学和统计知识、领域知识。其中，数学和统计知识是数据科学的主要理论基础，主要用来对数据进行统计分析和推断。计算机知识是数据科学的实践基础，主要用于在具体数据科学项目中完成数据分析的计算工作。领域知识也是数据科学的一个重要组成部分，其主要由待研究问题所属领域的专业知识构成。在具体数据科学项目中，数据科学专家需要对项目所在领域有深入的了解，从而正确地提出数据科学问题，并针对数据分析结果进行解读，最终基于领域知识给出面向业务实际的专业结论。

为了能从数据中挖掘价值，数据科学主要遵循科学的数据分析流程，该分析流程可以采用 DIKW 金字塔表示，见图 1-4。

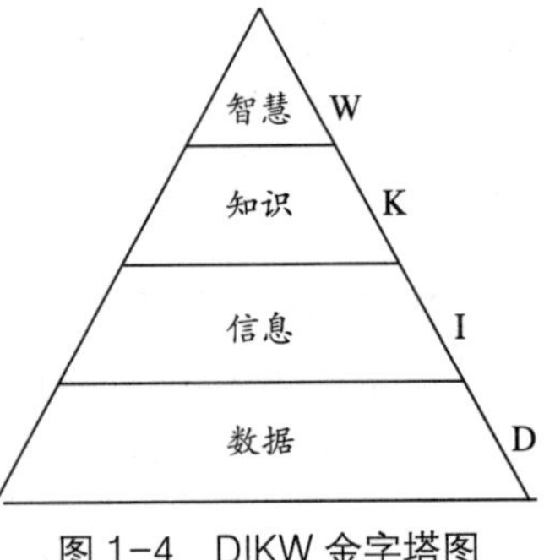

图 1-4 DIKW 金字塔图

在 DIKW 金字塔中，字母 D 代表数据（Data），字母 I 代表信息（Information），字母 K 代表知识（Knowledge），字母 W 代表智慧（Wisdom）。

从 DIKW 金字塔的结构可以看出，数据处于 DIKW 金字塔的最底层，是对现实世界的真实记录和反映，是构成信息和知识的基础素材。在所获得数据的基础上，通过对数据进行分析和加工，可以进一步得到信息和知识。在记录原始数据的过程中，受到噪声和传感器误差的影响，所获取的原始数据通常包含错误，例如，数据不一致或无法识别等。因此，原始数据通常不能直接用于数据分析。

通过对数据进行进一步加工，可以得到信息。从而可以看出，信息是对数据进行再加工，从而使数据以一定方式排列和排序。因此，数据是信息的载体，信息蕴含在数据中，通过对数据加工可以提取信息。当从数据中发掘出信息后，其形式更有利于存储和检索。

在所提取信息的基础上，通过对信息进行分析，发现多条信息中的共性、联系、规律和模式等，即可形成知识。可见，知识是在信息集的基础上，通过实际工作经验来总结得出的。相对于信息，知识可以直接用于实际问题的决策，从而与行动高度相关。

智慧处在 DIKW 金字塔的最高层，是数据价值的终极体现。通俗来讲，智慧是基于知识来选择路径以达到期望结果的一种能力。智慧是知识在实践中成功应用的产出成果。相较于知识和信息，智慧更多地用于对实际问题进行预测、决策和洞见。因此，数据、信息和知识更关注于对过去的记录和总结，而智慧更多用于对未来产生实际影响。

第二节　数据分析

一、数据分析概述

数据分析是指运用相关分析、回归分析、方差分析、分类分析、聚类分析、时间序列分析等分析工具，分析数据资源背后隐含的规律。数据分析是从数据中挖掘可用信息的重要方式，是体现数据价值的必然过程。通过数据分析，我们可以发现数据中所蕴含的规律和启示，从而实现从数据中发掘价值的核心目标。数据分析的全过程主要包含以下步骤：数据获取、数据预处理、数据分析、结果解读。其中，数据获取主要基于传感器或网络爬虫等方式，用于获得客观世界的真实记录。通常来讲，数据在获取过程中会产生噪声，从而使所获取的数据中存在错误。因此，需要使用数据预处理方法，对数据中包含的错误进行修正，从而得到干净数据。在此基础上，使用数据分析方法对数据进行分析，得到分析结论。最后，由专业人员对所得到的分析结果进行解读，从而将分析结果用于实际生产环境中。

例如，某企业为应对后续的需求，需要决定产品的库存量。为此，企业对近 10 个销售期的需求进行了记录，得到数据集 {17,17,18,27,14,29, 31,32, −10,37}。通过对该数据集进行观察，发现数据中存在负值。根据经验知识，产品需求不能为负值，故数据中存在错误。对该数据集进行预处理，删除值为负数的数据点，得到 {17,17,18,27,14,29,31,32,37}。通过统计分析，计算该数据集的均值和方差，得到均值为 25，方差为 8。最后，对分析结果进行解读。根据三西格玛准则，产品销售需求大于 25+8×3 的概率较小，从而将最大的库存量确定为 49。

二、数据分析方法

（一）统计分析法

在数据科学中，数理统计是常用的数据分析方法。数理统计是数学的一个分支，主要以概率论的知识为理论基础，进行数据的收集、描述、分析和推断等工作。数理统计方法可以分为描述性统计和推断统计两大方法体系。其中，描述性统计主要通过计算样本特征值、相关分析等方式，对样本集的特征和趋势进行描述。推断统计主要基于参数估计和假设检验方法，从所采集的样本出发，对样本所属总体的未知参数进行统计推断。

1. 描述性统计。描述性统计主要采用统计量和相关分析等方法，对样本集进行描述性分析。

（1）统计量。统计量可以分为描述数据集中趋势的统计量、描述数据离散程度的统计量、描述数据分布状态的统计量。

描述数据集中趋势的统计量主要有均值、中值、众数、四分位数。均值是样本的一阶原点矩，即样本集所包含数据的算术平均值。均值在数理统计中有着重要的地位，是描述性统计常用的统计量之一。中值是将样本集所包含数据进行排序后，位于中间位置的数值称为中值。相对于均值，中值对数据中包含的噪声有更好的鲁棒性。这里，统计量的鲁棒性是指当数据存在极端值时，统计量的计算结果受极端值影响较小。众数是指样本集中出现次数最多的数据。众数从频率角度描述了数据的集中程度，其对极端数据具备很好的鲁棒性。四分位数是在对样本数据进行从小到大排序后，位于25%位置（下四分位数）和75%位置（上四分位数）的数据值。基于中值和四分位数，可以描述数据整体的分布情况。

描述数据离散程度的统计量主要有方差、标准差、极值、极差、四分位差。方差是样本的二阶中心矩，即样本点减去样本均值的平方和。方差是常用的描述性统计量，反映了样本集的波动程度。当样本中数据波动变大时，样本方差随之变大。标准差是方差的算术平方根。标准差与原始数据的计量单位相同，相对于方差有更清楚的实际意义。极值是样本集中所有数据的最大值与最小值，刻画了样本集的上界与下界。极差是样本集中最大值与最小值的差。当样本极差越大时，反应样本集中数据的分布范围越大。由于极差仅利用了样本集两端数据信息，从而对噪声的容忍度较小，容易受到极端值的影响。四分位差是上四分位数和下四分位数的差值，反映了50%样本数据的取值范围。相对于极差，四分位差不受样本极值的影响，从而对噪声有更好的鲁棒性。

描述数据分布状态的统计量主要有偏态和峰态。偏态是描述数据分布对称性的重要指标。当偏态等于0时，数据分布为对称分布。反之，当偏态大于0时，数据分布呈现向右偏。当偏态小于0时，数据分布向左偏。峰态是描述数据分布的高峰的形状。当样本数据服从标准正态分布时，其峰态系数等于0。当峰态系数大于0时，则数据分布为尖峰分布，即相对于正态分布更尖。当峰态系数小于0时，数据分布为扁平分布，即相对于正态分布更平坦。

（2）相关分析。相关分析用于分析两组样本数据的线性相关性，其计算公式如下。

$$r=\frac{\sum_{i=1}^{n}(x_i-\bar{x})(y_i-\bar{y})}{\sqrt{\sum_{i=1}^{n}(x_i-\bar{x})^2}\sqrt{\sum_{i=1}^{n}(y_i-\bar{y})^2}}$$

其中，r 表示相关系数，x_i 表示样本集 x 的第 i 个样本点，$\bar{x}$ 表示样本集 x 的样本均值。

从相关系数的定义可以看出，相关系数的取值范围在 [−1,1] 之间。当相关系数 $r=1$ 时，表示样本集 x 和样本集 y 完全线性相关。反之，当相关系数 $r=-1$ 时，表明样本集 x 和样本集 y 完全负线性相关。当相关系数在（0,1] 区间上时，表示样本集 x 和样本集 y 存在正的线性相关关系。反之，当相关系数在 [−1,0] 区间上时，表示样本集 x 和样本集 y 存在负的线性相关关系。当相关系数 $r=0$ 时，表示样本集 x 和样本集 y 不存在线性相关关系。

2. 推断统计。推断统计从抽样样本出发，对样本所属总体的未知参数进行统计推断。推断统计主要使用两大类方法，分别为参数估计和假设检验。

（1）参数估计。参数估计是从样本出发，通过计算统计量的值，对总体参数进行推断。其中，参数估计的计算主要有点估计和区间估计两种方式。点估计主要基于样本对总体参数给出数值点的估计，主要采用的方法有矩估计和最大似然估计。点估计计算相对简单，其缺点在于无法给出估计值接近真实值的程度。

区间估计是从样本集出发，找到某一区间以给定概率包含总体参数。其中，所找到的区间称为置信区间，置信区间的最大值和最小值称为“置信上限”和“置信下限”。给定的概率称为置信水平，其刻画了置信区间包含真实总体参数的可能性。

（2）假设检验。在进行假设检验时，首先对总体的参数进行假设，进而通过计算样本统计量，对该假设进行推断，决定是否接受该假设。假设检验所依赖的理论基础为小概率原理，即小概率事件在一次实验中不会发生。假设检验主要包含以下步骤：

第 1 步，提出原假设 H_0 和备选假设 H_1。其中，原假设的提出可以根据历史资料或在他人基础上完成。例如，某产品在设计时重量为 5kg，先需要检验一批产品重量是否满足设计值，则可以对产品的平均重量做出原假设

$$H_0:\mu=5 \quad H_1:\mu\neq5$$

式中，H_0 表示对总体均值的原假设，H_1 为备选假设。

第 2 步，选择合适的统计量，用于对假设进行推断。例如，在总体方差未知，需要对总体均值进行推断时，可以选择

$$t=\frac{\bar{x}-\mu_0}{s/\sqrt{n}}$$

作为统计量。式中，$\bar{x}$ 表示样本均值，s 表示样本方差。统计量 t 服从 t（$n-1$）分布。

第 3 步，确定显著性水平α。常用的α取值有 0.01、0.05 和 0.10。当一个事件的发生概率小于α时，我们认为该事件为小概率事件。

第 4 步，计算样本发生的概率。基于样本统计量和对应的分布，计算样本出现的概率值。

第 5 步，做出统计决策。若样本发生概率小于显著性水平α，则认为小概率事件发生，拒绝原假设 H_0，取备选假设 H_1。反之，则接受原假设 H_0。

从上述描述可以看出，假设检验的核心原理在于假定小概率事件不发生。因此，当出现小概率事件发生的情况，假设检验则会出现错误。具体来说，假设检验存在弃真错误（α错误）和存伪错误（β错误）两类错误。其中，弃真错误是指当原假设 H_0 为真时，拒绝原假设的概率。从前述分析可以看出，当原假设为真时，小概率事件发生的可能性为α，因此错误拒绝原假设的概率为对应的α，存伪概率是指当原假设 H_0 不成立时，错误接受原假设的概率。这里需要注意，弃真和存伪两类错误存在此消彼长的关系。当减少弃真错误时，会增加存伪错误。为了减少存伪错误，则会增加弃真错误。在实际的假设检验中，为了保护原假设，一般以控制弃真错误为主。

（二）可视化分析法

可视化分析也是一种重要的数据分析方法。通过对数据进行可视化，我们可以更好地对数据进行认识，并发掘数据所蕴含的内在结构和信息。相对于统计分析，可视化数据分析主要有以下优势。

首先，视觉是人类获取信息的最重要途径。相对于听觉和触觉，视觉所能感受到的信息更丰富，信息量更大。因此，眼睛是人类感知能力最强的人体器官。为了处理人眼所感知的大量信息，50%的人脑功能用于视觉信息的处理。

其次，可视化分析可以发现统计分析发现不了的结构和细节。以著名的 Anscombe 的 4 组数据为例，数据见表 1-4。

表 1-4 Anscombe 数据表

I		II		III		IV	
x	y	x	y	x	y	x	y
10.00	8.04	10.00	9.14	10.00	7.46	8.00	6.58
8.00	6.95	8.00	8.14	8.00	6.77	8.00	5.76
13.00	7.58	13.00	8.74	13.00	12.74	8.00	7.71
9.00	8.81	9.00	8.77	9.00	7.11	8.00	8.84
11.00	8.33	11.00	9.26	11.00	7.81	8.00	8.47
14.00	9.96	14.00	8.10	14.00	8.84	8.00	7.04
6.00	7.24	6.00	6.13	6.00	6.08	8.00	5.25
4.00	4.26	4.00	3.10	4.00	5.39	19.00	12.50
12.00	10.84	12.00	9.13	12.00	8.15	8.00	5.56
7.00	4.82	7.00	7.26	7.00	6.42	8.00	7.91
5.00	5.68	5.00	4.74	5.00	5.73	8.00	6.89

这 4 组数据的特点在于，其统计特征均相同（均值、方差、相关系数等），因此，从统计角度很难区分这 4 组数据。但是，通过数据可视化，我们可以很容易地看出这 4 组数据的差异，见图 1-5。

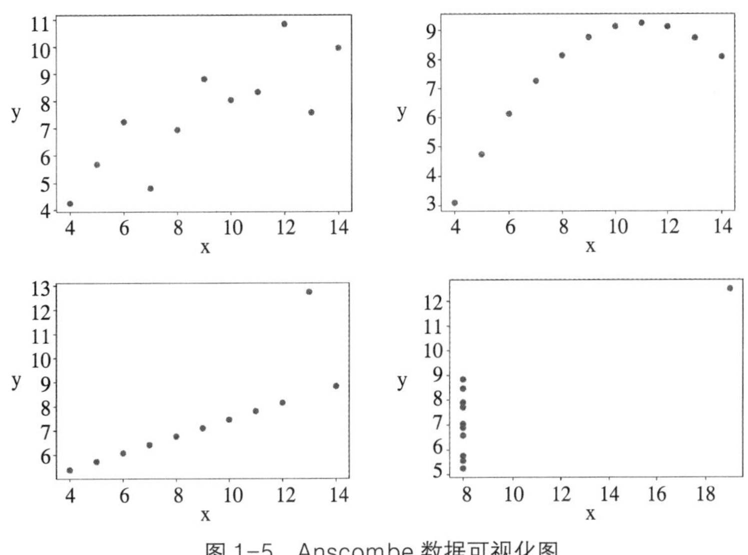

图 1-5 Anscombe 数据可视化图

最后，相对于统计分析较强的专业性，由于可视化分析结果比较直观，对用户的知识水平要求较低，更有利于分析结果的传播和应用。

为了实现数据的可视化，我们需要对数据进行可视化编码，从而实现从数据到可见视图的转变。为了完成可视化编码，需要确定两个重要的维度，分别为图形元素和视觉通道。其中，图形元素为几何图形，例如，点、线、面等，主要用于刻画数据的属性。视觉通道为图形元素的视觉属性，例如，位置、长度、面积、颜色等。当完成图形元素和视觉通道的选择后，即可对数据进行可视化编码。

进行可视化分析，常用的可视化图表包括散点图、折线图、柱状图、饼状图。

1. 散点图。散点图使用点在空间中的位置来表征数据向量。以二维散点图为例，点在空间中的横坐标表示数据向量的第一个元素，点在空间中的纵坐标表示数据向量的第二个元素。通过散点图，可以直观地展现数据在空间中的分布形态。其中，散点图使用的视觉元素为点，常用的视觉通道为点的颜色以及在空间中的位置。图 1-6 展示了二维标准正态分布散点图。

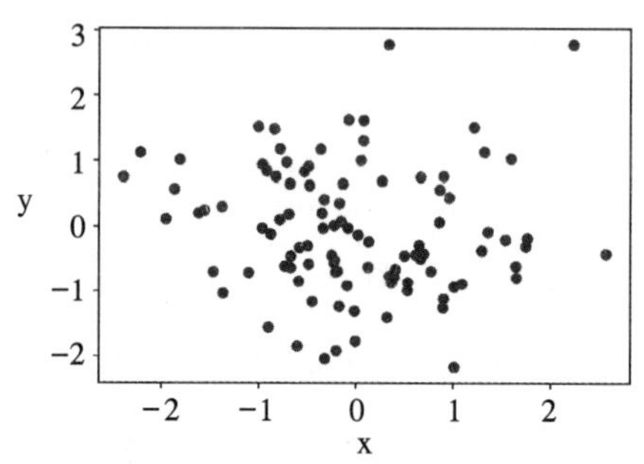

图 1-6　二维标准正态分布散点图

2. 折线图。折线图是使用线段将散点图中的点相互连接所形成的图形。折线图通常用于分析有序数据，用于发现数据中的趋势和规律。折线图所使用的图形元素为曲线，对应的视觉通道包括曲线的颜色和形状。图 1-7 展示了正弦曲线折线图。

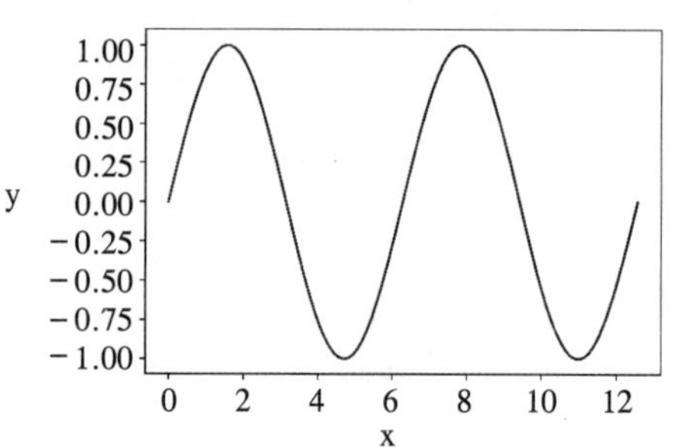

图 1-7　正弦曲线折线图

3. 柱状图。柱状图由若干个长方形组成，每个长方形刻画了数据的属性，长方形的长度刻画了属性值。因此，柱状图采用长方形作为图形元素，使用长方形的长度作为视觉通道。上图 1-8 展示了不同产品销量柱状图。

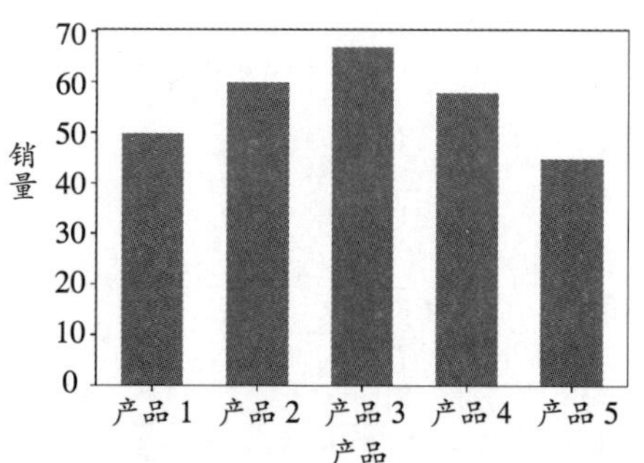

图 1-8　产品销量柱状图

4. 饼状图。饼状图通常用于展示各部

分之间的比例关系。饼状图采用扇形作为图形元素，以扇形的面积作为视觉通道，通过扇形面积的大小来表征各属性在总体中所占的比例。图 1-9 展示了某班级学生生源地饼状图。

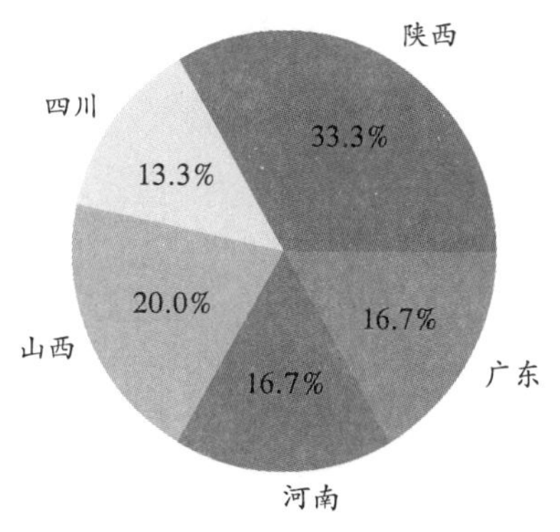

图 1-9 学生生源地饼状图

（三）机器学习法

机器学习是一种先进的计算机技术，其吸收了人工智能、数理统计、信息论等领域的理论成果。通过机器学习方法，可以极大地提高人们处理和分析数据的能力，提升数据资源的利用效率。因此，机器学习已经在实际中得到了广泛的应用，例如，图像识别、语音识别、文本分析等。

机器学习的定义如下：对于一个计算机系统，如果其完成某类任务 T 的能力 P，能随着经验 E 而提升，那么我们称该系统可以从经验 E 中学习。

从机器学习的定义可以看出，机器学习中的“机器”主要指代的是计算机系统。该计算机系统需要完成某项给定任务 T，且完成该任务的性能可以由性能 P 来刻画。为了提升该系统完成任务的性能，我们需要给系统输入经验 E。该系统使用经验 E 进行学习，最终提升完成任务的能力 P。从上述描述可以看出，机器学习所具备的智能不是人类赋予的，而是计算机通过经验 E 学习得到的。

常见的机器学习方法包括人工神经网络学习、决策树学习、k 近邻算法（k-NN）、k 均值算法（k-Means）等。

1. 人工神经网络学习。人工神经网络是一种经典的机器学习方法，已经在实际中得到了广泛的应用。人工神经网络是由生物学启发而出现，其借鉴了生物神经元及其网络结构。为了更好地理解人工神经网络，下面首先介绍生物神经元，其示意图见图 1-10。

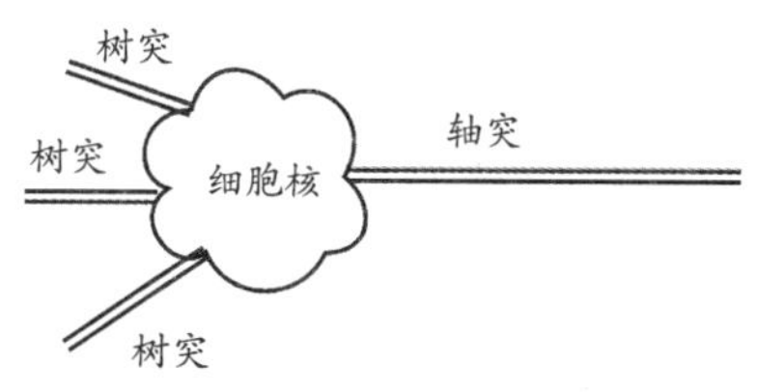

图 1-10 生物神经元示意图

从图 1-10 中可以看出，生物神经元由树突、轴突和细胞核组成。其中，树突用于接收其他细胞传递过来的信号，并传输给细胞核。细胞核对收到的信号进行处理，并通过轴突传输给其他细胞。可以看出，神经元的结构相对简单。但是，生物的大脑中存在着巨量的神经元。例如，人脑中的神经元数量高达 10^{11} 个。这些巨量神经元相互连接，最终组成神经网络，并形成复杂的生物智能。

受生物神经元的启发，学者们建立了人工神经元，其结构见图 1-11。

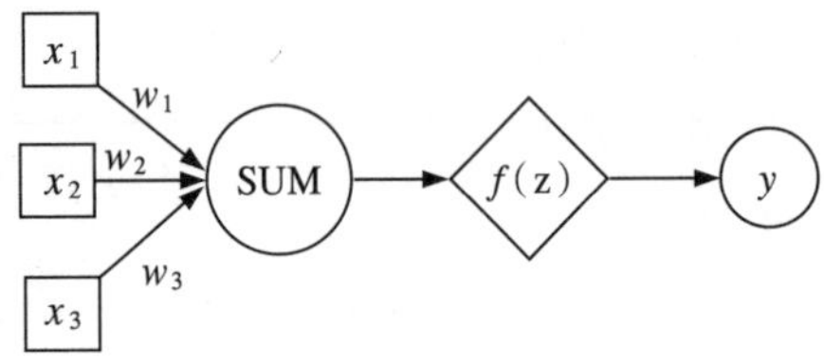

图 1-11　人工神经元示意图

图中，x_i 表示神经元的第 i 个输入值，w_i 表示第 i 个输入对应的权重，SUM 为求和符，函数 f 为激活函数，y 为神经元的输出。通常使用的激活函数为符号函数，其表达式为

$$f(z)=\begin{cases}1, z\geqslant 0\\0, z<0\end{cases}$$

因此，神经元的输出可以表示为

$$y=f\left(\sum_{i=1}^{n}w_i x_i\right)$$

通过将神经元相互连接，就可以生成神经网络，其结构见图 1-12。

从图 1-12 中可以看出，神经网络由三层结构组成。其中，第一层为输入层，用于接受输入的数据。第二层为隐藏层，第三层为输出层。通过增加隐藏层神经元的数量，可以提升神经网络的学习能力。在学习时，人工神经网络通常采用反向传播算法，以训练集预测误差最小化为目标，完成最终的学习工作。

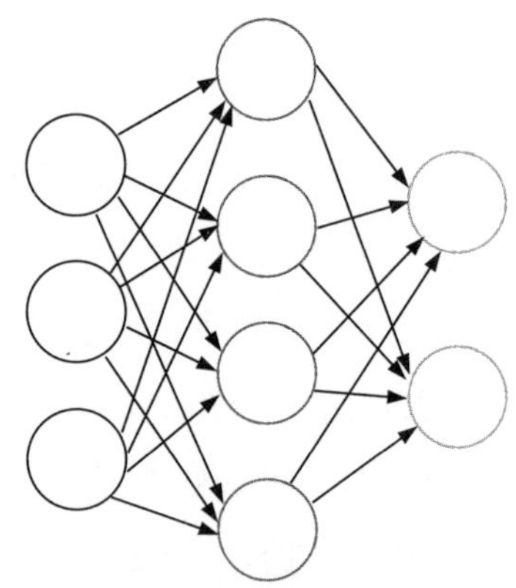

图 1-12　人工神经网络示意图

2. 决策树学习。决策树学习本质上是一种逼近离散函数的方法，其通常被用于分类和决策问题。图 1-13 是决策树学习的一个经典实例。

从图 1-13 中可以看出，决策树是一个倒着的树形结构。其中，最顶部的节点称为根节点，代表着分类的开始。最底部的节点称为叶节点，代表一个最终类别或决策。处于根节点和叶节点之间的节点称为中间节点，用于刻画数据某一个属性。两个节点之间的连线称为边，表示了某个属性具体的属性值。从根节点开始到叶节点

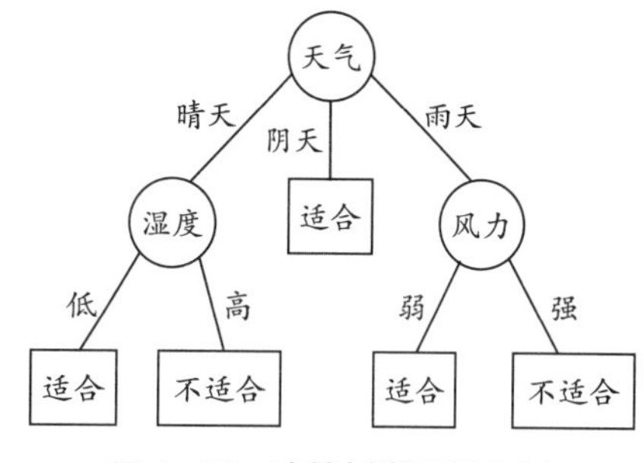

图 1-13　决策树学习示意图

结束的每条路径，刻画了一个具体的实例。在同一条路径上的所有属性是逻辑“与”的关系，即该实例满足这条路径上所有属性要求。

在使用决策树进行决策时，首先从根节点出发，按照实例的属性值选择对应的数值，并逐层向下移动，直到到达叶节点。此时，叶节点代表的类别或决策即为该实例对应的类别或最优决策。例如，考虑实例“天气＝晴天，气温＝热，湿度＝低，风力＝弱”。通过上图的决策树进行决策，得到的结果是“适合打网球＝是”。

为了构建决策树用于后续的分类和决策，需要使用训练集对决策树进行训练。通常使用的算法为 ID3 算法，其核心思想是以信息熵下降速度最快作为属性选择的标准。通过该算法，可以生成一棵用于解决实际问题的决策树。

3. k 近邻算法（k-NN）。k 近邻算法是一种经典的机器学习算法，通常用于数据的分类问题。k 近邻算法有着计算简单、鲁棒性强等优点，适合在大数据环境下解决数据的分类问题。k 近邻算法的计算步骤如下：

第一步，给定算法的训练样本集和待分类的目标数据。

第二步，计算目标数据和样本集中每个样本的距离。

第三步，找出和目标数据距离最近的 k 个样本，即 k 个近邻。

第四步，统计这 k 个近邻所属的类别，以出现次数最多的类别作为目标数据的类别。

从上述步骤描述可以看出，k-NN 算法的核心在于描述目标数据和样本之间的距离。这里，通常使用欧式距离来进行刻画，其计算方法如下：

假设向量 $x=[x_1, x_2, \cdots, x_n]$ 和向量 $y=[y_1, y_2, \cdots, y_n]$，则向量 x 和 y 的距离可以表示为

$$d(x, y)=\sqrt{\sum_{i=1}^{n}(x_i-y_i)^2}$$

4. k 均值算法（k-Means）。k 均值算法是一种经典的聚类算法，用于在没有训练样本的情况下，发现数据中的内在结构，并将数据分成 k 个聚类。该 k 个聚类应满足以下两个条件：一是同一类中各个数据之间的距离较小，二是不同类中各个数据之间的距离较大。k 均值算法的计算过程如下：

第一步，在数据集中随机选择 k 个数据点，作为聚类的初始中心。

第二步，计算每个数据点到每个中心点的距离，将该数据点归到距离最近中心点的那一类。

第三步，对于新形成的各类，计算其中心点。

第四步，判断中心点是否变化。若无变化，则聚类完成，算法结束。否则，进入第二步继续执行。

第三节　数据质量评价

一、数据质量与数据质量评价

（一）数据质量

数据是一项重要的生产要素，在企业生产经营和管理活动中起着非常重要的作用，但是数据重要作用发挥的程度，关键在于数据的效用大小，而影响数据效用的重要因素就是数据的质量，因而数据质量的高低是影响数据要素作用发挥的一项重要的因素。

在国家标准《信息技术　数据质量评价指标》（GB/T 36344—2018）中，对数据质量的含义进行了描述，指出“数据质量是指在指定条件下使用时，数据的特性满足明确的和隐含的要求的程度。”可以通过以下三个方面理解数据质量的含义。

1. 数据要满足某种需要。数据必须满足人们生活、企业生产经营活动的某种需要，这种需要是明确表示的或隐含的，所谓隐含的是指通过合理的逻辑推理能够得出这个结果的，若某数据不能满足任何需要，则该数据质量为零。例如，天气预报的数据，“明天大雨，降水概率 80%，最高温度 16℃，最低温度 12℃”。该数据就告诉明天准备出门的人要带上雨具，天气有点凉，要穿厚一点的衣服。

2. 数据要具有某些特性。数据要具有某些特性才能满足人们的需要。数据表达的信息要准确，不能模棱两可。例如，“明天可能下雨，也可能不下雨”，这种数据就不符合准确性的要求，也就不能满足明天出门人员的需要。

3. 特定的使用条件。数据的效用必须在特定场景下发挥作用，因此使用数据时，必须掌握数据的使用条件。例如，天气预报的数据，是针对某一个特定的区域和特定的时间段，如果离开这个特定区域和特定的时间段，该天气预报的数据也就不会产生任何效用。

数据质量对后续的数据加工有着重要影响，低质量的数据很难加工出高质量的数据产品。因此在数据采集、加工、使用等数据处理活动中，相关当事人需要关注数据质量。

（二）数据质量评价

在数据处理活动中，相关当事人要获取高质量的数据，就需要对数据质量进行评价。

数据质量评价，是指评价机构及其评价人员遵守法律、行政法规和数据质量评价标准，接受委托对产权持有人所持有的数据在特定目的和应用场景下的质量进行定性和定量的评价，并出具数据质量评价报告的专业服务行为。

在数据质量评价活动中，涉及三方关系人，即委托人、评价机构以及产权持有人，形成了数据质量评价活动中的评价关系。见图 1-14。

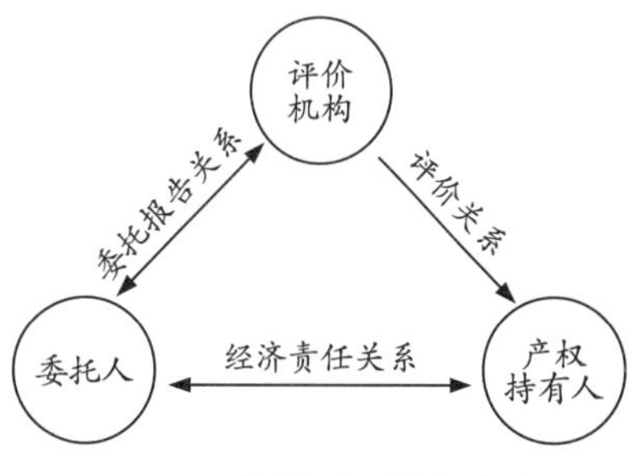

图 1-14　数据质量评价关系图

在数据质量评价活动中，委托人是本次评价活动的发起人，产权持有人的上级部门、公司的董事会等都可以成为委托人。产权持有人是实际占有该数据的机构，产权持有人是一个企业，也可以是某企业的经营者，委托人与产权持有人之间的关系是代理关系，即受托经济责任关系。评价机构是数据质量评价活动的主体，它与委托人之间的关系是委托报告关系，与产权持有人之间的关系是评价关系，它接受委托人的委托，对产权持有人所持有数据的质量进行评价，并向委托人报告评价结果。

数据质量评价活动由以下因素所构成，具体包括：

1. 数据质量评价主体。数据质量评价活动的主体是评价机构和评价人员。数据质量评价机构一般是具有数据质量评价能力的数据公司，评价人员是数据公司中具有数据质量评价能力的技术人员。《数据安全法》第三十四条规定："法律、行政法规规定提供数据处理相关服务应当取得行政许可的，服务提供者应当依法取得许可。"数据公司及其技术人员从事数据质量评价业务是否需要得到政府数据主管部门的行政许可，目前未见到相关规定。

2. 数据质量评价客体。数据质量评价客体也称为评价对象，是数据产权持有人所拥有的数据，而且该数据被限定在特定目的和应用场景下。

3. 数据质量评价依据。数据质量评价依据是法律、行政法规和数据质量评价标准。法律包括《数据安全法》等，行政法规包括《中华人民共和国政府信息公开条例》（以下简称为《政府信息公开条例》）等，数据质量评价标准包括政府部门制定的有关数据的部门规章，以及《信息技术　数据质量评价指标》（GB/T 36344—2018）等国家标准。

4. 数据质量评价方法。数据质量评价方法是指评价人员从事数据质量评价活动所采用的方法，包括层次分析法、模糊综合评价法和哈希函数法等。

5. 数据质量评价程序。数据质量评价程序是指评价人员从事数据质量评价工作所经历的过程以及工作步骤。包括组建数据质量评价项目团队、制定数据标准、确定评价指标、实施评价活动、提升数据质量、编制并提交评价报告等环节。

6. 数据质量评价报告。数据质量评价报告是指评价机构和评价人员出具的反映评价过程和评价结论的书面报告。

二、数据质量评价指标

为了对数据质量进行准确的评价，在国家标准《信息技术　数据质量评价指标》中规定了数据质量评价指标，即规范性、完整性、准确性、一致性、时效性、可访问性。

（一）规范性

数据的规范性反映了数据符合数据标准、数据模型、业务规则、元数据或权威参考数据的程度。当数据的规范性越高时，数据可以更好地被计算机使用数据标准或模型进行自动化理解，从而更适合使用计算机完成数据分析和处理任务，最终提升数据处理的效率。

一般通过数据标准、数据模型、元数据、业务规则、权威参考数据、安全规范等指标评价数据的规范性。

（二）完整性

数据的完整性反映了数据集的完备程度，即数据集中不存在数据缺失或篡改。数据完整性是数据质量的一个重要指标，对数据分析有着很大的影响。当数据集完整性较差时，需要对数据进行预处理，从而提升数据集的完整性。

一般通过数据要素完整性、数据记录完整性等指标评价数据的完整性。

（三）准确性

数据的准确性表征了数据正确反映客观世界的程度。数据作为真实世界的客观记录，应正确记录真实世界发生的事件。但由于传感器性能和误差的影响，设备在记录数据时，容易受到噪声的影响，从而影响数据的准确性。为了提升数据的准确性，可以使用去噪算法对数据进行预处理，过滤掉数据中包含的噪声。

一般通过数据内容正确性、数据格式合规性、数据重复率、数据唯一性、脏数据出现率等指标评价数据的准确性。

（四）一致性

数据的一致性刻画了数据集中存在矛盾的程度。信息系统在记录数据时，由于系统错误的存在，会使得所记录的数据存在错误。这种错误会引起数据集中的数据出现相互矛盾，并对后续的数据分析造成不利影响。为了保证数据的一致性，应对数据进行一致性审计，并对所发现的不一致数据进行修正。

一般通过相同数据一致性、关联数据一致性等指标评价数据的一致性。

（五）时效性

数据的时效性表征了数据的新旧程度，即数据真实反映事物和事件的及时程度，数据能否正确反映真实世界的最新状态。在进行数据分析时，为了保证分析结果在当前时间节点的价值，通常应保证数据有较好的时效性。

一般通过基于时间段的正确性，基于时间点的及时性、时序性等指标评价数据的时效性。

（六）可访问性

数据的可访问性刻画了数据能被访问的程度。对于公开数据如上市公司年报等，其可以被任何个人或机构直接获取，且获取方式相对容易，从而可访问性较高。然而企业的运营数据如生产、销售数据等，属于企业的商业秘密，很难从公开渠道获得，从而其可访问性较低。

一般通过可访问性、可用性等指标评价数据的可访问性。

[案例 1-1]

下表 1-5 是某超市一周商品销售情况统计表（数据集）。数据集中共有 4 个字段，分别刻画了销售日期、销售数量、商品单价及销售金额。其中，由于信息系统存在的内在错误，数据在记录时产生了一些误差，从而对数据质量产生了不利影响，降低了数据的质量。

表 1-5　某超市一周销售情况统计表

日期	销售数量	商品单价	销售金额
2023-05-11	10	2.0	20
2023-05-12	8	2.0	20
2023-05-13	15	2.0	30
2023-05-14	7	2.0	14
2023-05-15	9	2.0	NaN
2023-05-16	−3	2.5	45
2023-05-17	23	2.5	57.5

采用数据质量评价指标，从六个方面对上表的数据质量进行评价：

数据规范性方面，该数据集有着很好的结构性，从而其规范性程度高，适合使用计算机完成数据处理和分析。

数据完整性方面，第 5 条数据的第 4 个字段出现了 NaN 符号，该符号表示当前位置不是一个数值。因此，该数据集存在数据缺失，需要进行缺失处理。

数据准确性方面，第 6 条数据的第 2 个字段出现了负值。由于该字段表示商品的销售数量，而事实上销售数量不可能出现负值。因此，该数据为错误数据，无法提供真实情况。

数据的一致性方面，第 2 条数据的销售数量字段乘以单价字段与销售金额字段不相等，这与我们的常识相违背。因此，该条数据不满足数据质量的一致性，需要进行修正。

数据的时效性方面，该销售数据采集自 2023 年 5 月，与当前时间距离较远。因此，该数据的时效性较差。这意味着，该数据的分析结果对当前问题的指导意义较低。

数据的可访问性方面，由于销售数据属于企业内部数据，一般不会对外发布。因此，若需获取销售数据，需要和企业建立合作关系。因此，该数据的可访问性较低。

根据评价结果，被评价数据的持有人需要对缺失的数据补充完善，对计算错误的数据进行更正，对出现异常的数据要查明原因，核实后予以更正，最后对数据整体发表意见。

三、数据质量评价方法

数据质量评价方法，主要包括层次分析法、模糊综合评价法和哈希函数法等。

（一）层次分析法

层次分析法是一种经典的评价方法，已经在实际中得到了广泛的应用。该方法主要包含以下步骤：

第一步，建立问题的层次结构模型。该模型由三层结构组成，分别是目标层、准则层、方案层。其中，目标层刻画了问题的决策目标。准则层刻画了决策所依赖的准则，即评价的标准。方案层刻画了备选的方案，用于最后的决策结果。

第二步，构建判断矩阵。判断矩阵对各个准则的重要性进行刻画。在构建判断矩阵时，需要对所有的准则进行两两比较。通过对每对准则进行两两对比，给重要的准则赋予更高的权重。

第三步，判断矩阵一致性检验和层次单排序。计算判断矩阵的一致性指标，保证判断矩阵具备满意的一致性。进一步计算判断矩阵的特征值和特征向量，从而实现同一层次的单排序。

第四步，层次总排序。在同一层次单排序的基础上，自上而下逐层计算，最终完成层次总排序，得到每一个备选方案的评价权重。

（二）模糊综合评价法

模糊综合评价法是一种常用的评价算法，有着简单有效的特点，适合用于多因素多方案的评价活动。其中，其主要理论基础依赖于模糊集理论。相对于传统集合关于元素隶属关系的要求，即某元素只能属于或者不属于该集合，模糊集对该概念进行了扩展。在模糊集条件下，某个元素可以在一定程度上属于某集合，该程度可取值为区间上的任何值。基于模糊集的概念，模糊综合评价主要包含确定因素以及对应权重、确定评语集合、建立模糊评判矩阵、模糊综合评判四个步骤。

[案例 1-2]

采用模糊综合评价法对某数据集的数据质量进行评价。

第一步，确定因素以及对应权重。确定该数据集数据质量评价指标包括完整性、一致性、准确性、时效性四个方面，其对应权重为 0.3、0.2、0.3、0.2。

第二步，确定评语集合。进行数据质量评价时，可选的评语包括好、中、差三个评定级别。

第三步，建立模糊评判矩阵。通过专家打分的方式，给出各个方面表现的评语。对完整性指标，80%的专家认为好，15%的专家认为中，5%的专家认为差。对于一致性指标，70%的专家认为好，20%的专家认为中，10%的专家认为差。对于准确性指标，85%的专家认为好，5%的专家认为中，10%的专家认为差。对于时效性指标，90%的专家认为好，5%的专家认为中，5%的专家认为差。从而，可以形成模糊评判矩阵如下：

$$\begin{bmatrix} 0.80 & 0.15 & 0.05 \\ 0.70 & 0.20 & 0.10 \\ 0.85 & 0.05 & 0.10 \\ 0.90 & 0.05 & 0.05 \end{bmatrix}$$

第四步，模糊综合评判。使用因素权重和模糊评判矩阵相乘，可以得到

$$B=[0.3\ 0.2\ 0.3\ 0.2]\cdot\begin{bmatrix} 0.80 & 0.15 & 0.05 \\ 0.70 & 0.20 & 0.10 \\ 0.85 & 0.05 & 0.10 \\ 0.90 & 0.05 & 0.05 \end{bmatrix}$$

最终得到 $B=[0.815,\ 0.110,\ 0.075]$。其中，最大数出现的位置在第一位，数值为 0.815，对应的评价结果为“好”。因此，总体评语隶属于好这个集合的程度为 0.815，从而最终对该数据集的数据质量评价为“好”。

（三）哈希函数法

哈希函数法是一种主动的数据质量评价方法。通过该方法，可以准确地判断数据中是否存在错误或被篡改。哈希函数法的核心点在于哈希函数，该函数具备以下特点：第一，哈希函数的输入为变长数据序列；第二，哈希函数的输出为定长的数据序列，成为消息摘要；第三，输入数据中任何一位或多位的变化，都会导致输出序列的变化。哈希函数法的执行步骤如下：

数据发送方在发送数据前，首先使用哈希函数计算待发送数据集的消息摘要，进而将数据集和消息摘要同时发给数据接收方。这里，相对于数据集，消息摘要的数据量较小，从而发送方可以确保消息摘要正确发送。数据接收方在接收到数据后，首先使用哈希函数计算接收到数据的消息摘要，进而将该消息摘要和发送方的消息摘要进行对比。若一致，则表示所收到的数据没有错误或被篡改。反之，则数据中存

在错误或被篡改。

[案例 1-3]

现有如下文本数据：“*According to IBM, data science is the process of using algorithms, methods, and systems to extract knowledge and insights from structured and unstructured data. It uses analytics and machine learning to help users make predictions, enhance optimization, and improve operations and decision making.*”

使用哈希函数，计算该文本数据的消息摘要，得到“2037d7dd7ef5c3e 8490a 31d72c9f4c76”。

现对该文本进行篡改，得到如下文本数据“*According to MBI, data science is the process of using algorithms, methods, and systems to extract knowledge and insights from structured and unstructured data. It uses analytics and machine learning to help users make predictions, enhance optimization, and improve operations and decision making.*”

计算该文本数据的消息摘要，得到“ff3f76e092fd321722dc74648b3957 b3”。可以看到，在对文本数据进行篡改后，其对应的消息摘要发生了显著变化。该案例的 python 代码见图 1-15。

```
import hashlib
h1 = hashlib.md5()
ss1 = '''According to IBM, data science is the process of using
algorithms, methods, and systems to extract knowledge and
insights from structured and unstructured data. It uses
analytics and machine learning to help users make predictions,
enhance optimization, and improve operations and decision
making.'''
h1.update(ss1.encode('utf-8'))
print(h1.hexdigest())

h2 = hashlib.md5()
ss2 = '''According to MBI, data science is the process of using
algorithms, methods, and systems to extract knowledge and
insights from structured and unstructured data. It uses
analytics and machine learning to help users make predictions,
enhance optimization, and improve operations and decision
making.'''
h2.update(ss2.encode('utf-8'))
print(h2.hexdigest())
```

图 1-15 哈希函数法 python 代码图

四、数据质量评价程序

进行数据质量评价活动，包括组建数据质量评价项目团队、建立数据标准、确定评价指标、实施评价活动、提升数据质量、编制并提交评价报告等环节。见图 1-16。

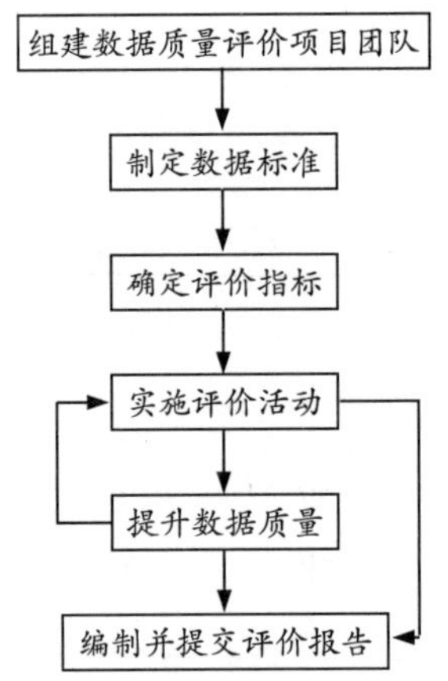

图 1-16 数据质量评价程序图

（一）组建数据质量评价项目团队

数据质量评价机构承接了数据质量评价业务后，就要组建项目团队，首要任务是确定项目负责人，项目负责人要具有团队管理能力和项目管理经验，具有从事数据质量评价的专业知识和相应的技能，如果政府大数据主管部门对评价人员有资质要求，项目负责人还应具有相应的资质。除项目负责人外，还需要根据数据的特点和数据量的大小配备一定数量的数据工程师、数据分析师和业务助理人员，组成数据质量评价项目团队。

（二）制定数据标准

进行数据质量评价之前，数据需要满足一定的规律，达到标准化的要求，便于进行数据分析和评价。这就需要对数据进行转换，如果不进行适当的变换，就可能导致不同的数据集维数不同，不便于比较，或者维数过多增加了评价成本，或者数据维数过少，很难对数据质量特征进行整体的评价。

（三）确定评价指标

从规范性、完整性、准确性、一致性、时效性、可访问性等六个方面对数据质量进行评价。可以根据被评价数据的特点，设置上述六个方面评价指标各自的权重。

（四）实施评价活动

聘请数据专家、生产专家、技术专家和管理专家组成专家组，在对被评价数据充分掌握的基础上，对数据进行分析、判断、鉴定，采用层次分析法、模糊综合评价法、哈希函数法等方法，采用定性和定量结合的方式，对数据质量进行评价。并将采用评价方法的依据、各专家评价表、各项指标权重的测算、评价中发现的问题、改进的建议等内容记录于评价工作底稿。

（五）提升数据质量

将评价中发现数据本身和数据管理存在的问题，提交被评价单位，建议被评价单位完善，以提升数据质量，同时也提高被评价单位的数据管理水平，并将被评价单位完善数据和数据管理的情况记录于评价工作底稿。

（六）编制并提交评价报告

根据评价结论编写评价报告，经评价单位签章和评价项目负责人签字后提交评价委托人。评价单位和评价项目负责人应该对评价报告的真实性、合理性和完整性负责。

五、数据质量评价报告

实施数据质量评价活动后，由评价项目组负责起草评价报告，经审核无误并签字盖章后提交评价委托方。数据质量评价报告是评价机构已经履行受托义务的证据。

数据质量评价报告是指评价机构及其评价人员遵守法律、行政法规和评价标准，根据委托履行必要的评价程序后，由评价机构对特定目的和应用场景下数据的质量出具的专业评价报告。

数据质量评价报告可以包括如下内容：

1. 评价委托人和其他评价报告使用人。在委托合同中明确评价委托人和其他评价报告使用人。

2. 评价目标。说明因拟发生的经济活动或特定的目的而进行本次数据质量评价活动，通过对数据的规范性、完整性、准确性、一致性、时效性、可访问性等指标的定性和定量描述，对数据质量进行定性和定量的描述。

3. 数据和数据的应用场景说明。

4. 评价依据。说明本次评价活动依据的法律、行政法规、部门规章以及数据质量评价标准。

5. 评价方法。说明本次评价活动采用的评价方法以及采用该方法的理由。

6. 评价程序实施过程和情况。对以下内容进行说明：

（1）对被评价的数据进行了盘点，对数据的权属进行了核对，对数据的合法性、有效性以及可再现性进行了验证。

（2）对专家组的组建进行说明，包括专家的选取原则、专家的学术水平、专家的专业领域，对专家组组长的学术水平和经历进行简要介绍。

（3）对构建的评价模型进行介绍，对涉及参数及其取值方法进行说明。

（4）对评价指标的设计、权重以及专家评分情况进行说明。

（5）对专家意见的综合以及最终评价结论的形成过程进行说明。

（6）对数据存在的缺陷、瑕疵情况以及数据持有人对数据的完善情况进行说明。

7. 评价结果及问题分析。对被评价的数据质量进行定性和定量的描述，指出被评价数据存在的问题并进行原因分析，提出改进数据管理的建议。

8. 事项说明。对评价过程中发现的、数据持有人未能完善的、对委托人或其他评价报告使用人可能会造成不利影响的事项进行说明。

9. 评价报告使用限制说明。说明本次评价活动是针对拟发生的经济活动以及特定的数据应用场景进行的，若拟发生的经济活动或特定的数据应用场景发生重大变化，评价结论会失效。

10. 评价报告日。评价结论形成的日期。

11. 评价报告日后重大事项。评价报告日至报告提交日之间，被评价数据发生较大的变化，这种变化会影响评价报告使用人正确理解被评价数据的存在状况，就需要进行披露。例如，数据被盗用，大部分或全部数据已公开，或数据大面积被非法修改删除，数据的有效性大幅度降低等。

12. 评价项目负责人签名和评价机构签章。

数据质量评价报告说明了评价工作履行的程序和形成的评价结论，评价机构和评价项目负责人对评价报告的客观性、真实性、准确性和完整性承担责任。通过数据质量评价报告，帮助评价报告使用人正确理解被评价数据质量，有利于报告使用人进行与被评价数据有关的决策，有利于相关经济活动的正常顺利开展。

第二章　数据资源

在中共中央、国务院发布的《关于构建更加完善的要素市场化配置体制机制的意见》中明确提出要“推进政府数据开放共享”“提升社会数据资源价值”“加强数据资源整合和安全保护”。数据资源作为数字经济关键的生产要素，在社会管理、企业经营活动以及个人生活中发挥着重要的作用。

[小资料 2-1]

充分发挥数据资源价值　助力大数据为高质量发展赋能

2020 年天津市市人大常委会财经预算工作委员会开展了促进大数据发展应用条例执法检查，反映出大数据在支持疫情防控和复工复学中发挥了关键作用。天津市依托“津心办”APP，上线运行“健康码”，实行“绿码、橙码、红码”三色动态管理，累计申领“健康码”人数突破 1170 万人，为进一步提高涉疫高风险人群排查的精准性，助力全市疫情联防联控和复工复产发挥了重要作用。天津市基础教育资源公共服务平台，整合汇集多个平台和系统的优势教育资源，向全市中小学师生提供了各学科和个性化学习资源，日均访问人数达 79 万人次。全市 31 所高等学校、26 所高等职业院校和 46 所中等职业学校采取“教学资源平台+课程管理群”的模式，共开设在线教学课程 2.93 万门，日均在线学生达 55 万人次，为疫情防控“停课不停学”提供了强有力的技术支持。

（根据天津人大网监督纵横栏目相关内容改写）

第一节　数据资源概述

一、数据要素与数据资源

（一）数据要素

在 2019 年 10 月 31 日中国共产党第十九届中央委员会第四次全体会议通过的《中共中央关于坚持和完善中国特色社会主义制度、推进国家治理体系和治理能力现代化若干重大问题的决定》中首次将“数据”与“劳动、资本、土地、知识、技术、管理”等生产要素并列，“数据要素”成为生产要素的重要组成部分，并提出：“健全劳动、资本、土地、知识、技术、管理、数据等生产要素由市场评价贡献、按贡献决定报酬的机制。”标志着我国已经进入以数据为关键要素的数字经济新时代。党的二十大报告提出要“加快建设现代化经济体系，着力提高全要素生产率”。在数字经济时代，要充分发挥海量数据规模和丰富应用场景的优势，实现数据要素在不同场景中的乘数效应，促进数字经济与实体经济深度融合，加速传统产业转型升级。当数据积累到一定的规模后，除了自身原有的反映所记录事物信息的功能外，还具有进一步挖掘更高价值的可能，此时便形成了数据资源。数据资源可以通过数据交易、数据赋能等形式实现其价值。数据资源作为重要的生产要素，引发了生产要素变革，影响了需求与消费，也重塑了供应与生产，导致社会组织运行方式发生根本性改变。

在国家标准《信息技术　词汇　第 1 部分：基本术语》（GB/T5271.1—2000）中提出数据要素是指“参与到社会生产经营活动，为使用者或所有者带来经济利益、以电子方式记录的数据资源”。从数据要素的定义可以看出数据资源要成为数据要素需具备以下三个条件：

1. 数据资源能够在社会生产经营活动中发挥作用。数据资源要成为生产要素，必须是社会生产经营活动离不开的，能够与资本、土地、劳动等生产要素有机结合，在社会生产经营活动中发挥重要作用。

[案例 2-1]

在海洋养殖生产活动中，海况数据如海区的温度、海水成分、浮游生物组成情况等数据，对海产品的生长期、品质、产量以及海洋养殖的风险程度都有很大的影

响。因此海况数据资源是海洋养殖生产活动的一项非常重要的生产要素。

2. 能够为使用者或所有者带来经济利益。使用数据资源能够为使用者或所有者带来直接的或潜在的经济利益，这些利益包括但不限于收入的增长、成本费用的节省等。

[案例 2-2]

甲海洋监测站拥有某海域 30 年的海况数据，A 数据处理公司购买最近 10 年的数据进行加工，并将加工后的数据产品出售给 B 海洋渔业养殖公司。

案例分析：在该案例中，甲海洋监测站是海况数据的所有者，将数据出售给 A 数据处理公司获得了收入。A 数据处理公司是数据加工者，通过加工形成数据产品，将数据产品出售给 B 海洋渔业养殖公司获得了收入。B 海洋渔业养殖公司购入海况数据产品后，在海洋养殖生产活动中，充分利用海况数据产品，增加了海产品产量、提升了海产品品质，降低了海洋养殖的风险，减少了经营损失，给企业带来了经济利益。在该案例中甲海洋监测站作为数据资源的所有者、A 数据处理公司作为数据资源的加工者、B 海洋渔业养殖公司作为数据资源的使用者都通过数据资源的拥有、加工、使用等活动获得了经济利益，海况数据资源是甲海洋监测站、A 数据处理公司、B 海洋渔业养殖公司重要的生产要素。

3. 数据资源是以电子方式记录的。以电子方式记录是数据资源的一个重要特点，是与信息资源的一个重要区别。例如，大学图书馆的纸质图书包含海量的信息，是一所大学重要的信息资源，但由于它不是以电子方式记录，它不属于数据资源。如果将图书馆的纸质图书进行扫描，生成 PDF 格式的图书，就变成了数据资源。因此以电子方式记录是数据资源的重要特征。由于数据资源是以电子方式记录的，就要求该数据必须能够进行机读，因此在数据资源归档保管时，就应该对能够读取该数据库的应用程序进行备份，防止因软件更新导致数据不能调用的情况。同时以电子方式记录的数据资源易复制，因而数据资源的保密、安全就格外重要。

数据作为重要的生产要素，要在生产经营过程中发挥重要作用，需经历数据资源化、数据资产化以及数据资本化三个阶段。全国信息技术标准化技术委员会大数据标准工作组在《数据要素流通标准化白皮书（2022 版）》中对数据资源化、数据资产化和数据资本化进行了定义。

1. 数据资源化阶段，是将无序、混乱的原始数据开发为有序、有价值的数据资源的过程，包括数据采集、整理、分析等行为，最终形成可用、可信、标准的高质量数据资源。数据采集是指对目标领域、场景的特定原始数据进行采集的过程，采集的数据可以是图像类、文本类、语音类、视频类等结构化和非结构化数据。数据整理是对调查、观察、实验等研究活动中所搜集到的数据进行检验、归类编码和数字编码的过程，它是数据分析的基础。数据分析是对收集来的大量数据进行分析，提取有用信息，对数据加以详细研究和概括总结的过程。

2. 数据资产化阶段，是基于既定的应用场景及商业目的，将数据资源进行一系列加工，通过数据清洗、数据标注、数据脱敏、数据集成、数据分析、数据挖掘、数据可视化等手段形成可供企业部门应用或交易的数据产品，数据产品投入使用后形成了数据资产。

3. 数据资本化阶段，是指在数据资产化发展后期，数据资产被进一步赋予金融属性，出现了数据信贷融资和数据证券化两种数据资本化方式。

[小资料 2-2]

贵州省首笔数据资产融资贷款落地

2023 年 6 月，贵州东方世纪科技股份有限公司成功获得贵阳农商银行首笔数据资产融资授信 1000 万元，该公司的大数据洪水预报模型评估价值超过 3000 万元。该笔贷款是贵阳农商银行与贵阳市大数据交易所合作落地的全省首笔基于数据资产价值应用的融资贷款。该笔贷款项目是“数据”作为生产要素探索的先行突破，为推进培育数据要素市场，促进普惠金融发展，实现可持续数据资产化路径开启了一个良好开端。

（根据《贵州日报》数字版有关报道改写）

（二）数据资源

在《浙江省数字经济促进条例》中对数据资源进行了定义，指出“数据资源，是指以电子化形式记录和保存的具备原始性、可机器读取、可供社会化再利用的数据集合，包括公共数据和非公共数据。”“公共数据，是指国家机关、法律法规规章授权的具有管理公共事务职能的组织在依法履行职责和提供公共服务过程中获取的数据资源，以及法律、法规规定纳入公共数据管理的其他数据资源。”在中共中央、国务院发布的《关于构建数据基础制度更好发挥数据要素作用的意见》等文件以及《苏州市数据条例》等地方法性规中将数据资源划分为公共数据、企业数据和个人数据。

本书认为数据资源是指以电子化形式记录和保存的具备原始性、可机器读取、通过使用能带来社会利益或经济利益的数据集合，包括公共数据资源、企业数据资源和个人数据资源。

数据资源具有异质性，尽管大数据体量巨大，但使用者很难找到两份一模一样的数据，即使该两份数据在数值上完全相同，产生数据的场景、经济内涵可能存在不同。

[案例 2-3]

电量 50000 千瓦·时。该数据可能是某小区物业统计的该小区一定时期的耗电量，反映了住户的生活水平和入住率；也可能是某电站一定时期的发电量，反映了该电站的运营效率，也可以利用该数据进一步评价该电站的投资效果并分析社会效益。

二、数据资源的特点

在全国信息技术标准化技术委员会大数据标准工作组制定的《数据要素流通标准化白皮书（2022 版）》中提出数据具有“可复制、易衍变、流动性强”等特点。曾燕等在其所著的《数据资源与数据资产概论》中提出数据资源相比于自然资源和社会资源，具有“无形性与可复制性、非竞争性与弱排他性、时效性、垄断性”等特点。本书认为数据资源具有无形性、可复制性、流动性、时效性、价值性等特点，见图 2-1。

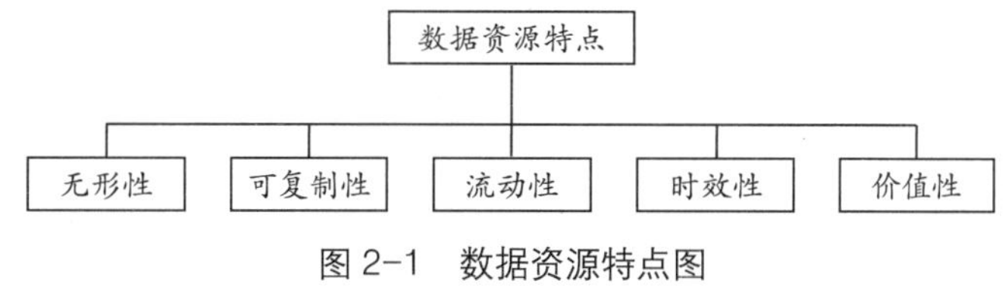

图 2-1 数据资源特点图

（一）无形性

数据资源没有实物形态，以二进制形式存储于介质中。数据资源没有实物形态，但其客观存在表现形式为占用了存储介质的物理空间，可以通过相关程序对其进行机器读取，也可以对其大小进行计量。具有无形性的数据资源有其特殊的物理存在，这种物理存在为复制和流通奠定了基础。无形性是数据资源非常重要的一个特点，这也决定了数据资源的使用与实物资产存在很大的不同，最明显的一个特点是数据资源在使用过程中不会产生消耗，其形态也不会发生变化。

（二）可复制性

数据资源以电子方式存在，存储于相关介质，可机读调取，这就决定了数据资源的无限可复制性，使数据资源具有极强的流动性。数据资源的可复制性导致数据有可能被滥用、泄密、盗取，为其管理带来较大的难度，给数据持有人带来损失。数据资源的相关权利人要严格按照《数据安全法》《个人信息保护法》《中华人民共和国保守国家秘密法》（以下简称为《保守国家秘密法》）的相关要求，做好数据资源的安全保密工作，做到合法合规使用数据资源。

[小资料 2-3]

朱××非法获取计算机信息系统数据获刑

朱××违反国家规定，利用木马病毒非法侵入、控制他人计算机信息系统，非法获取相关计算机信息系统存储的数据。期间，朱××非法控制计算机信息系统 2474 台，利用从多家基金公司非法获取的交易指令，进行相关股票交易牟利。根据辽宁省高级人民法院刑事判决书，朱××犯非法获取计算机信息系统数据、非法控制计算机系统罪，判处有期徒刑 3 年，并处罚金人民币 360 万元；犯内幕交易罪，判处有期徒刑 5 年，并处罚金人民币 9.8 万元，数罪并罚，决定执行有期徒刑 6 年，并处罚金人民币 369.8 万元，对违法所得人民币 185.541822 万元，依法予以追缴，上缴国库。

（摘自中国裁判文书网〔2020〕辽刑终 242 号内容删改）

（三）流动性

由于数据资源易于复制，其传播速度势必很快，因而数据资源具有流动性强的特点。从这个方面来看，数据资源与传统的无形资产具有较大的区别，兼有无形资产和有形资产的特点。数据资源的流动性对其管理提出了较高的要求，数据资源相关权利人要做好数据资源的保密工作。同时对盗用数据给数据权利人带来损失，相关权利人要利用法律的武器，捍卫自己对数据资源的权利。

（四）时效性

随着时间的推移，数据资源的价值会发生衰减，具有较强的时效性。例如，道路交通拥堵的实时数据对驾驶员选择道路具有极大的参考价值，但随着时间的推移，道路的交通状况将发生变化，其原有的反映交通拥堵状况的数据对驾驶员来讲参考价值将降低。数据资源的时效性一方面要求数据资源的管理者及时利用数据资源，充分发挥数据资源的效用；另一方面要求数据资源的管理者在收集数据并存储于数据库时，及时更新数据库中的数据，确保数据库中的数据资源更新与社会活动以及生产经营活动的开展保持同步，以便于充分发挥数据资源在社会活动以及生产经营活动中的重要作用。

（五）价值性

数据资源的价值性体现在能为使用者带来社会利益或经济利益。数据资源带来的社会利益可以体现为人们生活更加方便、幸福感提升、社会更加和谐安宁、就业率提升等；数据资源带来的经济利益可以体现为收益收入的增长、费用支出的节约、浪费损失的减少、劳动生产率的提升等，但是，不是所有数据都能成为数据资源，不是所有的数据都有价值。在现实经济生活中存在的大量数据是无序的，有些是错误的甚至是虚构的，这些数据没有价值。能称为数据资源的数据必须对人类的生产生活有用，能够起到积极的促进作用。因此，数据资源必须能够带来社会价值或经济价值，只有能够带来社会价值或经济价值的数据才能被称为数据资源。

第二节　数据资源权属

在中共中央、国务院发布的《关于构建数据基础制度更好发挥数据要素作用的意见》中指出要“探索数据产权结构性分置制度。建立公共数据、企业数据、个人数据的分类分级确权授权制度。根据数据来源和数据生成特征，分别界定数据生产、流通、使用过程中各参与方享有的合法权利，建立数据资源持有权、数据加工使用权、数据产品经营权等分置的产权运行机制。”该文件将数据资源的权属定义为数据资源持有权、数据加工使用权和数据产品经营权。为数据资源权属的认定扫清了障碍。

中国资产评估协会制定的《资产评估专家指引第 9 号——数据资产评估》指出数据资产的法律因素通常包括数据资产的权利属性以及权利限制、数据资产的保护方式等。关注数据资产所有权的具体形式、以往使用和转让的情况对数据资产价值的影响、数据资产的历史诉讼情况等法律因素情况，可以帮助评估专业人员判断法律因素对数据资产价值的影响程度。

中国资产评估协会制定的《数据资产评估指导意见》指出“执行数据资产评估

业务，应当根据数据来源和数据生成特征，关注数据资源持有权、数据加工使用权、数据产品经营权等数据产权，并根据评估目的、权利证明材料等，确定评估对象的权利类型。”

综上所述，本书认为数据资源权属包括数据资源所有权、数据资源持有权、数据加工使用权和数据产品经营权等。数据资源权属结构见图 2-2。

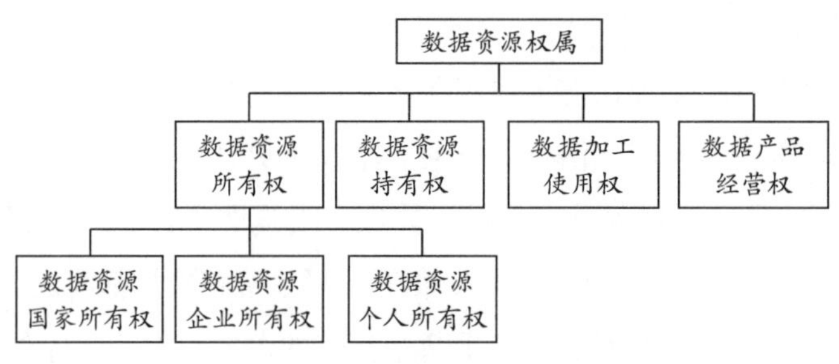

图 2-2 数据资源权属结构图

一、数据资源所有权

《中华人民共和国民法典》(以下简称为《民法典》)对所有权进行了规定，指出“所有权人对自己的不动产或者动产，依法享有占有、使用、收益和处分的权利。”数据资源所有权是指数据生产者对原始数据依法享有占有、使用、收益和处分的权利。数据资源的所有权包括国家所有权、企业所有权和个人所有权。

（一）数据资源国家所有权

国家机关在履行法定职责、提供公共服务过程中产生、收集了人口、税收、交通等数据，这些数据的所有权属于国家。根据《数据安全法》第三十八条规定：“国家机关为履行法定职责的需要收集、使用数据，应当在其履行法定职责的范围内依照法律、行政法规规定的条件和程序进行；对在履行职责中知悉的个人隐私、个人信息、商业秘密、保密商务信息等数据应当依法予以保密，不得泄露或者非法向他人提供。”国家机关作为数据收集、使用的主体之一，收集了大量的数据，通过数据的挖掘、处理和分析，提升了公共管理的效率。国家机关获得数据具有强制性，同时处理和利用数据更多基于公共利益考虑，具有很强的公益性特点，通过数据的处理更好地履行其公共管理的法定职责。由于国家机关收集处理的数据涉及公共利益甚至国家安全，国家机关对数据安全的保障要求更高。为了更好地发挥政务数据的作用，《数据安全法》对政务数据的开放做了规定，该法第四十一条指出“国家机关应当遵循公正、公平、便民的原则，按照规定及时、准确地公开政务数据。依法不予公开的除外。”明确规定政务数据开放遵循以公开为常态、不公开为例外。政务数据的开放以公共信息资源为重点，一方面可以保障公众的知情权，提高政府工作的透明度；另一方面政务数据的开放利用，有利于充分释放政务数据的经济和社会价值。

政府作为数据资源的所有权人，充分做到应该保密的数据坚决保密，切实维护国家安全利益，允许开放的数据依法依规开放，充分发挥数据资源在数字经济中的核心作用，促进数字经济的健康快速发展。

（二）数据资源企业所有权

企业在生产经营过程中产生大量的数据，如产品设计、工艺技术、销售渠道、技术参数等，这是企业重要的数据资源，形成企业生产经营过程中不可缺少的重要的生产要素。企业对这些数据资源拥有所有权，其他人不得侵害企业对数据资源的所有权。《中华人民共和国反不正当竞争法》（以下简称为《反不正当竞争法》）第九条规定：“经营者不得实施下列侵犯商业秘密的行为：（一）以盗窃、贿赂、欺诈、胁迫、电子侵入或者其他不正当手段获取权利人的商业秘密；（二）披露、使用或者允许他人使用以前项手段获取的权利人的商业秘密；（三）违反保密义务或者违反权利人有关保守商业秘密的要求，披露、使用或者允许他人使用其所掌握的商业秘密；（四）教唆、引诱、帮助他人违反保密义务或者违反权利人有关保守商业秘密的要求，获取、披露、使用或者允许他人使用权利人的商业秘密。”“商业秘密，是指不为公众所知悉、具有商业价值并经权利人采取相应保密措施的技术信息、经营信息等商业信息。”可以看出，企业拥有的数据资源属于企业商业秘密的范畴，如果以非法手段获取、披露、使用或允许他人使用其他企业的数据资源，就违反了《反不正当竞争法》，就将面临法律的制裁。

（三）数据资源个人所有权

《个人信息保护法》第四条指出“个人信息是以电子或者其他方式记录的与已识别或者可识别的自然人有关的各种信息，不包括匿名化处理后的信息。” 个人在日常生活中产生了大量的数据，例如，用手机注册 APP 软件，需要输入个人姓名、电话号码，有些情况下还需要提供个人住址和身份证号码，这些数据是个人主动提供的。除此以外，个人乘坐网约车，网约车平台收集了个人的出行数据；个人在购物平台采购物品，购物平台收集了个人的购物数据；个人使用手机接打电话，通信运营商就掌握了个人的出行、居住数据。这些数据是个人被动提供的。如果个人信息被滥用或恶意使用，将会给个人带来人身安全、财产方面潜在的风险。《个人信息保护法》第二条明确规定："自然人的个人信息受法律保护，任何组织、个人不得侵害自然人的个人信息权益。"《民法典》第一百一十一条规定："自然人的个人信息受法律保护。任何组织或者个人需要获取他人个人信息的，应当依法取得并确保信息安全，不得非法收集、使用、加工、传输他人个人信息，不得非法买卖、提供或者公开他人个人信息。"

数据资源所有权是最重要的数据资源权属，国家通过《民法典》《个人信息保护法》《数据安全法》《反不正当竞争法》等法律切实保障数据所有者利益。

数据资源通过收集、存储、使用、加工、传输等实现数据资源的价值，数据资源所有权派生出数据资源持有权、数据加工使用权和数据产品经营权等。

二、数据资源持有权

数据资源所有权人一般也是数据资源持有权人，但个人数据资源是一个例外，个人数据资源的所有权和持有权一般分离，个人数据资源所有权属于个人，个人数据资源的持有权一般属于某平台或某软件公司。例如，网约车平台持有个人的出行数据，购物平台持有个人的购物数据，通信运营商持有个人的出行、居住数据。数据资源持有权包括数据资源的收集、存储、使用、删除等权利，见图 2-3。数据资源持有人进行数据收集、存储、使用、删除等要依照国家法律法规合法进行。

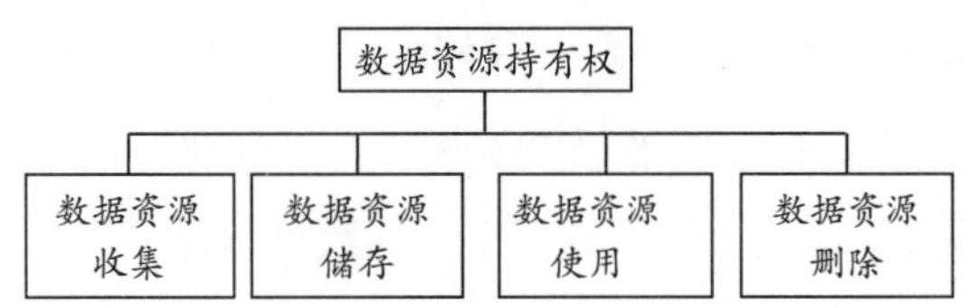

图 2-3 数据资源持有权结构图

（一）数据资源的收集

《个人信息保护法》第六条第二款规定"收集个人信息，应当限于实现处理目的的最小范围，不得过度收集个人信息。"《中华人民共和国电子商务法》（以下简称为《电子商务法》）第二十三条规定："电子商务经营者收集、使用其用户的个人信息，应当遵守法律、行政法规有关个人信息保护的规定。"《中华人民共和国消费者权益保护法》（以下简称为《消费者权益保护法》）第二十九条第一款规定："经营者收集、使用消费者个人信息，应当遵循合法、正当、必要的原则，明示收集、使用信息的目的、方式和范围，并经消费者同意。经营者收集、使用消费者个人信息，应当公开其收集、使用规则，不得违反法律、法规的规定和双方的约定收集、使用信息。”收集个人信息要有明确合理的目的。例如，用户下载 APP 软件，为了保证用户使用的合法性、合规性，用户需要提供姓名、手机号码甚至身份证号、家庭住址，这些保证了软件使用的实名制，有利于净化网络空间。如果在下载某些 APP 时，还需要用户同意访问通讯录、电子相册等涉及个人隐私的信息，部分 APP 强制收集的个人信息或系统权限不是其正常运行或实现相关功能必须要用到的，比如影音类 APP 强制索要位置权限，游戏类 APP 读取联系人权限等就涉嫌过度收集个人信息。收集个人信息应当采用对个人权益影响最小的方式，过度收集个人信息不利于个人人身和财产的安全。

（二）数据资源的存储

数据资源持有权人对其持有的数据负有保密的义务。《数据安全法》第三十八条规定：“国家机关为履行法定职责的需要收集、使用数据，应当在其履行法定职责的范围内依照法律、行政法规规定的条件和程序进行；对在履行职责中知悉的个人隐私、个人信息、商业秘密、保密商务信息等数据应当依法予以保密，不得泄露或者非法向他人提供。”《消费者权益保护法》第二十九条第二款规定：“经营者及其工作人员对收集的消费者个人信息必须严格保密，不得泄露、出售或者非法向他人提供。经营者应当采取技术措施和其他必要措施，确保信息安全，防止消费者个人信息泄露、丢失。在发生或者可能发生信息泄露、丢失的情况时，应当立即采取补救措施。”数据资源持有人应妥善存储其持有的数据，保护数据资源所有人的秘密，防止因数据丢失、盗用给数据资源所有人带来财产损失和人身伤害。

（三）数据资源的使用

数据资源持有权人应合法、合规、合理使用数据资源，不能滥用更不能恶意使用数据资源。随着数据资源的地位日益重要，越来越多的企业对其持有的数据资源采用大数据分析技术，评估消费者的消费偏好倾向，进行“精准”营销，这种方式能够增加销售的成功率，提升销售效率，同时也能满足消费者的需求，应该说是一个双赢的局面。如果企业利用掌握的消费者经济状况、消费习惯、购买偏好、对价格变动是否敏感等数据，对消费者在价格方面实行歧视性定价策略，这就是通常讲的“大数据杀熟”，这种做法违背了市场经济环境下的诚实守信原则，严重侵犯了消费者的合法权益。《个人信息保护法》第二十四条规定：“个人信息处理者利用个人信息进行自动化决策，应当保证决策的透明度和结果公平、公正，不得对个人在交易价格等交易条件上实行不合理的差别待遇。”《消费者权益保护法》规定：“经营者与消费者进行交易，应当遵循自愿、平等、公平、诚实信用的原则。”“消费者享有公平交易的权利。”因此企业这种做法严重违反了《个人信息保护法》和《消费者权益保护法》。企业向消费者推送信息时，应保障消费者的知情权和选择权，同时为消费者提供便捷的拒绝方式。《消费者权益保护法》第二十九条第三款规定：“经营者未经消费者同意或者请求，或者消费者明确表示拒绝的，不得向其发送商业性信息。”虽然数据资源在企业经营中的地位日益重要，通过数据挖掘能为企业提供巨大的效益，企业也不能违背市场经济的原则，滥用数据资源，如果企业不加节制地使用大数据技术进行“精准”营销，可能会导致消费者的反感，侵蚀消费者对新的营销方式的信任，最终会摧毁数字经济赖以生存的基础。

（四）数据资源的删除

企业收集数据要基于特定的目的，若该目的已经实现或该目的已经不存在，则企业就应依法删除该数据资源，这也在一定程度上保护了数据资源的安全，降低了数据的安全风险。《个人信息保护法》第十九条规定：“除法律、行政法规另有规定外，个人信息的保存期限应当为实现处理目的所必要的最短时间。”第四十七条规定：“有下列情形之一的，个人信息处理者应当主动删除个人信息，个人信息处理者未删除的，个人有权请求删除：（一）处理目的已实现、无法实现或者为实现处理目的不再必要；（二）个人信息处理者停止提供产品或者服务，或者保存期限已届满；（三）个人撤回同意；（四）个人信息处理者违反法律、行政法规或者违反约定处理个人信息；（五）法律、行政法规规定的其他情形。法律、行政法规规定的保存期限未届满，或者删除个人信息从技术上难以实现的，个人信息处理者应当停止除存储和采取必要的安全保护措施之外的处理。”

[小资料 2-4]

无锡首批 10 亿条涉疫个人数据成功销毁

2023 年 3 月 2 日，无锡市举行涉疫个人数据销毁仪式，依照有关法律法规，首批 10 亿条、总量达 1.7T 的涉疫个人数据成功销毁。2020 年，无锡基于疫情防控需要，在省内率先上线“数字防疫”服务，为疫情防控工作顺利进行提供了大数据支撑。无锡“数字防疫”上线三年来，研发上线了包括疫查通、门铃码、进口冷链食品申报追溯系统、货运通行证等三大类 40 多项应用，同时基于“最小够用”原则，共搜集了 10 亿条个人数据，主要用于核酸筛查、流调溯源、外防输入性疫情、重点人群核酸检测等领域，其中部分涉及家庭住址、出行方式、行程轨迹等个人隐私。随着国家新冠病毒感染防控政策措施优化调整，对新型冠状病毒感染实施“乙类乙管”，按照《数据安全法》《个人信息保护法》等法律法规有关规定，无锡“数字防疫”相关应用功成身退、陆续下线，所涉个人数据也随之销毁。首批销毁的涉疫数据此前主要集中存放在政务云平台，总存储量达到 1.7T。有关方面通过集中销毁数据存储介质的方式，对相关数据进行了彻底销毁，确保数据无法还原。数据销毁全过程邀请了第三方审计和公证处参与监督。通过数据彻底销毁，减少了数据泄露的可能性，将有效防止公民个人信息被盗用或滥用。

（根据《人民日报》全国党媒信息公共平台交汇点新闻客户端栏目相关内容改写）

国家应通过立法保护数据资源持有者的合法权益，任何采用非法手段获取数据资源并给数据资源持有者造成损害的，应承担相应的法律责任，这种法律责任包括民事责任、行政责任、刑事责任。在依法保护数据资源持有者合法权益的同时，要依法促进数据资源的开放和利用，防止数据资源持有者垄断数据资源，要消除数据壁垒，释放数据资源的价值，最大限度地发挥数据资源的作用。

三、数据加工使用权

数据在未处理前为原始数据，这些数据可能存在不一致、错误、虚假、重复、无效等情况，为了提升数据使用的效率和效果，需要对原始数据进行加工，使数据更加符合生产经营的需要。数据资源加工可以由所有者或持有者进行，也可以授权专业的数据处理机构从事数据资源的加工工作，专业的数据处理机构得到授权从事数据资源的加工工作，该机构就拥有了数据的加工使用权。

在案例 2–2 中甲海洋监测站拥有某海域 30 年的海况数据，A 数据处理公司购买 10 年的数据进行加工，根据本次数据交易的合同约定，A 数据处理公司就取得了某海域 10 年海况数据的加工使用权。

数据资源经过加工才能真正转化为可流通、可复制的数据产品。由于不同的市场主体在数据加工中投入的差异性，导致数据资源的加工成果也存在较大的差异。因此在数据加工过程中要坚持“谁投入、谁贡献、谁受益”的原则，保障数据加工者的积极性。这样既能保障数据资源加工者投入的合理补偿，有利于数据加工的进一步市场化配置。

四、数据产品经营权

数据经过清洗、标注、脱敏、分析、挖掘、可视化等加工环节，形成了可以直接供用户需要的数据产品。将数据产品应用到企业生产经营过程中，可以增加收入或降低成本，提升企业经济效益。要更好地满足数据消费者对数据资源的需求，提升数据资源的价值，就需要做好数据产品的经营。

数据资源经营可以有很多模式，可以由数据资源持有权人自己对数据进行加工并经营，也可以由数据加工权人对数据产品进行经营，常见的模式是数据资源的持有权人、加工权人将数据产品交付第三方平台，授权第三方平台对数据产品进行经营，实现收益由第三方平台与数据资源持有权人或加工权人进行分成。

第三方平台取得数据资源持有者、加工者的授权后，就拥有了数据产品的经营权。例如，建设某学术资源网络平台，各学术期刊将学术论文存储在该平台资源库并授权该平台可以检索其刊载的文章，通过学术论文的检索、下载实现收益，该收益由平台与学术期刊分成，这样该平台就拥有了学术数据产品的经营权。

在放活数据产品经营权的过程中，要防止出现平台垄断的风险。在我国目前数据产品经营领域，由平台企业运作占绝大多数，数据产品由平台经营，能发挥平台的专业优势，提升运作的效果，但容易导致平台居于垄断地位提高服务价格、降低服务质量，这反而不利于数据产品的使用和传播。因此在数据产品经营过程中，要加强对平台的管理，适度引入竞争，推动平台企业稳定健康发展。

第三节　数据资源确认、计量和报告

为了规范企业数据资源的核算与披露，财政部制定印发了《企业数据资源相关会计处理暂行规定》，对企业数据资源的确认、计量和报告进行规范。该规定将企业数据资源分为两类，即按照企业会计准则相关规定确认为无形资产或存货等资产类别的数据资源，以及企业合法拥有或控制的、预期会给企业带来经济利益的、但由于不满足企业会计准则相关资产确认条件而未确认为资产的数据资源。

企业根据数据资源的持有目的、形成方式、业务模式，以及与数据资源有关的经济利益的预期消耗方式等，对数据资源相关交易和事项进行会计确认、计量和报告。

一、数据资源的确认

（一）企业自用的数据资源

企业在生产经营过程中积累的或购入的，用于企业自己的生产经营过程，不用于出售，符合《企业会计准则第 6 号——无形资产》（以下简称为《无形资产准则》）规定的定义和确认条件，应当确认为无形资产。《无形资产准则》规定："无形资产，是指企业拥有或者控制的没有实物形态的可辨认非货币性资产。"根据《无形资产准则》要求，一项资产要确认为无形资产需要满足以下四个条件：

1. 能够从企业中分离或者划分出来，并能单独或者与相关合同、资产或负债一起，用于出售、转移、授予许可、租赁或者交换。

2. 源自合同性权利或其他法定权利，无论这些权利是否可以从企业或其他权利和义务中转移或者分离。

3. 与该无形资产有关的经济利益很可能流入企业。

4. 该无形资产的成本能够可靠地计量。

数据资源的存在一般不依附其他有形资产和无形资产而独立存在，因此符合第一个条件。根据相关法律规定，数据资源存在所有权、持有权、加工使用权、产品经营权等，其权属也可以做到明晰。数据资源无论是企业在生产经营过程中积累的还是购入的，其取得成本可以确定，能够可靠地进行计量。因此数据资源能否确认为无形资产，其关键在于数据资源应用后能否给其持有者（使用者）带来稳定的经济利益，这是数据资源是资产化还是费用化的关键。

（二）用于出售的数据资源

企业日常活动中持有、最终目的用于出售的数据资源符合《企业会计准则第 1 号——存货》（以下简称为《存货准则》）规定的定义和确认条件的，应当确认为存货。《存货准则》规定："存货，是指企业在日常活动中持有以备出售的产成品或商品、处在生产过程中的在产品、在生产过程或提供劳务过程中耗用的材料和物料等。"《存货准则》规定，同时满足下列条件的存货，才能予以确认：

1. 与该存货有关的经济利益很可能流入企业。

2. 该存货的成本能够可靠地计量。

企业在生产经营过程中积累的或购入的，准备出售的数据资源，无论其研发成本和购买成本都能够可靠地计量，只要能够判断出与该数据资源有关的经济利益很可能流入企业，就符合存货的确认条件，将该数据资源确认为存货。

（三）其他用途的数据资源

数据资源的用途除自用、出售以外，还存在授权使用、让渡使用权等。例如，期刊数据库允许用户有偿浏览、下载期刊数据，按照浏览、下载的数据量收费。企业还可能存在可供内部使用以及对外出售的数据资源，这种数据资源有两种使用模式，涉及是确认为无形资产还是确认为存货。在以外部出售为使用模式下，按照是否转移数据所有权分别确认为存货或无形资产，若转移所有权，确认为存货，若不转移所有权，则确认为无形资产。

1. 授权使用、让渡使用权的数据资源的确认。因授权使用、让渡使用权目的而持有的数据资源，只转让使用权而不转让所有权，按照无形资产确认。

2. 两种使用模式下的数据资源的确认。在企业中如果存在既内部使用又对外出售两种使用模式而持有的数据资源，可以按照最初开发数据资源的经济目的来判断，开发该数据资源的目的是主要用于内部使用，则按照无形资产确认。若主要用于对外出售，就按照存货确认。

数据资源的确认流程见图 2-4。

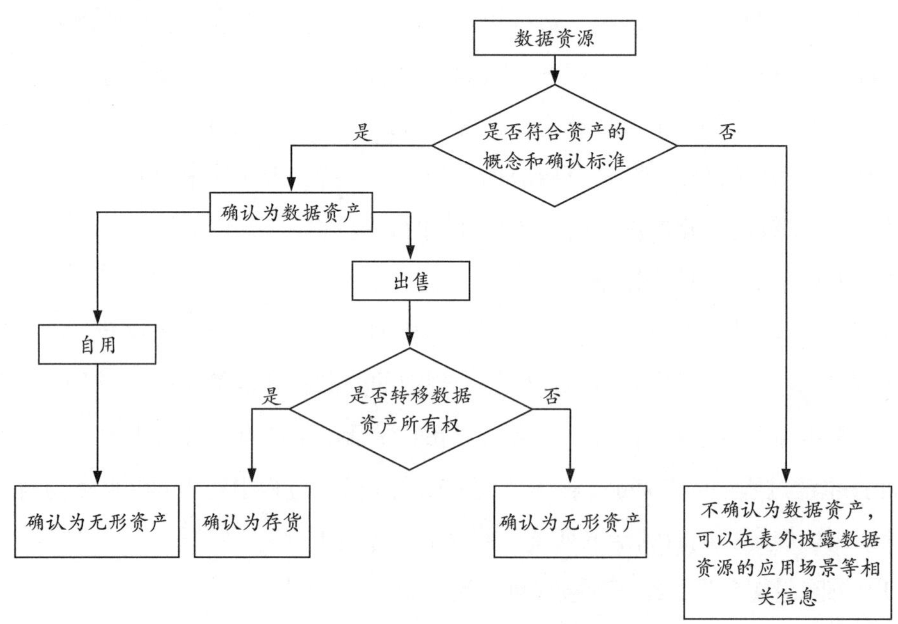

图 2-4　数据资源确认流程图

二、数据资源的计量

（一）企业自用的数据资源的计量

企业应当按照《无形资产准则》《〈企业会计准则第 6 号——无形资产〉应用指南》（以下简称为《无形资产准则应用指南》）等规定，对确认为无形资产的数据资源进行初始计量、后续计量、处置和报废等相关会计处理。

1. 初始计量。企业通过外购方式取得确认为无形资产的数据资源，其成本包括购买价款、相关税费，以及直接归属于使该项无形资产达到预定用途所发生的数据脱敏、清洗、标注、整合、分析、可视化等加工过程所发生的有关支出，以及数据权属鉴证、质量评估、登记结算、安全管理等费用。企业通过外购方式取得数据发生的数据采集、脱敏、清洗、标注、整合、分析、可视化等服务所发生的相关支出，不符合《无形资产准则》规定的无形资产定义和确认条件的，应当根据用途计入当期损益。

企业内部数据资源研究开发项目的支出，应当区分研究阶段支出与开发阶段支出。研究阶段的支出，应当于发生时计入当期损益。开发阶段的支出，满足《无形资产准则》第九条规定的有关条件的，才能确认为无形资产。《无形资产准则》第九条规定："企业内部研究开发项目开发阶段的支出，同时满足下列条件的，才能确认为无形资产：（一）完成该无形资产以使其能够使用或出售在技术上具有可行性；（二）具有完成该无形资产并使用或出售的意图；（三）无形资产产生经济利益的方式，包括能够证明运用该无形资产生产的产品存在市场或无形资产自身存在市场，无形资产将在内部使用的，应当证明其有用性；（四）有足够的技术、财务资源和其他资源支持，以完成该无形资产的开发，并有能力使用或出售该无形资产；（五）归属于该无形资产开发阶段的支出能够可靠地计量。"根据《无形资产准则应用指南》的解释，研究阶段是探索性的，为进一步开发活动进行资产及相关方面的准备。开发阶段应当是已完成研究阶段的工作，在很大程度上具备了形成一项新产品或新技术的基本条件。很明显，无形资产内部研究开发分为研究阶段和开发阶段是基于技术型无形资产也就是专利权、非专利技术划分的，对数据资源来讲是套用了这种划分。内部数据资源一般是在日常的生产经营活动中通过积累形成的，当数据量较小时，数据几乎没有价值，当数据量积累到一定程度，也就是所谓的大数据，即积累的数据量达到了大数据级别，这是可以通过数据挖掘技术和数据分析技术发现已有数据中隐藏的规律，形成数据产品，将数据产品加以运用后就能带来社会价值或经济价值，这个时候数据资源就可以确认为数据资产。在这里，需要解决两个问题，其一，确认为资产的数据资源是原始数据还是根据原始数据形成的数据产品，确认为资产的应该是数据产品，因为原始数据不能直接使用，一般不能直接带来社会价值或经济价值，而数据产品投入使用后才能带来相应的价值，因此应该作为数据资产管理的是数据产品而不应是原始数据；其二，在数据采集过程中发生的费用处理，是费用化还是资本化。数据采集过程中发生的相关支出，在发生时直接计入当期损益，因为这些原始数据不具有直接创造价值的能力，不满足无形资产的概念和条件，不能确认为无形资产。因此对于原始数据的采集过程发生的费用作为费用处理。在原始数据的基础上进行研究和开发，就要根据研究和开发的目的，如果仅仅进行一般的学术探索，其研究过程中发生的支出直接费用化，计入当期损益。对于有明确开发目的，对原始数据进行加工形成大数据模型，如果模型未建成或构建的模型检验未通过，相关的开发支出应当费用化，计入当期损益。只有构建的模型通过检验，符合无形资产的定义和确认条件，该模型才能作为无形资产，发生的支出才能作为无形资产入账。

企业可以设置"开发支出——数据资源""无形资产——数据资源"科目，对数据资源开发过程以及确认为无形资产的数据资源进行核算。

2. 后续计量。企业应当对确认为无形资产的数据资源的使用寿命进行合理估计，其使用寿命的确定应当考虑《无形资产准则应用指南》规定的因素，并重点关注数据资源相关业务模式、权利限制、更新频率和时效性、有关产品或技术迭代、同类竞品等因素。对于企业在生产经营过程中自用的数据资源无形资产，其摊销额计入当期损益或资产成本。如果企业利用数据资源对客户提供服务的，企业应当根据《企业会计准则第 14 号——收入》(以下简称为《收入准则》）等规定确认相关收入。期末，企业应当进行无形资产减值测试，当无形资产的账面净值低于公允价值时，应计提无形资产减值准备，无形资产公允价值可以通过估值技术确定，也可以由具有相应资质的资产评估机构评估后确定。

3. 处置和报废。当数据资源不再为企业带来收益，应将无形资产账面价值减去无形资产摊销，无形资产减值准备后的净值转入当期损益。

（二）用于出售的数据资源的计量

企业应当按照《存货准则》《〈企业会计准则第 1 号——存货〉应用指南》(以下简称为《存货准则应用指南》）等规定，对确认为存货的数据资源进行初始计量、后续计量等相关会计处理。

1. 初始计量。企业通过外购方式取得确认为存货的数据资源，其采购成本包括购买价款、相关税费、保险费，以及数据权属鉴证、质量评估、登记结算、安全管理等所发生的以及其他可归属于存货采购成本的费用。企业通过数据加工取得确认为存货的数据资源，其成本包括采购成本，数据采集、脱敏、清洗、标注、整合、分析、可视化等加工成本和使存货达到目前场所和状态所发生的其他支出。

2. 后续计量。企业出售确认为存货的数据资源，应当按照《存货准则》将其成本结转为当期损益；同时，企业应当根据《收入准则》等规定确认数据资源的销售收入。对于作为存货管理的数据资源，如果出现资产减值的情况，就应计提存货跌价准备。根据《存货准则》规定："在资产负债表日，存货应当按照成本与可变现净值孰低计量。存货成本高于其可变现净值的，应当计提存货跌价准备，计入当期损益。可变现净值，是指在日常活动中，存货的估计售价减去至完工时估计将要发生的成本、估计的销售费用以及相关税费后的金额""企业确定存货的可变现净值，应当以取得的确凿证据为基础，并且考虑持有存货的目的、资产负债表日后事项的影响等因素。"存货可变现净值的确定可以通过估值技术确定，也可以由具有相应资质的资产评估机构评估后确定。

企业可以设置"数据资源"科目，该科目属于存货类科目，对用于出售的数据资源进行核算。

数据资源计量流程见图 2-5。

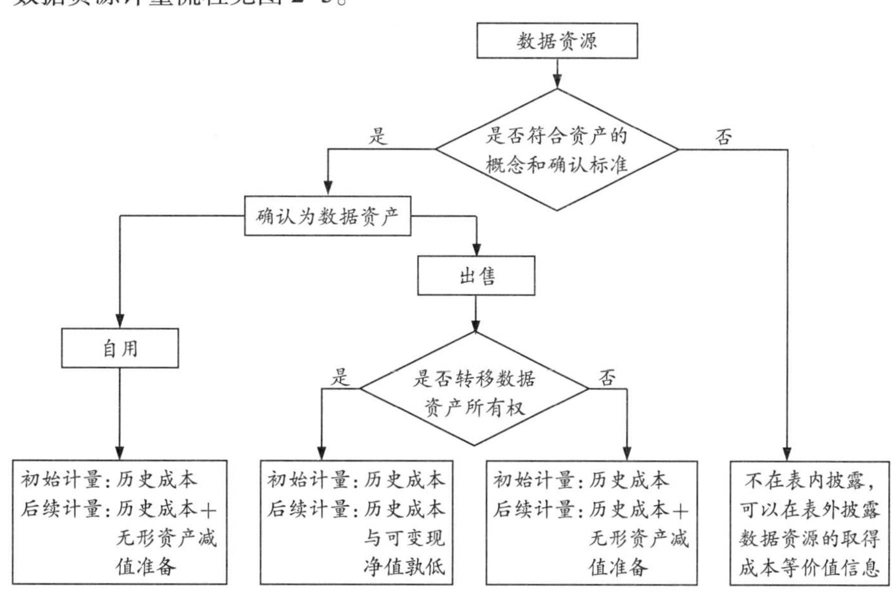

图 2-5　数据资源计量流程图

三、数据资源的报告

企业应当按照《企业会计准则——基本准则》《企业数据资源相关会计处理暂行规定》等规定，在会计报表及其附注中对数据资源相关会计信息进行披露。

（一）数据资源在资产负债表中的列示

企业在编制资产负债表时，应当根据重要性原则并结合企业的实际情况，在“存货”项目下增设“其中：数据资源”项目，反映资产负债表日确认为存货的数据资源的期末账面价值；在“无形资产”项目下增设“其中：数据资源”项目，反映资产负债表日确认为无形资产的数据资源的期末账面价值；在“开发支出”项目下增设“其中：数据资源”项目，反映资产负债表日正在进行数据资源研究开发项目满足资本化条件的支出金额。

（二）数据资源在会计报表附注中的相关披露

1. 确认为无形资产的数据资源相关披露。企业应当按照外购无形资产、自行开发无形资产等类别，对确认为无形资产的数据资源相关会计信息进行披露，并可以在此基础上根据实际情况对类别进行拆分。确认为无形资产的数据资源（以下简称为数据资源无形资产）的披露见表 2-1。

表 2-1　确认为无形资产的数据资源的披露

项目	外购的数据资源无形资产	自行开发的数据资源无形资产	其他方式取得的数据资源无形资产	合计
一、账面原值				
1. 期初余额				
2. 本期增加金额				
其中：购入				
内部研发				
其他增加				
3. 本期减少金额				
其中：处置				
失效且终止确认				
其他减少				

续表

项目	外购的数据资源无形资产	自行开发的数据资源无形资产	其他方式取得的数据资源无形资产	合计
二、累计摊销				
1. 期初余额				
2. 本期增加金额				
3. 本期减少金额				
其中：处置				
失效且终止确认				
其他减少				
4. 期末余额				
三、减值准备				
1. 期初余额				
2. 本期增加金额				
3. 本期减少金额				
4. 期末余额				
四、账面价值				
1. 期末账面价值				
2. 期初账面价值				

根据《企业数据资源相关会计处理暂行规定》，对于使用寿命有限的数据资源无形资产，企业应当披露其使用寿命的估计情况及摊销方法；对于使用寿命不确定的数据资源无形资产，企业应当披露其账面价值及使用寿命不确定的判断依据。企业应当按照《企业会计准则第 28 号——会计政策、会计估计变更和差错更正》的规定，披露对数据资源无形资产的摊销期、摊销方法或残值的变更内容、原因以及对当期和未来期间的影响数。企业应当单独披露对企业财务报表具有重要影响的单项数据资源无形资产的内容、账面价值和剩余摊销期限。企业应当披露所有权或使用权受到限制的数据资源无形资产，以及用于担保的数据资源无形资产的账面价值、当期摊销额等情况。企业应当披露计入当期损益和确认为无形资产的数据资源研究开发支出金额。

2. 确认为存货的数据资源相关披露。企业应当按照外购存货、自行加工存货等类别，对确认为存货的数据资源（以下简称为数据资源存货）相关会计信息进行披露，并可以在此基础上根据实际情况对类别进行拆分。具体披露见表 2-2。

表 2-2 确认为存货的数据资源的披露

项目	外购的数据资源存货	自行加工的数据资源存货	其他方式取得的数据资源存货	合计
一、账面原值				
1. 期初余额				
2. 本期增加金额				
其中：购入				
采集加工				
其他增加				
3. 本期减少金额				
其中：出售				
失效且终止确认				
其他减少				
4. 期末余额				
二、存货跌价准备				
1. 期初余额				
2. 本期增加金额				
3. 本期减少金额				
其中：转回				
转销				
4. 期末余额				
三、账面价值				
1. 期末账面价值				
2. 期初账面价值				

根据《企业数据资源相关会计处理暂行规定》，企业应当披露确定发出数据资源存货成本所采用的方法。企业应当披露数据资源存货可变现净值的确定依据、存货

跌价准备的计提方法、当期计提的存货跌价准备的金额、当期转回的存货跌价准备的金额，以及计提和转回的有关情况。企业应当单独披露对企业财务报表具有重要影响的单项数据资源存货的内容、账面价值和可变现净值。企业应当披露所有权或使用权受到限制的数据资源存货，以及用于担保的数据资源存货的账面价值等情况。

3. 对数据资源价值评估的披露。如果企业进行了数据资源价值评估活动，需要对以下信息进行充分披露：

（1）披露数据资产评估依据的信息来源。数据资产评估所依据的信息来源包括企业内部的信息和来自企业外部的信息，来自企业外部的信息包括来自各级政府的信息、来自行业协会的信息、来自市场的信息以及资产评估人员自行加工的数据等。不同来源的信息可靠程度不同，资产评估师需要对重要的信息来源进行说明。

（2）数据资产评估结论成立的假设前提和限制条件。数据资产评估是基于未来的状况对数据资产价值进行的判定，资产评估师需要对未来的状况进行限定，这就是资产评估假设和限制条件。对数据资产评估的假设前提和限制条件进行披露，有助于评估报告使用人恰当使用评估结论，避免误导评估报告使用者。

（3）数据资产评估方法的选择。资产评估基本方法包括市场法、收益法和成本法，这三种方法均适用于数据资产评估。对于数据资产评估业务来讲，三种资产评估方法没有优劣之分，在相同的评估目的、市场条件下，三种资产评估方法的评估结论应该趋同。在特定的数据资产评估业务中，资产评估师要根据数据资产的特性、应用场景、资产评估目的、资产评估价值类型以及资产评估相关信息来源等因素恰当选择资产评估方法。根据《中华人民共和国资产评估法》（以下简称为《资产评估法》）和《资产评估基本准则》的要求，资产评估师应选择两种以上的评估方法，若只选择一种评估方法，资产评估师应对其合理性进行说明。评估方法的披露，有助于评估报告使用人了解评估结论的形成过程，有利于评估报告使用人对评估结论的合理性形成恰如其分的判断。

（4）各重要参数的来源、分析、比较与测算过程等信息。运用市场法评估数据资产价值时，就需要说明参照物选择依据和成交价格，以及各项修正系数的确定依据和确定方法；运用收益法评估数据资产价值时，就需要说明收益额测算的合理性和收益期限确定的科学性，以及折现率确定的思路和相关数据的来源；运用成本法评估数据资产价值时，就需要说明重置成本确定的方法和依据，以及价值调整系数计算的方法和数据来源。对数据资产评估方法所应用的各重要参数的来源以及分析、比较和测算过程的披露，有助于评估报告使用人对评估结论进行判断和复核。

4. 企业可以根据实际情况，自愿披露数据资源（含未作为无形资产或存货确认的数据资源）下列相关信息：

（1）数据资源的应用场景或业务模式、对企业创造价值的影响方式，与数据资源应用场景相关的宏观经济和行业领域前景等。

（2）用于形成相关数据资源的原始数据的类型、规模、来源、权属、质量等信息。

（3）企业对数据资源的加工维护和安全保护情况，以及相关人才、关键技术等的持有和投入情况。

（4）数据资源的应用情况，包括数据资源相关产品或服务等的运营应用、作价出资、流通交易、服务计费方式等情况。

（5）重大交易事项中涉及的数据资源对该交易事项的影响及风险分析，重大交易事项包括但不限于企业的经营活动、投融资活动、质押融资、关联方及关联交易、承诺事项、或有事项、债务重组、资产置换等。

（6）数据资源相关权利的失效情况及失效事由、对企业的影响及风险分析等，如数据资源已确认为资产的，还包括相关资产的账面原值及累计摊销、减值准备或跌价准备、失效部分的会计处理。

（7）数据资源转让、许可或应用所涉及的地域限制、领域限制及法律法规限制等权利限制。

（8）企业认为有必要披露的其他数据资源相关信息。

《企业数据资源相关会计处理暂行规定》规定的披露要求整体遵循了现有的企业会计准则披露要求，对于“入表”核算资产的强制披露要求并未超出一般的无形资产准则和存货准则的披露要求。《企业数据资源相关会计处理暂行规定》对企业数据资产价值评估提出了较高的披露要求，要求披露数据资产评估依据的信息来源、资产评估结论成立的假设前提和限制条件、资产评估方法的选择，以及各重要评估参数的来源、分析、比较与测算过程等信息。这些规定反映出在数据资产核算中，资产评估师承担的数据资产价值评估的工作，是数据资产核算的基础性工作，体现了数据资产价值评估工作在数据资产核算中的重要地位。

第三章 数据资产

在中共中央、国务院发布的《关于构建数据基础制度更好发挥数据要素作用的意见》中强调“通过数据商，为数据交易双方提供数据产品开发、发布、承销和数据资产的合规化、标准化、增值化服务，促进提高数据交易效率。”“探索数据资产入表新模式。”中共中央、国务院的一系列文件为数据资产管理指明了方向，随着数字经济的蓬勃发展，数据资产将成为企业重要的一项资产。

[小资料 3-1]

青岛发出首张数据资产登记证书

2023 年 3 月 22 日上午，青岛市数据沙龙第三期“数营青岛”主题活动在西海岸新区举办。活动中，青岛市公共数据运营平台向青岛真情巴士集团有限公司颁发青岛市首张《数据资产登记证书》，标志着青岛市数据资产评估工作取得实质性进展。此次登记的数据产品为“智慧公交物联网平台”，涉及 9 大类 93 小类数据。为确保数据产品合规安全，数据产品供给方提出登记申请后，须经第三方服务机构合规审查、公共数据运营平台安全审核后，方可予以登记。数据资产登记是将数据资源转变为数据资产的第一步。经过登记的数据产品在履行托管、评价、评估等程序后，将通过数据资产入表等方式释放更大价值。

（根据中国山东网有关报道改写）

第一节 数据资产概述

一、数据资产的概念

“数据资产”一词最早由 Richard E. Peters 提出，产权清晰并经过一系列资本化过程或由企业持有并能带来长期收益的数据称为数据资产。数据科学家维克托·迈尔·舍恩伯格认为由大数据所带来的新信息技术风暴正在改变着人们的生活、工作和思想，大数据也开始了一场巨大的世纪变革，并预测大数据迟早会作为资产被纳入企业的资产负债表。要正确认识数据资产，有必要以资产的概念与确认为切入点进行分析。

（一）资产的概念

在财政部制定的《企业会计准则——基本准则》中，对“资产”的概念进行了定义，提出：“资产是指企业过去的交易或者事项形成的、由企业拥有或者控制的、预期会给企业带来经济利益的资源。”在该概念中，“企业过去的交易或者事项”是指包括购买、生产、建造行为或其他交易或者事项。预期在未来发生的交易或者事项不形成资产。“由企业拥有或者控制”是指企业享有某项资源的所有权，或者虽然不享有某项资源的所有权，但该资源能被企业所控制。“预期会给企业带来经济利益”是指直接或者间接导致现金或现金等价物流入企业的潜力。符合上述资产定义的资源，在同时满足以下条件时才能确认为资产：与该资源有关的经济利益很可能流入企业；该资源的成本或者价值能够可靠地计量。

通过《企业会计准则——基本准则》中资产的定义可以看出，一项资源要成为资产，必须满足以下三个条件：

第一，该资源必须是由所有人（使用人）拥有或控制，也就是说该资源的使用具有排他性，要使用该资源，必须支付相应的对价。

第二，该资源必须给其所有人（使用人）带来预期经济利益。预期经济利益体现为收入的增长、成本的降低或费用的节省。不能带来预期经济利益的资源不能确认为资产。

第三，该资源的成本或价值要能够可靠地计量。即使该资源潜在的预期经济利益很大，但其成本或价值在目前由于技术的限制无法可靠计量，该资源也暂时无法确认为资产。

企业会计准则中资产的概念及其确认对数据资产带来很大的影响。

（二）数据资产的概念

近些年，国内学者对数据资产的研究逐步深入，但不同学者对数据资产的定义持有不同看法。

叶雅珍、朱扬勇提出数据资产是由企业拥有或控制的，能够为企业带来未来经济利益的，以物理或电子方式记录的数据资源，如文件资料、电子数据等。

崔静、张群、王春涛、杨琳提出数据资产是指组织合法拥有或控制的、能进行计量的、能为组织带来经济利益和社会价值的数据资源。

CCSA TC601 大数据技术标准推进委员会编制的《数据资产管理实践白皮书（6.0版）》对数据资产进行了定义，提出数据资产是指由组织（政府机构、企事业单位等）合法拥有或控制的数据，以电子或其他方式记录，例如，文本、图像、语音、视频、网页、数据库、传感信号等结构化或非结构化数据，可进行计量或交易，能直接或间接带来经济效益和社会效益。在组织中，并非所有的数据都构成数据资产，数据资产是能够为组织产生价值的数据，数据资产的形成需要对数据进行主动管理并形成有效控制。

国家市场监督管理总局、国家标准化管理委员会发布的国家标准《信息技术服务　数据资产　管理要求》（GB/T40685—2021）指出数据资产是合法拥有或者控制的，能进行计量的，为组织带来经济和社会价值的数据资源。

国家市场监督管理总局、国家标准化管理委员会发布的国家标准《电子商务数据资产评价指标体系》（GB/T37550—2019）指出数据资产是以数据为载体和表现形式，能够持续发挥作用并且带来经济利益的数字化资源。

中国资产评估协会印发的《数据资产评估指导意见》指出数据资产是指特定主体合法拥有或者控制的、能进行货币计量的且能带来直接或者间接经济利益的数据资源。

从上述数据资产定义中，虽然不同学者和机构对数据资产的含义描述存在一些差异，但无实质性的区别，基本上都是套用了《企业会计准则——基本准则》中对资产含义的解释，然后根据数据的属性对资产的定义进行了修正。

本书认为数据资产是指特定主体合法拥有或者控制的、能进行货币计量的且能带来经济利益的数据资源。

二、对数据资产概念的理解

正确理解数据资产的含义，准确把握数据资产的内涵，对从事数据资产评估工作有着非常重要的意义。

（一）作为数据资产的数据资源必须是特定主体合法拥有或者控制的

1. 数据资源必须是特定主体拥有或控制的。作为数据资产的数据资源具有独占性或者排他性，必须是由特定的主体拥有或者控制，为特定主体带来经济利益。如果该数据资源由社会大众持有或知晓，能为社会大众带来社会利益，这种数据资源就不能成为数据资产，只能作为数据资源进行管理。因此判断数据资源的第一个关键因素就是要看该数据资源是否被特定主体拥有或控制。

2. 强调拥有或者控制的合法性。成为数据资产的数据资源必须是合法拥有或者控制的。由于数据资源的易复制性，数据资源有可能是非法取得的，即使非法取得的数据资源带来了经济利益，也不能将其确认为数据资产。因此在该定义中明确规定，以不合法的方式取得的数据资源不能确认为数据资产。

[案例 3-1]

甲企业使用“黑客”技术，从某购物网站上获取了大量的客户个人数据，如客户姓名、手机号码、家庭住址、采购习惯等，并将这些数据打包出售给乙企业。

案例分析：虽然甲企业出售数据获得了收益，乙企业购入数据进行精准营销也获得了收益，但是该数据是甲企业以不合法的手段取得的，虽然两家企业都获得了收益，但是按照《企业会计准则——基本准则》的规定，甲企业和乙企业都不应该将该数据作为资产进行确认。

根据中国资产评估协会制定的《资产评估对象法律权属指导意见》，对资产评估师关注评估对象法律权属进行了规定，指出“执行资产评估业务，应当对委托人和其他相关当事人提供的资产评估对象法律权属资料进行核查验证，并对核查验证情况予以披露。”因此查看数据资产产权证书是判断数据资产产权的重要的程序。

3. 无论拥有还是控制的数据资源，只要符合资产确认的条件，均可确认为数据资产。数据资源的权属比较复杂，包括数据资源所有权、数据资源持有权、数据加工使用权和数据产品经营权等，同时往往出现数据资源的所有权与持有权相分离。因此无论拥有数据资源的所有权还是持有权、加工使用权、产品经营权，只要特定主体能够通过合法拥有或控制这些数据资源的权利获取相应经济利益，这些权利都可以确认为数据资产。

（二）拥有或控制该数据资源能够给特定主体带来经济利益

数据资源能否确认为数据资产，一个重要条件就是要能够给特定主体带来经济利益，如果不能带来经济利益，就不能确认为数据资产。数据资源给特定主体带来的经济利益包括直接经济利益和间接经济利益。

1. 数据资源带来直接经济利益的情形。企业以出售目的而持有的数据资源，通过存货核算，该数据资源以存货的形式反映在资产负债表中，数据资源出售后获得的收入增加了企业的营业收入，这属于数据资源带来直接经济利益的第一种情形。企业以许可使用为目的而持有数据资源，通过无形资产核算，该数据资源以无形资产的形式反映在资产负债表中，数据资源持有人许可他人使用该数据资源并收取一定的费用，形成数据资源持有人的收入，这属于数据资源带来直接经济利益的第二种情形。

2. 数据资源带来间接经济利益的情形。企业以自用为目的而持有的数据资源，通过无形资产核算，以无形资产的形式反映在资产负债表中。该数据资源是企业生产经营过程中需要的，是企业重要的生产要素，但数据资源要依附于其他有形资产和无形资产才能发挥作用，因此以自用为目的而持有的数据资源，带来的经济利益是间接经济利益。

（三）数据资源的成本或价值能够用货币计量

能够用货币对其成本或价值进行计量，是数据资源确认为数据资产的一个非常重要的条件。采用货币对数据资源的成本进行计量，解决了其作为资产的初始计量问题，采用货币对数据资源的价值进行计量，解决了其作为资产的后续计量问题。只有能够用货币对数据资源的成本或价值进行计量，该数据资源才有可能作为资产进行核算，同样也才有可能作为资产评估的对象来对其价值进行评估。

数据资产评估业务中，资产评估师首先要判断该数据资源是否符合资产的定义和确认标准，能否将其作为资产进行价值评估。如果该项数据资源能够作为资产进行价值评估，那么数据资源的获利模式就成为资产评估师选择资产评估方法的重要依据，同时数据资源形成过程中积累的数据和同类数据资源交易获得的数据将作为该项数据资产价值评估的重要参考依据。因而正确理解数据资产的含义，对资产评估师从事数据资产价值评估工作有十分重要的意义。

财政部制定印发的《企业数据资源相关会计处理暂行规定》以及国家市场监督管理总局、国家标准化管理委员会制定的《电子商务数据资产评价指标体系》（GB/T 37550—2019），为数据资源成本的确定提供了依据。中国资产评估协会制定印发的《资产评估专家指引第 9 号——数据资产评估》和《数据资产评估指导意见》为数据资产价值评估提供了依据，数据资产交易活动日趋活跃也为数据资产价值评估提供了强有力的数据支撑。

数据通过数据预处理成为数据资源，数据资源通过数据加工成为数据产品，数据产品通过交易成为数据资产。可以看出，不是所有的数据都是数据资产，能成为数据资产的数据仅仅是数据中的一部分甚至是很小的一部分。具体见图 3-1。

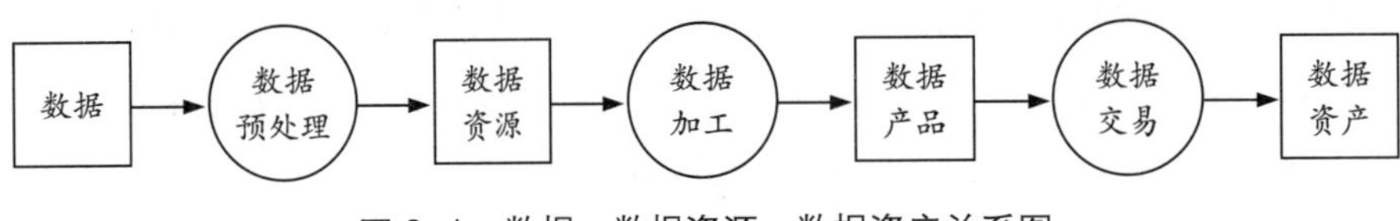

图 3-1　数据、数据资源、数据资产关系图

三、数据资产的特征

中国资产评估协会制定印发的《数据资产评估指导意见》指出数据资产具有非实体性、依托性、可共享性、可加工性、价值易变性等特征。《资产评估专家指引第9号——数据资产评估》提出数据资产的基本特征通常包括：非实体性、依托性、多样性、可加工性、价值易变性等。国家市场监督管理总局、国家标准化管理委员会制定的《信息技术服务　数据资产　管理要求》（GB/T40685—2021）中将数据资产的特征表述为可增值、可共享、可控制和可量化。崔静等提出数据资产具有可增值、可共享、可控制、可量化的特征。叶雅珍、朱扬勇提出数据资产具有物理属性、存在属性和信息属性。胥子灵等提出数据资产的特点主要有无形性、价值增值性、易贬值性、高风险性。

本书采用《数据资产评估指导意见》中对数据资产特征的描述，认为数据资产通常具有非实体性、依托性、可共享性、可加工性、价值易变性等特征，具体见图 3-2。

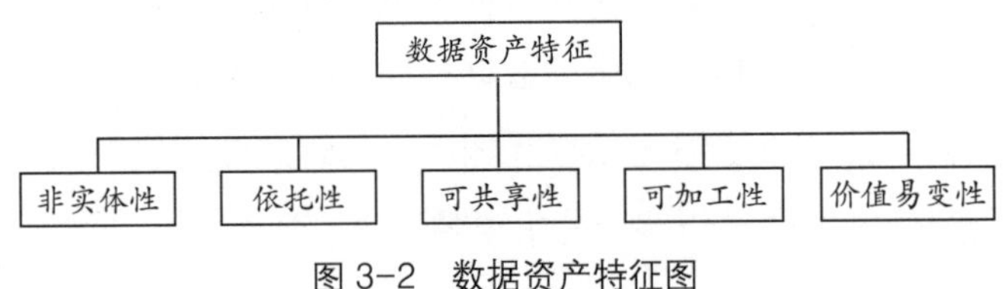

图 3-2　数据资产特征图

（一）数据资产的特征

1. 非实体性。数据资产表现为数据集、数据模型等形式，都是以数据形式存在的。数据资产无实物形态，看不见，摸不着，但可以采用信息技术和工具来读取以判断其存在性。数据资产的非实体性也就决定了数据资产在使用中的无消耗性，即

数据资产不会因为使用频率的增加而磨损、消耗，数据资产在失效报废时也没有残值。

2. 依托性。由于数据资产无实物形态，它的存在和发挥作用就需要依托实物载体。数据必须存储在一定的介质里才能供信息技术和工具读取，数据资产存储介质的种类是多种多样的，包括磁盘、光盘等介质，同一数据可以以不同形式同时存在于多种介质中。数据资产价值来源于数据本身而不是其存储介质，存储介质仅仅是数据的载体。数字经济时代，数据是与土地、劳动力、资本、技术并列的五大生产要素之一，但由于数据资产的非实体性，要发挥作用离不开实物资产，数据资产只有依托实物资产才能带来经济利益。

3. 可共享性。可共享性是指在权限可控的前提下，数据资产可以被复制，能够被多个主体共享和应用。

4. 可加工性。数据是可变的，可以通过维护、更新、补充增加数据数量；也可以通过删除、合并、归集减少数据数量；可以通过标注、脱敏增加数据有用性；还可以通过分析、提炼、挖掘、可视化等技术生成新的数据产品。数据资产的加工提升了数据资产的多样性，增加了数据资产的价值，同时数据资产的可加工性使其更能适应不同的应用场景，利于充分发挥数据资产的价值。

5. 价值易变性。数据资产的价值受多种因素的影响，数据资产的非实体性决定了可以由多个主体共享，有利于发挥数据资产的作用，同时数据资产的非实体性也决定了数据资产易复制、易盗窃，给数据资产的拥有者带来损失。数据资产的多样性和可加工性决定了数据资产应用的广泛性，随着新的数据资产应用场景的出现，某些当前看来价值不大的数据，可能会随着时代进步而产生更大的价值。另外，随着技术进步加快或者同类数据资产的出现，可能会导致现有的数据资产出现快速贬值。数据资产的价值易变性给数据资产拥有者带来更多的机会和更大的挑战，给数据资产的应用带来更大的不确定性。

（二）数据资产特征对数据资产评估的影响

资产评估机构和资产评估师在执行数据资产评估业务时，应当关注数据资产特征对评估活动的影响。

1. 在评估对象的确认方面与其他资产有很大的不同。数据的形式具有多样性，同一项数据可以在不同形式间进行转换，不同的场景、不同的表现形式其价值存在较大的差异。同时数据的可加工性也就使得同一项数据可以根据不同的需求开发出不同的数据模型，形成不同的数据产品。因此数据资产评估就需要限定数据的应用范围、应用场景、数据产品的种类和用途，不然就会人为地夸大或缩小数据资产的价值，使数据资产评估结论失实。

2. 履行数据资产清查盘点的程序与其他资产有很大不同。由于数据资产无实物形态，实物资产清查盘点的方法对数据资产不适用，数据资产存在的形态是数据，存储在磁盘、光盘等介质中，资产评估师可以借助计算机技术和工具，运用相关程序对数据进行读取、运行和检测，以判断数据的存在性和运行的有效性，同时对数据检验的效果进行评价。

3. 与其他资产相比，数据资产评估风险较大。由于数据易复制，数据资产失窃、冒用的风险较大。同时数据资产价值受社会环境的影响很大，可能出现由于社会环境的变化导致某些原先具有较高价值的数据价值降低甚至无价值。也可能由于新的同类数据资产的出现，原有的数据资产被淘汰。在采用收益法评估数据资产价值时，数据资产评估存在较大风险的特点，就影响了折现率的选择和运用，资产评估师就要选择较高的风险报酬率以与较高的风险水平匹配。

资产评估师应充分了解所评估的数据资产的特征，谨慎分析这些特征对数据资产评估业务的影响，

四、数据资产的评价

数据资产作为企业重要的一项资产，在企业生产经营过程中发挥巨大的作用。为了充分发挥数据资产的作用，促进数据要素价值释放，需要对数据资产进行量化计算和评价。国家市场监督管理总局、国家标准化管理委员会制定的《电子商务数据资产评价指标体系》(GB/T 37550—2019)，为数据资产评价提供了可供参考的标准和依据。

《电子商务数据资产评价指标体系》将电子商务数据资产评价指标体系分解为一级指标、二级指标、三级指标。一级指标包括数据资产成本价值和数据资产标的价值两大类。每一项一级指标分解为多个二级指标，每一项二级指标又分解为多个三级指标。一级指标、二级指标、三级指标构成了完整的评价指标体系。

(一) 数据资产成本价值

数据资产成本价值是指数据资产生命周期过程中，数据的产生、获得、标识、保存、检索、分发、呈现、转移、交换、保护与销毁各阶段产生的直接成本和间接成本对应的价值。数据资产成本价值可分解为建设成本、运维成本、管理成本等指标。

1. 数据资产建设成本。数据资产建设成本是数据资产在整个建设过程所需要花费的支出。数据资产建设过程包括数据规划、数据采集、数据核验和数据标识等过程。数据规划过程是指为挖掘数据间规律，建立科学设计、面向实际业务的数据系统结构，以增进数据共享，方便数据使用而从事的相关规划工作。数据采集过程是指记录并获得各类数据，并将数据经清洗、校验等再处理，进行分类存储的过程。数据核验过程是指提供客观证明或对数据进行符合性核验，以确保入库数据的客观性和一致性能够满足实际业务需要。数据标识过程是指从数据中提取要素信息，并为数据定义元数据描述进行标识，以方便数据后续合理转化与利用。

2. 数据资产运维成本。数据资产的运维过程包括数据存储、数据整合、知识发现、数据维护等。数据资产运维成本是指在运维过程中为了维持数据资产的正常效用而发生的支出以及设备的折旧等。数据资产运维过程是数据资产管理的重要环节，是数据资产保值增值的重要手段。根据数据资产运维成本的支出以及金额大小，可以判断企业对数据资产的后续投入，也可以反映出企业对数据资产的重视程度，这也从一个侧面反映出该数据资产的价值。

3. 数据资产管理成本。数据资产管理成本包括人力成本、间接成本和其他成本。人力成本是指在数据资产采集、运维、产品和服务提供活动中用于支付给人员的全部费用，包括从业人员劳动报酬总额、社会保险费用、福利费用、教育费用、劳动保护费用和其他人工成本等。间接成本是指在数据建设、运维、产品和服务提供活动中产生费用时，不能或不便直接计入成本，而需结算时进行归集并选择一定分配方法进行分配后计入成本的费用。其他成本，例如，将数据资产的管理服务外包而支付的服务费等。

数据资产成本价值着眼于“过去”，分析数据资产在其生命周期内支出的建设成本、运维成本和管理成本，并将其作为数据资产的价值。虽然数据资产的成本与其价值存在弱对应性，数据资产的历史成本对其内在价值没有太大的影响，但从数据资源开发出数据产品并形成数据资产的过程中，需要支出相应的建设成本，在数据资产持有过程中需要支出相应的运维成本，同时在数据资产开发和运维过程中还需要支出管理成本。为了保护数据资产的开发人和持有人的积极性，推进数字经济持续健康发展，必须对数据资产开发者和持有者的投入给予合理的补偿。在中共中央、国务院发布的《关于构建数据基础制度更好发挥数据要素作用的意见》中指出“推动数据要素收益向数据价值和使用价值的创造者合理倾斜，确保在开发挖掘数据价值各环节的投入有相应回报，强化基于数据价值创造和价值实现的激励导向。”基于数据资产投资应该获得合理的回报，数据资产的成本将是确定数据资产价值和数据资产交易价格的一个重要依据,或者说是数据资产价值和数据资产交易价格的“底价”。

（二）数据资产标的价值

数据资产标的价值是指数据资产持续经营带来的潜在价值，即数据资产能够产生的价值。数据资产标的价值可分解为数据形式、数据内容、数据绩效等指标。

1. 数据形式。反映数据形式的指标包括数据载体、数据规则、数据表达、数据描述。数据载体反映数据结构、存储载体与实际应用相契合的程度。数据规则反映数据及数据的全部副本服从某种规则的程度。数据表达反映阅读并理解数据资源的难易程度。数据描述反映数据清晰、完整、具备归属且可溯源的程度。数据的形式反映了数据资产外在的质量,评价数据质量的一个重要指标就是数据的形式化程度。数据的形式化是将数据尽量用规范化的表达方式进行表达，以便于计算机自动识别和理解。也就是说，数据的形式化程度越高，数据就越容易被计算机自动识别和理解，也有利于计算机自动处理。数据资产的形式化程度越高，其应用潜力就越容易释放，其效用就容易被发现，数据资产价值也就越高。

2. 数据内容。反映数据内容的指标包括数据准确性、数据真实性、数据客观性、数据有效性、数据可靠性等。数据准确性是指数据是否实事求是地记录了事物的客观现实。数据真实性是指数据对所指对象反映的实际状况及其程度。数据客观性是指数据采集和生产过程中受到主观因素影响以及被影响的程度。数据有效性是指入库数据对数据规则的符合性程度。数据可靠性是指数据在其生命周期内保持完整、一致与准确的程度，以及数据可信赖和可信任的程度。数据内容反映了数据内在的质量，如果数据质量不高，就可能导致数据处理过程中“垃圾进来，垃圾出去”，原始数据中若存在缺失值、噪声、错误、虚假数据等质量问题，就会影响数据处理算法的效率，也会影响数据处理结果的正确性。因此数据的准确性、真实性、客观性、有效性、可靠性这些因素，直接影响了数据资产的质量，影响了数据资产效用的发挥，也就直接影响了数据资产的价值。

3. 数据绩效。数据绩效主要反映数据应用和数据应用后产生的效果。数据具有时效性，随着时间的推移，数据价值将不断地衰减，要求数据要持续更新，反映外部世界的最新状态，确保数据更新与外部世界的变化保持同步。这是数据应用的前提。随着数据加工程度的深入，数据资产能够在不同的应用场景下为企业提升绩效、增加价值服务。

数据资产标的价值着眼于“未来”，是对数据资产的形式和内容进行描述，对数据资产的使用预期进行分析，对数据资产的未来应用场景和使用状态进行预期，对数据资产使用的绩效进行评价。数据资产之所以有价值，是能够给开发人和持有人带来未来的经济利益，因此站在“未来”的角度来分析数据资产，更能反映出数据资产持续经营带来的潜在价值，实现数据资产的真正价值。

第二节　数据资产管理

在财政部制定印发的《关于加强数据资产管理的指导意见》（财资〔2023〕141号）中指出“数据资产，作为经济社会数字化转型进程中的新兴资产类型，正日益成为推动数字中国建设和加快数字经济发展的重要战略资源。”数据资产也是企业重要的一项资产，维护数据资产完整、安全，促使数据资产持续发挥作用，是企业资产管理活动的重要内容。

一、数据资产管理的概念和原则

（一）数据资产管理的概念

在CCSA TC601大数据技术标准推进委员会编写的《数据资产管理实践白皮书》（6.0版）中对数据资产管理进行了定义，提出：“数据资产管理是指对数据资产进行规划、控制和供给的一组活动职能，包括开发、执行和监督有关数据的计划、政策、方案、项目、流程、方法和程序，从而控制、保护、交付和提高数据资产价值。”该报告提出：“数据资产管理需充分融合政策、管理、业务、技术和服务，确保数据资产保值增值”。

在国际数据管理协会（简称为DAMA国际）所著的《DAMA数据管理知识体系指南》（DAMA—DMBOK）中提出：“数据管理是为了交付、控制、保护并提升数据和信息资产的价值，在其整个生命周期中制订计划、制度、规程和实践活动，并执行和监督的过程。”

国家标准《信息技术服务　数据资产　管理要求》（GB/T40685—2021），对数据资产管理活动进行了规范。提出数据资产管理过程包括数据资产目录管理、数据资产识别、数据资产确权、数据资产应用、数据资产盘点、数据资产变更、数据资产处置、数据资产评估、数据资产审计、数据资产安全管理等活动。该分类着眼于数据资产的整个生命周期，从数据资产的产生进行目录管理开始，对数据资产进行识别、确权，数据资产应用后，加强数据资产盘点、变更和处置，以加强数据资产的运维管理，进行数据资产评估和审计，保障数据资产的保值增值，数据的安全管理，可以全方位保障数据资产有序运行，保障数据资产价值的充分发挥。

根据《关于加强数据资产管理的指导意见》和国家标准《信息技术服务　数据资产　管理要求》中对数据资产管理的要求，企业数据资产管理应做好数据资产目录管理、数据资产识别、数据资产确权、数据资产应用、数据资产盘点、数据资产变更、数据资产处置、数据资产评估、数据资产审计、数据资产安全管理等工作。数据资产管理活动见图 3-3。

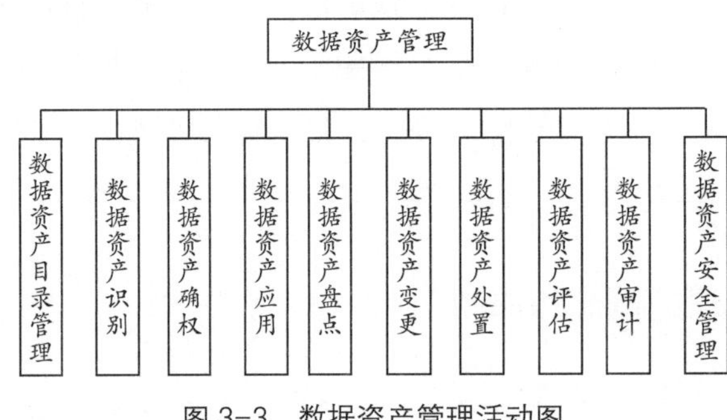

图 3-3　数据资产管理活动图

（二）数据资产管理的原则

在国家标准《信息技术服务　数据资产　管理要求》中，提出数据资产管理应满足价值导向、权责明确、治理先行、成本效益、安全合规等原则。

1. 价值导向原则。数据资产管理活动是以数据资产保值增值、价值实现为目的。数据资产只有在使用中才能发挥其价值，要根据数据资产不同应用场景，开发与其适应的数据产品，以充分发挥数据资产的价值。同时根据生产经营活动的进行，对数据资产进行持续更新，使其与生产经营活动保持同步，使数据资产得到保值和增值。

2. 权责明确原则。进行数据资产管理，要明确数据的权属和管理权限，做到职责划分清晰、行为可追溯。在数据资产管理中，要及时对数据资产进行识别，对符合数据资产确认标准的数据资源及时确认为数据资产，以便于加强对数据资产的管理，同时进行数据资产确权并办理权属登记，以保障数据资产持有人的权益。企业应定期或不定期进行数据资产盘点，要及时掌握数据资产的使用、管理情况，对数据资产的失效和贬值情况按规定及时处理。在数据资产管理中，要明确责任人的管理责任，对数据资产从确认、使用到失效清理进行生命周期的管理。

3. 治理先行原则。在国家标准《信息技术服务　治理　第5部分：数据治理规范》(GB/T34960.5—2018）中对数据治理进行了定义，指出“数据治理是数据资源及其应用过程中相关管控活动、绩效和风险管理的集合”。数据治理是确保数据资产的规范性、有效性、完整性和一致性等的必要前提，保障数据资产在应用过程中运营合规、风险可控和价值实现。运营合规是指建立符合法律法规和行业监管的数据运营管理体系，保障数据及其应用的合规；风险控制是指建立数据风险管控机制，确保数据及其应用满足风险偏好和风险容忍度；价值实现是指构建数据价值实现体系，促进数据资产化和数据价值实现。企业应通过统筹和规划、构建和运行、监控和评价、改进和优化等四个步骤进行数据治理。通过良好的数据治理，持续提升数据资产质量，为充分发挥数据资产价值创造条件。

4. 成本效益原则。企业从事数据资产管理要付出一定的代价，即数据管理活动的成本，主要包括：获取和存储数据的成本、改进数据的成本、因数据丢失而更换数据的成本、丢失数据对企业带来的损失等。企业拥有数据资产也会带来收益，例如，高质量数据带来的竞争优势、竞争对手为取得数据需要付出的费用、数据资产出售或许可使用预期可带来的收入、应用数据资产预期带来的收入等。数据资产管理活动必须关注业务运作的效率和效果，平衡数据资产管理相关活动的投入和产出，确保数据资产管理策略与企业总体战略的一致性和匹配性。

5. 安全合规原则。《关于加强数据资产管理的指导意见》规定数据资产开发利用要“以保障数据安全为前提”。在数据管理过程中，要注意数据安全、隐私、道德与伦理问题，防止出现数据盗窃、数据偏见、算法歧视、数据攻击、隐私泄密等不安全的现象。企业要依据相关法律法规和行业监管要求，对数据资产进行分级、分类管理，采取有效措施保护数据资产的安全性，防范来自企业内外部对数据资产安全带来的威胁。

二、数据资产管理的内容

（一）数据资产目录管理

数据目录是指采用分类、分级和编码等方式描述数据资产特征的一组信息。它是一个有组织的数据资产清单，为业务人员提供了一个理解数据、集中定位数据、快速访问和评估数据的入口，以便业务人员更快、更有效地进行数据洞察和分析。数据资产目录管理是数据资产管理的首要环节，也是一个非常重要的环节。《数据安全法》规定："各地区、各部门应当按照数据分类分级保护制度，确定本地区、本部门以及相关行业、领域的重要数据具体目录，对列入目录的数据进行重点保护。""国家制定政务数据开放目录，构建统一规范、互联互通、安全可控的政务数据开放平台，推动政务数据开放利用。"通过数据资产目录记录组织内所有被识别的数据资产信息，支撑数据资产识别、应用、变更、盘点和处置等的全过程管理。

进行数据资产目录管理工作应完成以下任务：

1. 通过建立数据资产目录，记录数据资产信息要素。数据资产目录本质上就是一个元数据的存储库，它提供特定范围内所有数据资产的清单。数据目录包括有关数据资产的关键属性信息，例如，名称、业务含义、类型、大小、模式和其他相关属性。根据数据资产目录清单，登记数据资产卡片，以便于进行数据资产的清查和盘点。

2. 建立数据资产目录管理的权限、版本和发布等控制机制，为数据资产管理工作的标准化和规范化提供保障。《数据安全法》对数据资产目录管理进行了详细的规定，提出："国家数据安全工作协调机制统筹协调有关部门制定重要数据目录，加强对重要数据的保护。"有关省市发布的数据条例中也对数据资产目录的编制、发布和管理进行了规定。《苏州市数据条例》第十条规定："本市建立统一的公共数据资源目录管理体系。市大数据主管部门负责依据国家和省有关要求制定公共数据资源目录编制规范。公共数据资源目录应当明确公共数据的来源、更新频率、安全等级、共享开放属性等要素。公共管理和服务机构应当根据公共数据资源目录编制规范，按照数据与业务对应的原则，编制本行业、本领域公共数据资源目录，定期发布并动态调整。"通过建立数据资产目录管理的权限、版本和发布的机制，有利于形成数据资产发布、更新的常态化机制，有助于数据资产管理工作的标准化和规范化。

3. 对数据资产进行分类分级管理，提升数据资产管理水平。为了便于数据资产管理，提升数据资产管理效率和质量，需要对数据资产进行分类分级管理。在工业和信息化部制定印发的《工业和信息化领域数据安全管理办法（试行）》（工信部网安〔2022〕166 号）中对工业和信息化领域的数据进行了分类和分级，提出："根据行业要求、特点、业务需求、数据来源和用途等因素，工业和信息化领域数据分类类别包括但不限于研发数据、生产运行数据、管理数据、运维数据、业务服务数据等。根据数据遭到篡改、破坏、泄露或者非法获取、非法利用，对国家安全、公共利益或者个人、组织合法权益等造成的危害程度，工业和信息化领域数据分为一般数据、重要数据和核心数据三级。”见表 3-1。

表 3-1　数据分级及认定条件表

数据分级	认定条件
一般数据	危害程度符合下列条件之一的数据为一般数据 1. 对公共利益或者个人、组织合法权益造成较小影响，社会负面影响小 2. 受影响的用户和企业数量较少、生产生活区域范围较小、持续时间较短，对企业经营、行业发展、技术进步和产业生态等影响较小 3. 其他未纳入重要数据、核心数据目录的数据
重要数据	危害程度符合下列条件之一的数据为重要数据 1. 对政治、国土、军事、经济、文化、社会、科技、电磁、网络、生态、资源、核安全等构成威胁，影响海外利益、生物、太空、极地、深海、人工智能等与国家安全相关的重点领域 2. 对工业和信息化领域发展、生产、运行和经济利益等造成严重影响 3. 造成重大数据安全事件或生产安全事故，对公共利益或者个人、组织合法权益造成严重影响，社会负面影响大 4. 引发的级联效应明显，影响范围涉及多个行业、区域或者行业内多个企业，或者影响持续时间长，对行业发展、技术进步和产业生态等造成严重影响 5. 经工业和信息化部评估确定的其他重要数据
核心数据	危害程度符合下列条件之一的数据为核心数据 1. 对政治、国土、军事、经济、文化、社会、科技、电磁、网络、生态、资源、核安全等构成严重威胁，严重影响海外利益、生物、太空、极地、深海、人工智能等与国家安全相关的重点领域 2. 对工业和信息化领域极其重要骨干企业、关键信息基础设施、重要资源等造成重大影响 3. 对工业生产运营、电信网络和互联网运行服务、无线电业务开展等造成重大损害，导致大范围停工停产、大面积无线电业务中断、大规模网络与服务瘫痪、大量业务处理能力丧失等 4. 经工业和信息化部评估确定的其他核心数据

通过数据资产分类分级管理，有利于数据管理者及时关注重要数据和核心数据，及时处理重要数据和核心数据的异动情况，有利于维护数据资产的安全和完整，加强数据资产利用的效率和效果。

（二）数据资产识别

数据资产识别是指依据管理目标，从现有数据资源中，辨识并登记数据资产的活动。数据要成为数据资产，要经历数据资源化、数据产品化、数据资产化三个阶段。首先对数据进行清洗、变换，对缺失数据、冗余数据、噪声数据进行处理，使数据成为数据资源，然后进行加工，形成数据产品，最后根据用途对数据产品进行交易、投资，数据产品变成了数据资产。根据数据的变化规律，不是所有的数据都是数据资源，也不是所有的数据资源都能形成数据资产，因此需要对数据资产进行识别和登记，为后续的数据资产管理服务。

进行数据资产识别工作应完成以下任务：

1. 根据业务应用和市场需求，对现有数据资源进行梳理，识别出数据资产以及数据资产包含的信息要素，包括基本信息、业务信息、管理信息和价值信息等。数据资产管理者应熟知，只有能够带来社会利益或经济利益的数据才能成为数据资源，只有被特定主体拥有或控制且能够给特定主体带来经济利益的数据资源才能确认为数据资产。因此要根据资产和数据资产定义和确认条件，对数据资源进行识别，属于数据资产的数据资源及时确认为数据资产，以防止资产流失；同时对不属于数据资产的数据资源不能确认为数据资产，数据资源在形成过程中发生的支出按照相关会计准则计入当期损益，以防止虚构资产。

2. 完成数据资产识别后，按照数据资产的分类、分级，登记到数据资产目录中。将数据匿名化、去标识化和结构化后，明确数据资产的归属，将确认为数据资产的数据资源按照标准进行分类和分级，制作数据资产目录，将数据资产登记到资产管理系统中，以利于后续的数据资产应用、盘点、评估、审计、安全管理等过程的实施。数据资产登记包括初次登记、补充登记、变更登记和注销登记等。

[小资料 3-2]

北京市关于开展数据资产登记的规定

北京市大数据主管部门会同财政、国资等部门研究出台并组织实施数据资产登记管理制度。北京市大数据中心开展公共数据资产登记工作，持续组织完善和更新公共数据目录，依托北京市大数据平台和可信可控的区块链底层技术体系，建立公共数据资产基础台账，做到“一数一源”、动态更新和上链存证，推动公共数据资产化全流程管理。在社会数据来源合法、内容合规、授权明晰的原则下，支持依法设立的数据交易机构为社会主体提供社会数据资产登记服务，发放数据资产登记证书，详细载明权利类型和数据状况，形成数据目录，并提供核验服务；组织建设行业数据资产登记节点，推进工业、交通、金融等行业数据登记，激活行业数据要素市场；支持市属国有企业以及有条件的企业率先在数据交易机构开展数据资产登记。

（摘自中共北京市委、北京市人民政府制定印发的《关于更好发挥数据要素作用进一步加快发展数字经济的实施意见》）

3. 对数据资产的变化进行识别，并执行数据资产变更程序。数据资产在存储和使用过程中，其数据形态、数据数量、数据质量等发生变化，应及时对数据库中的数据进行变更，做到数据更新与企业生产经营活动保持同步，使其能实时反映企业的生产经营状况。在数据变更过程中，要按照数据资产相关内部控制制度的要求履行相应的变更手续，要对变更的原因、变更前后数据的状况进行说明并进行必要的数据备份，防止数据资产被恶意删除或篡改，以提升数据资产安全管理的水平。

（三）数据资产确权

数据资产确权是指通过技术手段对组织机构内数据资产的权属进行登记确认，使其具备时间、身份和内容等属性的活动。数据资产确权是数据资产管理的一项基础性工作，在数据资产流通过程中发挥不可或缺的作用。在中共中央、国务院发布的《关于构建数据基础制度更好发挥数据要素作用的意见》中提出要“在国家数据分类分级保护制度下，推进数据分类分级确权授权使用和市场化流通交易，健全数据要素权益保护制度，逐步形成具有中国特色的数据产权制度体系。”并且要“探索数据产权结构性分置制度。建立公共数据、企业数据、个人数据的分类分级确权授权制度。”

进行数据资产确权工作应完成以下任务：

1. 应基于电子认证、区块链等技术手段，在单一或多方机构共同鉴证下，确认数据资产权属。数据资产完成识别和登记后，要进行数据资产的存证工作，数据权益人就数据来源、权属、安全、合规等事项进行说明，并将证明文件上链存证，获取存证报告并向登记平台提供存证报告，登记平台审查数据资产存证报告，无误后，由数据资产登记平台出具权属证书。

2. 在数据资产的使用和提供过程中，可以通过数字签名、分布式账本等方式记录数据资产的身份属性与时间属性。

[小资料 3-3]

人民网·人民数据面向全国正式发放数据要素市场“三证”

2023年7月11日，由人民网·人民数据管理（北京）有限公司针对数据要素市场打造的“数据资源持有权证书”“数据加工使用权证书”“数据产品经营权证书”（三证）正式面向全国发放。此次推出的“三证”是人民数据基于人民链Baas服务平台（2.0版本）上进行的确权、上链、存证、交易服务工作。“三证”信息主要包括基础信息、资源详情、确权资料等方面。基础信息包括“数据资源名称、数据资源介绍、确权类型、归属地域、数据类型、所属行业、应用场景、数据来源、是否涉及隐私或敏感信息、数据覆盖范围、数据量级、数据规模、更新频率、起止时间”等方面的信息；资源详情包括“数据表字段说明、数据表补充说明、样例数据”等方面的信息；确权资料包括“数据来源说明、数据产权承诺书、合规审查报告”等方面的信息。通过建立数据合法合规流通机制，进行数据流转全过程可管控、可记录、可查验，形成完整的业务闭环。

（根据人民网相关栏目内容改写）

（四）数据资产应用

数据资产应用是指满足业务场景和组织发展需求，通过共享、流通、使用等方式，促进数据资产增值的活动。通过围绕业务场景，在确保数据资产应用安全、合规的前提下，识别数据应用的途径和渠道、建立服务和权责等机制，对数据资产应用过程进行管理，促进其经济价值和社会价值的实现。数据资产应用是数据资产发挥作用和效益的一个重要环节，通过数据资产应用，充分发挥数据资产的效能，释放数据资产价值红利，促进经济高质量发展。在中共中央、国务院发布的《关于构建数据基础制度更好发挥数据要素作用的意见》中指出要“充分发挥我国海量数据规模和丰富应用场景优势”“支持数据处理者依法依规行使数据应用相关权利”“平衡兼顾数据内容采集、加工、流通、应用等不同环节相关主体之间的利益分配”。

进行数据资产应用工作应完成以下任务：

1. 识别数据资产应用的途径和渠道。数据资产应用离不开应用场景，为了充分发挥数据要素的放大、叠加、倍增作用，构建以数据为关键要素的数字经济，国家数据局等部门制定了《“数据要素×”三年行动计划（2024—2026年）》（国数政策〔2023〕

11号），该行动计划按照“数据资产×”的思路，将数据资产与产业、管理、科学研究等结合，提出了“数据要素×工业制造”“数据要素×现代农业”“数据要素×商贸流通”“数据要素×交通运输”“数据要素×金融服务”“数据要素×科技创新”“数据要素×文化旅游”“数据要素×医疗健康”“数据要素×应急管理”“数据要素×气象服务”“数据要素×城市治理”“数据要素×绿色低碳”等应用场景，以发挥数据要素乘数效应，赋能数字经济时代经济社会的发展。

[小资料 3-4]

数据要素×工业制造

创新研发模式，支持工业制造类企业融合设计、仿真、实验验证数据，培育数据驱动型产品研发新模式，提升企业创新能力。推动协同制造，推进产品主数据标准生态系统建设，支持链主企业打通供应链上下游设计、计划、质量、物流等数据，实现敏捷柔性协同制造。提升服务能力，支持企业整合设计、生产、运行数据，提升预测性维护和增值服务等能力，实现价值链延伸。强化区域联动，支持产能、采购、库存、物流数据流通，加强区域间制造资源协同，促进区域产业优势互补，提升产业链供应链监测预警能力。开发使能技术，推动制造业数据多场景复用，支持制造业企业联合软件企业，基于设计、仿真、实验、生产、运行等数据积极探索多维度的创新应用，开发创成式设计、虚实融合试验、智能无人装备等方面的新型工业软件和装备。

（摘自《“数据要素×”三年行动计划（2024—2026年）》）

为了充分发挥数据资产的价值，需要创新数据资产的应用场景，同时应根据数据资产的应用场景，开发适合应用场景的数据产品，使数据产品更好地满足用户的需要。

[小资料 3-5]

推进数据应用场景示范

引导市场主体以应用场景为导向，按照用途用量发掘数据价值。深入推进全市智慧城市和数字政府建设场景开放，建立公共数据资源开发应用场景库，加快推出一批满足“一网通办”“一网统管”和“一网慧治”等功能的便民利企数据产品和服务。深化工业数据应用场景示范，提升生产线物联网数据实时分析、三维产品数字孪生和设备预测性分析等数据应用水平。推动金融数据应用场景示范，完善数据信贷、金融风险智能分析和智能投资理财顾问等，推进数字人民币在数据交易支付结算等更多场景中的试点应用。促进商贸物流数据应用场景示范，建设数据海关和数据口岸等。加快自动驾驶数据应用场景示范，发展高级别自动驾驶汽车、智能网联公交车、自主代客泊车和高速公路无人物流等。实施医疗数据应用场景示范，开展个人健康实时监测与评估、疾病预警、慢病筛查、智能诊断和智能医疗等。推进文化数据应用场景示范，探索数字影视、数字人演播和文化元宇宙等。

（摘自中共北京市委、北京市人民政府制定印发的《关于更好发挥数据要素作用进一步加快发展数字经济的实施意见》）

2. 鼓励数据资产的应用，建立数据资产应用服务保障、效益评估、效果评价等机制。数据资产只有在应用中才能实现其价值，通过授权运营、产品开发等方式，增加数据资产供给，充分释放数据资产价值，推进实体经济实现数字化转型。为了促进数据资产的应用，应打造一批擅长数据加工、分析、可视化以及数据产品开发的数据人才队伍，这个人才队伍包括数据科学家、数据工程师、数据合规师、数据分析师、数据标注师、数据管理和分析员等，高质量的数据人才队伍是数据资产应用的重要保障。数据资产的开发需要有人力、物力和资金的投入，为了保证数据资产开发的可持续性，在开发中应遵循“成本效益”原则，在数据资产开发前，进行开发的可行性分析和论证，在开发过程中，进行效益效果评价，对应用目的不明确、应用前景不好的数据资产开发项目应果断终止，以保护数据资产开发者和应用者的利益不受损失，也就保护了数据资产应用的积极性。

3. 对数据资产应用的行为进行完整记录，使数据资产应用过程安全可控、合法合规，确保数据资产应用过程可追溯、可审计。数据资产使用人应按照《数据安全法》等法律法规的要求，合法应用数据资产，在使用过程中不得侵害国家和相关当事人的合法权益，不得泄露公民的个人隐私。严格遵守“原始数据不出域、数据可用不可见”的要求，数据资产的整个应用过程应该在内部控制制度的监控之下，形成完整的过程记录和相应的证据链，使数据资产应用过程可追溯、可审计，利于对数据资产应用安全性、合法合规性的评判。

（五）数据资产盘点

数据资产盘点是指通过数据资产盘点活动，检查数据资产状态，发现数据资产目录与数据资产不一致问题，更新数据资产目录信息，确保数据资产信息一致性、完整性。通过数据资产盘点，达到以下目的：

1. 判断数据资产的存在性。数据资产具有无形性的特征，存储在磁盘、光盘等存储介质内，数据资产是否存在，是否丢失或误删除，是否未经正常的审批手续而报废，都需要通过数据资产盘点程序来证实。

2. 掌握数据资产的使用状态。企业的数据资产可能较多，有些正在使用，有些准备使用，也有些可能已经失去使用价值，处于待报废状态。通过数据资产盘点，可以了解其使用状态，对于正在使用的数据资产，要挖掘潜力，提升数据资产的使用效率；对于准备使用的数据资产，要根据数据资产的原定用途，尽早投入使用，以发挥数据资产的价值；对于因失效没有使用价值处于待报废的数据资产，应及时办理报废处理手续，以减少数据资产的管理成本。

3. 检查数据资产是否发生贬值或损耗。通过数据资产盘点，可以了解数据资产的使用情况，对不能正常使用的数据资产，就要结合企业和行业情况判断是否有更新的数据产品的出现导致现有的数据资产发生了贬值，是否由于数据不完整而影响了数据资产的使用，导致数据资产的价值不能充分发挥。通过数据资产的盘点程序，若发现数据资产存在贬值并且贬值的现象无法逆转，就要根据会计准则的规定计提资产减值准备或跌价准备。

进行数据资产盘点工作应完成以下任务：

1. 编制数据资产盘点计划，在盘点计划中明确盘点目的、范围、要求、程序和时间等。数据资产盘点一般分为定期盘点和不定期盘点，定期盘点可以在年末与企业财产清查一同进行，不定期盘点可根据特定要求安排。不同类型的数据资产盘点其盘点目的、范围、要求、程序不完全相同。在数据资产盘点中，应关注以下事项：第一，要明确此次盘点的目的是确定数据资产是否存在还是要确定数据资产是否发生贬值，不同目的盘点过程的侧重点不同。第二，要明确此次盘点的数据资产的范围和要求。例如，是某个时点所有的数据资产还是某项特定的数据资产，某个时点所有的数据资产是指所有的已入账的数据资产，还是包括已入账的和尚未入账的数据资产。数据资产范围和要求不同，所需要的人力和时间也不同。第三，要确定所要采用的盘点程序，由于数据资产不同于实物资产，盘点过程要采用信息手段和工具，需要事先了解，企业有哪些数据资产，需要采用什么样的应用程序打开或运行，在盘点过程中，会遇到鉴定数据资产证书的真伪，还会用到区块链技术。第四，要考虑盘点的目的、范围、要求和采用的盘点程序等因素确定开始进行盘点的时间和盘点工作持续的时间。

2. 安排专人负责数据资产盘点，对盘点人员进行权责界定。进行数据盘点工作，需要成立盘点工作项目组，项目组成员包括熟悉数据资产核算的会计人员以及熟悉数据库技术和相关软件操作的技术人员。在盘点过程中，要对盘点人员的权责进行界定，盘点人员只负责盘点工作，数据资产出现账实不符、丢失、非法删除等管理责任由数据资产的管理人员承担。

3. 盘点人员依据数据资产盘点计划，实施盘点程序。盘点人员依据数据资产目录对数据库内的数据资产进行核对，对数据资产账实的一致性、准确性以及应用情况等进行核查，并将盘点结果记录于盘点表，盘点人员和数据资产管理人员在盘点表签字确认。

4. 对盘点发现的问题进行分析和处理。盘点人员编写盘点报告，对发现的数据资产账实不符、丢失、非法删除等现象分析原因并提出处理建议，报经相关管理机构同意后进行处理。

5. 建立数据资产预警、应急和处置机制。对数据资产泄露、损毁、丢失、篡改等行为，应及时预警，启动相应的应急处置措施，避免或减少因上述事件导致的数据资产的损失。要及时识别潜在的风险事项，及时采取应急措施，有效消除或管控潜在的风险。

（六）数据资产变更

数据资产变更是指通过变更控制流程确保数据资产与目录信息保持一致的活动。当数据资产管理活动或业务需求触发数据资产变化时，应通过变更管理流程确保变更活动有序实施，并及时更新数据资产目录和数据资产卡片，确保数据资产目录信息与实际情况保持一致。

进行数据资产变更工作应完成以下任务：

1. 建立数据资产变更机制，明确数据资产变更触发条件，并有效管控变更过程。数据资产变更，一般有以下几种情况，第一，权利主体发生变化，如企业购入一项数据资产，就需要在相关的数据资产登记平台进行变更登记，其权利主体就需要变更为本企业；第二，原有的数据资产派生出新的数据资产，就需要进行新的数据资产的登记；第三，现有的数据资产登记证书有效期限到期，而数据资产仍然有使用价值，需要对有效期进行展期；第四，现有的数据资产应用范围、数据量发生变化，需要对部分原登记内容进行变更；第五，某项数据资产已丧失使用价值，需要对数据资产注销登记；第六，其他需要进行数据资产变更的情形。

2. 对上述数据资产变更的情形进行评审，包括信息的完整性、业务的必要性、需求的符合度、影响范围和权属关系等。对确需进行变更的，进一步分析数据资产变更对数据资产本身、对企业资产结构、财务状况和盈利状况可能带来的影响进行分析,并依照相关管理规定在财务报告等相关媒体和平台上对数据资产变更进行说明。

3. 实施数据资产变更。更新数据资产目录，使数据资产目录与数据库中的数据资产一致。更新数据资产的会计记录，按照会计准则的规定，实施数据资产变更登记的账务处理。

4. 对数据资产的变更过程进行记录，建立数据资产变更的持续跟踪、回顾和改进机制，对数据资产变更进行再评价，以完善数据资产变更工作，提升数据资产管理工作质量。

（七）数据资产处置

数据资产处置是指在符合相关法律法规和标准规范的前提下，通过数据资产的销毁、转移等，优化数据资产配置，降低数据资产管理成本，挖掘数据资产剩余的利用价值。数据资产处置的方式包括许可使用、转让、报废等。

数据资产许可使用是指在不转移数据资产所有权或持有权的前提下，许可其他企业使用本企业的数据资产。数据资产许可使用是在不影响本企业使用的前提下，允许其他企业共同使用该数据资产，这样一方面能够扩大该项数据资产使用的行业和地区范围，提升该数据资产的市场占有率；另一方面也能够带来合理的回报，以彰显数据资产的价值。

数据资产转让是指将数据资产的所有权或持有权以及附带的其他权利转让给其他企业，企业不再保留使用该数据资产的权利。在企业生产经营过程中，由于企业生产经营模式或产品结构发生较大转变，企业原来使用数据资产不再符合企业的需要，而这些数据资产尚存一定的使用价值，这样企业就可以考虑将数据资产的所有权或持有权进行转让，以利于继续发挥数据资产的效用。

数据资产报废是指由于社会经济发展以及技术进步导致原有的数据资产不能满足社会经济发展的需要而面临淘汰。这类数据资产如果继续按照资产进行管理，就可能浪费企业资源，增加企业的成本，这类数据资产就需要做报废处理，减少数据资产的存储管理费用，以节约企业的成本开支，提高企业的效益。

进行数据资产处置工作应完成以下任务：

1. 建立数据资产处置机制，并有效管控处置过程及风险。有效的数据资产处置流程应该包括数据资产处置申请、数据资产鉴定、数据资产处置审批、数据资产处置合同审查、数据资产处置执行、数据资产处置后评估等环节。为了盘活数据资产，充分发挥数据资产的效用，企业应建立有效的数据资产处置程序，确保数据资产处置合法合规，有效管控数据资产处置过程中存在的风险。

2. 编制数据资产处置方案。由数据资产使用或占用部门提交处置申请，明确处置的原因和处置的方法，报数据资产管理部门审批，数据资产管理部门对数据资产状况进行鉴定或委托第三方单位如数据资产评估机构、数据公司等进行鉴定，形成鉴定结论，编制数据资产处置方案。

3. 对处置方案进行评审。对数据资产处置理由的合理性、处置方法的可行性以及处置结果的效益性进行评审，尤其是数据资产处置后对企业生产经营活动带来的不利影响要进行深入分析，对数据资产处置合同的合法性、公平性进行审查，确保处置方案合法、合理、有效。

4. 进行数据资产处置。依据审核通过的处置方案进行处置并做好处置过程的记录工作。对失去价值需要报废销毁的数据资产，设置一定的留存期，在留存期内，相应数据不得删除。对认定已失去价值，没有保存要求的数据资产，进行安全和脱敏处理后及时有效销毁。

5. 对数据资产处置活动进行评估。数据资产处置活动完成后，需要对数据资产处置活动进行“回头望”，对数据资产处置活动进行总结，以提升企业数据资产的管理水平。

（八）数据资产评估

数据资产评估是指对组织内数据资产现状以及质量、价值等进行定量和定性评价的活动。这里的数据资产评估是广义的资产评估，包括数据质量评价和数据资产价值评估两个方面。通过开展数据资产评估活动，梳理数据资产现状，评价数据资产的质量和价值，促进数据资产的质量提升和价值实现。

进行数据资产评估工作应完成以下任务：

1. 建立数据资产评估机制，明确评估目的、范围、方法和周期等。数据资产转让、数据资产作价出资、数据资产抵押贷款、数据资产入表等都会涉及进行数据资产评估。以数据资产入表为例，企业外购的以自用为目的的数据资产，企业按照无形资产计价入账，期末要进行无形资产减值测试，需要确定无形资产的公允价值。若由资产评估机构评估数据资产的公允价值，该项评估业务就属于以财务报告为目的的资产评估业务。资产评估业务类型确定后，评估目的、范围、方法和周期随之可以确定。

2. 基于数据资产评估的目的和范围等，明确数据资产的权属、敏感信息和安全合规要求等。在数据资产评估业务中，资产评估师要查看数据资产权属登记证书以核实数据资产的法律权属，同时要注意对相关数据的保密，在评估报告中对数据资产权属、敏感信息以及数据安全的披露要符合法律法规和资产评估准则的规定。

3. 对数据的质量进行评价。数据质量评价是数据资产评估活动的重要组成部分，它是数据资产价值评估的基础，数据的质量直接影响了数据资产价值的大小以及价值的发挥程度。数据质量评价的基本指标主要包括准确性、一致性、完整性、规范性、时效性和可访问性。不同的数据资产在进行质量评价时其评价指标可以有所侧重，也可以增加评价指标。数据质量评价工作可以由具有资质的第三方数据公司进行。

4. 对数据资产的经济和社会价值进行评估。资产价值评估有广义和狭义之分，如果既评估资产的经济价值又评估资产的社会价值，这样的资产价值评估就属于广义的资产价值评估；如果仅评估资产的经济价值，就属于狭义的资产价值评估，一般情况下资产的价值评估是狭义的。而在《信息技术服务　数据资产　管理要求》提到的数据资产价值评估属于广义的价值评估。数据资产的经济价值与社会价值的区别在于价值的含义不同，数据资产的经济价值是针对一个特定的主体而言的，而数据资产的社会价值不局限于一个特定的主体，而是针对潜在的有可能应用该数据资产的所有主体而言的价值。因此数据资产评估中，必须清楚评估目的是经济价值还是社会价值，这涉及数据资产价值评估各项要素的确定，也直接影响评估结论使用者对资产评估值的正确理解。资产评估机构要进行数据资产评估的可行性论证，进行数据资产的尽职调查，避免出现虚增数据资产价值的情况。

5. 根据资产评估结论及时更新数据资产目录，按照会计准则的要求及时进行相应的会计核算，并在财务报告中披露数据资产价值评估的情况，以保证数据资产的账面价值与其实际价值相符。根据评估结论更新数据资产目录并进行会计核算是一项严肃的工作，审慎进行价值调整，必须保证依法依规进行数据资产评估并确保评估过程被记录、可追溯。

（九）数据资产审计

数据资产审计是指对组织内数据资产的真实性、一致性、正确性、合法性、效益性以及其使用情况等进行审查和监督的活动。数据资产的真实性即存在性，通过审计活动确定数据资产目录、会计核算系统记录的数据资产是否真实存在。数据资产的一致性是指数据资产目录与会计核算系统的记录是否一致、与实际存在的数据资产是否相符。数据资产的正确性包括数据资产目录的正确性、数据资产会计核算的正确性、数据资产金额的正确性等。数据资产的合法性包括合法取得、合法使用和合法处置。数据资产的效益性是指数据资产是否正常使用、数据资产使用是否带来经济效益和社会效益。由此可以看出，数据资产审计是对数据资产全过程、生命周期的审计。通过数据资产审计活动，能保障数据资产管理活动正常开展，有效防范和控制数据资产运营过程中产生的风险，确保数据资产管理和应用的合法合规。

进行数据资产审计工作应完成以下任务：

1. 建立覆盖数据资产管理全过程的审计机制。根据数据资产审计主体可以将数据资产审计分为国家审计、民间审计和内部审计；根据数据资产审计工作的周期可以将数据资产审计分为定期审计和不定期审计。在数据资产审计活动中，对公共数据的审计可以由政府审计机关进行，属于国家审计；对企业期末财务报告中数据资产披露的真实性、合法性的审计可以由会计师事务所进行，属于民间审计；对企业中数据资产应用情况进行监督，可以由企业的内部审计机构进行，属于内部审计。数据资产审计应贯穿于数据资产管理全过程，即数据资产管理的各组成部分、数据资产生命周期各阶段都应该在审计监督之下，通过审计监督活动确保数据资产各项活动依法依规进行。

2. 编制数据资产审计计划。数据资产审计可以是针对数据资产的专门审计，也可以是企业年报审计中涉及数据资产而对数据资产进行的审计。不同的审计活动侧重点和要求均有不同，也影响着审计计划的编制。数据资产审计计划包括人员安排、时间进度、审计难重点、审计程序实施等内容。通过编制审计计划，保障数据资产审计工作有条不紊地进行。

3. 实施数据资产审计程序。按照审计计划实施审计程序，在数据资产审计过程中，要查看数据资产权属证书，通过盘点确定数据资产的存在性，查阅数据资产管理制度、工作流程和形成的过程记录，以判断数据资产使用状态以及相关业务对法律法规、标准和规章制度等的遵守情况。审计师将审计程序的履行情况、发现的问题以及提出的改进意见记录于审计工作底稿。

4. 编制数据资产审计报告。数据资产审计工作结束后，按照相关审计准则的要求编制和提交审计报告。审计报告的内容包括审计对象、审计范围、发现的问题、处理的建议等。审计报告作为被审计单位改进数据资产管理工作的重要依据。

5. 被审计单位整改，完善数据资产管理工作。被审计单位要以数据资产审计活动为契机，根据审计报告中指出的数据资产管理中存在的不足及整改建议，及时整改，完善数据资产管理制度，改进数据资产管理方法，使数据资产在更加安全的环境下充分发挥其效能。被审计单位将审计意见的落实和整改情况按照规定期限向审计机构报告。

[小资料 3-6]

上海市大数据中心关于本市公共数据治理及数据资产管理情况的专项审计整改情况

上海市大数据中心（以下简称为“中心”）自收到市审计局关于《本市公共数据治理及数据资产管理情况的专项审计》后，针对主要问题及审计意见提出整改方案，于 2022 年 7 月 19 日将审计整改报告书面报送市审计局。现将整改情况公告如下：

一、关于数据归集方面的整改

一是 3 家单位存在履行行政职能产生的数据应归集未归集，或因权责，隶属关系改变导致数据未及时归集等问题。二是部分单位间数据共享交换未纳入全市统一共享交换平台。三是部分跨部门整合后的数据资源责任主体不够明确。

市大数据中心协同各委办局持续梳理权责事项和政务服务事项，在公共数据主管部门的指导下，明确公共数据归集规范，加强技术能力建设，依托大数据资源平台支撑业务部门数据归集的时效性需求，并不断推动提升数据归集的深度与广度。对于部分单位数据未归集或未及时归集的问题，部分单位已完成归集，市大数据中心也将结合数据上链工作进一步推动其他单位数据的归集。

市大数据中心积极配合推进数据共享渠道整合和集中统一管理，配合业务部门推动系统改造并完成数据共享通道的切换。当前市大数据资源平台已打通国、市、区三级共享通道，中心将进一步加强市大数据资源平台能力建设，有力支撑业务部门对于公共数据共享的需求，开展便捷共享。

市大数据中心结合数据目录管理、“数源工程”、数据上链等工作，配合业务部门不断厘清数据资源，梳理全市公共数据底账。

后续，中心将结合《上海市公共数据共享实施办法（试行）》的发布实施，进一步推动公共数据共享与归集。

二、关于工作机制的整改（略）

三、关于其他方面的整改（略）

以上是中心对审计中发现问题的整改落实情况。结合此次审计整改工作，中心今后要不断建立和完善长效机制，进一步加强预算管理，建立健全内控制度，严格依规办事，财务上继续严格把关，杜绝类似问题重复发生，切实提高财政资金使用效益。

（摘自上海市人民政府网站相关内容并删改）

（十）数据资产安全管理

《数据安全法》指出“数据安全是指通过采取必要措施，确保数据处于有效保护和合法利用的状态，以及具备保障持续安全状态的能力。”数据作为只有流通和使用才具有生命力的生产要素，在数据存储、数据传递、数据加工等环节极易产生安全风险，数据泄露、黑客攻击、过度爬取等行为严重危害数据的正常使用，因此要加强数据资产安全管理，将数据资产置于安全状态以发挥其价值。通过建立管理手段与技术手段相结合、面向数据生命周期的数据资产安全管理机制，制定数据资产安全管理流程，组建数据资产安全管理团队，确保数据资产在存储、传输以及加工各环节安全可控。

进行数据资产安全管理工作应完成以下任务：

1. 对数据资产进行分类分级。《数据安全法》提出：“国家建立数据分类分级保护制度”，工业和信息化部办公厅印发的《工业数据分类分级指南（试行）》将工业数据分为一级、二级、三级等 3 个级别。企业按照敏感度和重要程度对数据资产进行分类分级，以便于对数据资产实施安全管理措施。

2. 应建立数据资产安全管理团队，建立安全管理机制。在 DAMA 国际《DAMA 数据管理知识体系指南》中指出数据的安全过程分为 4 个方面，即访问、审计、验证和授权。访问是指具有授权的个人能够及时访问系统。审计是指审查安全操作和用户活动，以确保符合法规和遵守公司制度和标准。验证是指验证用户的访问权限。

授权是指授予个人访问与其角色相适应的特定数据视图权限。数据安全过程需要一系列的数据安全制度实施来保证，这些数据安全制度包括企业安全制度、IT 安全制度、数据安全制度等。数据安全制度需要数据资产安全管理团队落实，数据安全管理团队人员包括 IT 安全管理员、安全架构师、数据管理专员、数据治理委员会、内部和外部审计人员等。数据人员应按照不相容职务分离的原则进行合理的权责划分，确保数据安全管理团队组成人员合理分工并能通过高效协作，以保障数据安全制度得到有效实施，并在实施过程中加以改进。

3. 在数据资产安全管理过程中，建立采集、传输、存储、处理、交换、销毁以及备份恢复等机制。数据采集是数据管理的源头，要确保数据采集的质量，保证采集的数据真实、无错误、无遗漏；在传输过程中要防止数据不被篡改、不丢失；在数据存储过程中要防止数据被盗、被非法删除的风险；在数据处理和交换过程中，要充分挖掘数据资产的应用场景，提高数据资产应用的效果和效率，但也要防止误用、滥用数据资产。对已经失效的数据按规定程序审批后进行销毁，设置一定的留存期，留存期内不得删除。建立数据资产备份恢复机制，对数据进行定期备份，对重要数据进行异地备份。通过上述措施保障数据资产在生命周期内安全并得到有效应用。

4. 在数据资产管理中，应加强对敏感数据的保护。在数据管理中，涉及敏感数据的管理要按照《数据安全法》《个人信息保护法》等相关法律法规以及国家标准《信息安全技术　个人信息安全规范》（GB/T35273—2020）等的规定，采取数据脱敏等方式对数据进行处理，在不影响数据分析结果准确性的前提下，对原始数据进行替换、过滤或删除操作，以降低敏感数据泄露的风险。数据脱敏要满足单向性、无残留和易于实现三个要求。单向性要求无法从脱敏后数据推导出原始数据。无残留要求无法通过其他途径还原敏感数据。易于实现要求数据脱敏要简便，易于操作。通过数据脱敏，利于敏感数据的保护，也有利于合法使用数据资产。

在数据资产管理过程中，数据资产目录用来记录和管理数据资产的信息要素。数据资产的识别、确权、应用、盘点、变更和处置是核心管理活动，实现对数据资产的生命周期管理，以及保值、增值。数据资产的评估、审计和安全管理为数据资产的价值发现、运营合规和风险控制提供支撑。数据资产管理各环节相互支撑，形成一个上下衔接的有机系统。

数据资产评估是数据资产管理活动的重要组成部分，发挥价值发现、价值鉴证的作用。数据资产目录管理、数据资产识别、数据资产确权和数据资产盘点确定了资产评估对象的形态和数量，为数据资产评估提供了存在和权属信息，这是数据资产评估的基础；数据资产应用、数据资产变更和数据资产处置提供了数据资产的使用状态和交易情况，为数据资产评估提供业务，为数据资产评估方法的选择和参数的确定奠定了基础；数据资产审计报告是数据资产评估的重要数据来源。数据资产安全管理工作保障了数据资产的安全，同时也为数据资产评估活动的安全提供了重要保障。因此数据资产评估活动也离不开数据资产管理的其他各项管理活动，进行数据资产评估活动需要得到数据资产管理活动其他方面的支持。

第四章　数据资产评估基础理论

当数据成为重要的生产要素，数据资源成为企业重要的资产进行确认、计量并通过财务报表反映时，数据资产的交易也将更加频繁，数据资产价值的发现和计量也就变得非常重要，具有发现数据资产价值功能的数据资产评估活动也就应运而生，成为一个崭新的资产评估领域，在数据资产交易活动中发挥着重要的作用。

[小资料 4-1]

“2022 全球数字经济大会数据要素峰会数据资产评估分论坛”在京成功召开

2022 年 7 月 30 日，“2022 全球数字经济大会数据要素峰会数据资产评估分论坛”在北京国际财富中心成功举行。在论坛上发布了金融、交通、卫星、环保等领域六家试点单位的《数据资产数据评价及价值评估报告》，包括北京金融大数据有限公司、罗克佳华科技集团股份有限公司、北京开运联合信息技术集团股份有限公司、启迪公交（北京）科技股份有限公司、传神联合（北京）信息技术有限公司、北京航聚信用管理有限公司等，探索形成了一条合规标准指导、典型场景带路、理论实践交融印证的数据资产评估标准化路径，为全国数据资产化发展提供了重要参考。北京开运联合信息技术集团股份有限公司基于专业机构出具的数据资产评估结果，已经获得建设银行通州分行 1000 万元的授信额度，此次合作标志着数据资产评估在金融场景的落地。2022 年也被称为数据资产评估元年。

（根据北京市人民政府官网有关报道改写）

在中共中央、国务院发布的《关于构建数据基础制度更好发挥数据要素作用的意见》中指出，要有序培育包括资产评估在内的第三方专业服务机构，提升数据流通和交易全流程服务能力。在国务院印发的《“十四五”数字经济发展规划》中指出，要加快包括数据资产评估在内的数据资源国家标准研制工作，发展包含数据资产评估在内的数据资产运营体系，规范完善数据资产评估服务。中共中央、国务院发布的重要文件为数据资产评估事业发展指明了方向。

数据资产评估，是指资产评估机构及其资产评估师遵守法律、行政法规和资产评估准则，根据委托对评估基准日特定目的下的数据资产价值进行评定和估算，并出具资产评估报告的专业服务行为。

[案例 4-1]

甲海洋监测站拥有某海域 30 年的海况监测数据，A 数据处理公司购买最近 10 年的数据进行加工，并将加工后的数据产品出售给 B 海洋渔业养殖公司，A 数据处理公司和 B 海洋渔业养殖公司联合委托大洋资产评估公司对加工后的数据产品在 2023 年 12 月 31 日的市场价值进行评估，根据签订的合同约定，大洋资产评估公司委派张山、杨东两位资产评估师从事该项工作并组建评估项目组，在履行必要的评估程序后出具了数据资产评估报告。该资产评估报告为海况监测数据交易价格的确定提供了参考。

案例 4-1 就是一个典型的数据资产评估项目。要正确理解该数据资产评估项目的内涵，就需要了解该数据资产评估项目涉及的评估主体、评估客体、评估依据、评估目的、评估原则、评估程序、价值类型、评估方法、评估假设、评估基准日等十个方面的内容。

第一节　数据资产评估主体

数据资产评估主体是指数据资产评估业务的承担者，即从事数据资产评估业务的机构及其资产评估师，他们是数据资产评估工作的主导者。

一、资产评估机构

资产评估机构是指按照相关法律法规成立的，专门从事资产评估专业服务的机构。

（一）资产评估机构的分类

资产评估机构可以进行如下分类：

1. 按评估机构的执业范围划分，资产评估机构分为综合资产评估机构和专项资产评估机构。

综合资产评估机构是指能够从事多种资产评估业务的资产评估机构。该类资产评估机构的执业范围比较广泛，评估对象的性质、功能比较复杂多样。综合性资产评估机构可以进行机器设备评估、房地产评估、无形资产评估、企业价值评估等资产评估业务，也可以从事数据资产评估业务。

专项资产评估机构是专门从事某一类或某一种资产评估业务的资产评估机构。如土地估价公司、房地产估价公司、无形资产评估公司等。当数据资产交易活跃，数据资产评估市场需求较大时，也可以设立专门从事数据资产评估的数据资产评估公司。例如，中联资产评估集团成立了从事数据资产评估的专业子公司——中联资产评估集团北京数据有限公司。专项资产评估机构的执业范围比较狭窄，评估对象的性质、功能比较单一，专业性比较强。

在企业价值评估业务中，数据资产评估包含在企业价值评估业务之中，聘请的资产评估机构一般为综合性资产评估机构，若综合性资产评估机构缺乏数据资产评估执业经验，可以聘请数据工程师、数据分析师等数据资产方面的专家协助资产评估师从事数据资产评估工作。为弥补资产评估师在数据资产方面知识和经验的不足，也可以将数据资产评估业务分包给专门从事数据资产评估业务的资产评估机构。若企业需要对数据资产进行评估，不涉及或少量涉及其他类型的资产，企业可以聘请数据资产评估机构从事该项评估业务。

在案例 4-1 中，该评估业务是一项数据资产评估业务，评估机构是大洋资产评估公司，若大洋资产评估公司是一家综合性资产评估机构，该评估业务就是由综合性资产评估机构从事的数据资产评估业务。

2. 按资产评估机构的组织形式划分，资产评估机构分为合伙形式的资产评估机构和公司形式的资产评估机构。

《资产评估法》第十五条规定："评估机构应当依法采用合伙或者公司形式，聘用评估专业人员开展评估业务。"合伙制资产评估机构是由发起人共同出资设立，共同经营，对合伙债务承担无限连带责任的资产评估机构。根据《资产评估法》第十五条规定："合伙形式的评估机构，应当有两名以上评估师；其合伙人三分之二以上应当是具有三年以上从业经历且最近三年内未受停止从业处罚的评估师。"公司制资产评估机构是由发起人共同出资设立，评估机构以其全部财产对其债务承担责任的资产评估机构。根据资产评估事业的发展，鼓励资产评估机构采用合伙制形式。

（二）资产评估机构的设立

根据《资产评估法》的规定，设立资产评估机构，应当向工商行政管理部门（现为市场监督管理部门）申请办理登记。评估机构应当自领取营业执照之日起三十日内向有关评估行政管理部门备案。评估行政管理部门应当及时将评估机构备案情况向社会公告。资产评估行政管理部门包括财政部门、住房和城乡建设部门、自然资源部门等。

本书所称的资产评估机构，是指接受政府财政部门监督管理和中国资产评估协会（地方资产评估协会）进行自律管理的资产评估公司（事务所）。

本书所称的资产评估师、资产评估专业人员、资产评估从业人员等是指在上述资产评估机构从事资产评估相关工作的专业人员。

（三）资产评估机构执业要求

根据《资产评估法》的规定，资产评估机构应当依法独立、客观、公正开展业务，建立健全质量控制制度，保证评估报告的客观、真实、合理。评估机构应当建立健全内部管理制度，对本机构的评估专业人员遵守法律、行政法规和评估准则的情况进行监督，并对其从业行为负责。评估机构应当依法接受监督检查，如实提供评估档案以及相关情况。委托人拒绝提供或者不如实提供执行评估业务所需的权属证明、财务会计信息和其他资料的，评估机构有权依法拒绝其履行合同的要求。委托人要求出具虚假评估报告或者有其他非法干预评估结果情形的，评估机构有权解除合同。评估机构根据业务需要建立职业风险基金，或者自愿办理职业责任保险，完善风险防范机制。

《资产评估法》规定，评估机构不得有下列行为：

1. 利用开展业务之便，谋取不正当利益。

2. 允许其他机构以本机构名义开展业务，或者冒用其他机构名义开展业务。

3. 以恶性压价、支付回扣、虚假宣传，或者贬损、诋毁其他评估机构等不正当手段招揽业务。

4. 受理与自身有利害关系的业务。

5. 分别接受利益冲突双方的委托，对同一评估对象进行评估。

6. 出具虚假评估报告或者有重大遗漏的评估报告。

7. 聘用或者指定不符合本法规定的人员从事评估业务。

8. 违反法律、行政法规的其他行为。

（四）资产评估机构从事数据资产评估业务的要求

资产评估机构从事数据资产评估业务，应具有与数据资产评估业务相应的职业胜任能力。

1. 设有相应的数据资产评估部门。资产评估机构应该有从事数据资产评估的业务部门，该部门专门从事数据资产评估业务，有利于积累在数据资产评估方面的经验，降低数据资产评估业务风险。

2. 建立完整的数据资产评估执业管理制度。资产评估机构制定了数据资产评估计划的编制、风险控制、质量监督等制度，形成一套与数据资产评估业务相应的工作底稿体系，构建能反映数据资产特点的评估模型和方法体系。由于数据资产不同于其他类型的资产，在数据资产评估过程中要用到数据挖掘、数据分析、数据建模以及人工智能等技术，资产评估机构要将这些技术与传统的资产评估方法有机地结合起来。

3. 有一支具备数据资产评估执业能力的专业人才队伍。数据资产评估是一项跨行业、跨学科、跨专业的活动，无论哪位资产评估师都不可能具备特定数据资产评估业务所需要的所有的专业知识，这就需要不同学科、专业和背景的专业人员相互配合，齐心协力完成数据资产评估业务。在数据资产评估项目成员中应包括数据工程师、数据分析师和拥有数据知识和技能的资产评估师。数据工程师主要负责“数据采集、管理与应用”方面的工作。数据工程师要能够熟练运用统计学、机器学习算法解决数据管理、数据处理和数据分析问题，具有熟练的计算机编程、数据可视化等能力。数据分析师主要负责“数据挖掘与呈现、数据解释与应用”方面的工作。数据分析师要精通科学计算、数据分析、数据建模等理论与方法，具有很强的算法开发、算法分析等能力，能够撰写数据分析报告。数据工程师与数据分析师从事数据资产现场调查，对第三方机构出具的数据质量评价报告进行审核，配合资产评估师完成数据资产评估工作。资产评估师是数据资产评估项目负责人员，应具有基本的数据资产知识和能力，能够与数据工程师和数据分析师进行有效地沟通和交流，对其工作质量进行监督。资产评估师主要从事项目整体规划和进度控制，评估方法的选择和核心评估参数的确定，评估报告的撰写和初步审核。资产评估师与数据工程师、数据分析师等不同学科背景的人员相互合作、相互支持，共同完成数据资产评估工作。

《数据安全法》第三十四条规定："法律、行政法规规定提供数据处理相关服务应当取得行政许可的，服务提供者应当依法取得许可。"该法为数据处理相关业务的行政许可留出了立法的空间，为其提供了上位法依据。《数据安全法》第三条规定："数据处理，包括数据的收集、存储、使用、加工、传输、提供、公开等。"也就是说从数据的收集一直到数据的公开以及使用等数据资产管理的全过程都是法律意义上的数据处理，数据的持有权人在许可他人使用数据、加工数据等过程中需要资产评估机构提供数据资产评估服务，因此资产评估机构提供的数据资产评估服务应属于"提供数据处理相关服务"范畴。资产评估机构和资产评估师从事数据资产评估业务，是否需要得到行政许可，是否需要取得与数据资产相适应的资质，由相关法律法规进行规定。目前尚未见到法律法规对资产评估机构及其资产评估师从事数据资产评估需要取得行政许可的相关规定，资产评估机构及其资产评估师需要对从事数据资产评估业务是否需要取得行政许可进行持续关注。

二、资产评估师

根据《资产评估法》规定："评估师是指通过评估师资格考试的人员。国家根据经济社会发展需要确定评估师专业类别。"根据人力资源和社会保障部公布的《国家职业资格目录》(2021 年版)，目前评估师专业类别有资产评估师、房地产估价师、矿业权评估师。资产评估师职业资格由财政部、人力资源和社会保障部管理，中国资产评估协会履行中国资产评估行业自律管理职能。房地产估价师职业资格由住房和城乡建设部、自然资源部管理，中国房地产估价师与房地产经纪人学会履行中国房地产估价行业自律管理职能。矿业权评估师职业资格由自然资源部管理，中国矿业权评估师协会履行中国矿业权评估行业自律管理职能。本书所称评估师为由财政部、人力资源和社会保障部管理，中国资产评估协会进行行业自律管理的资产评估师。

(一) 资产评估师的权利

根据《资产评估法》规定，资产评估师享有下列权利：

1. 要求委托人提供相关的权属证明、财务会计信息和其他资料，以及为执行公允的评估程序所需的必要协助。

2. 依法向有关国家机关或者其他组织查阅从事业务所需的文件、证明和资料。

3. 拒绝委托人或者其他组织、个人对评估行为和评估结果的非法干预。

4. 依法签署评估报告，以及法律、行政法规规定的其他权利。

（二）资产评估师的义务

根据《资产评估法》规定，资产评估师应当履行下列义务：

1. 诚实守信，依法独立、客观、公正从事业务。

2. 遵守评估准则，履行调查职责，独立分析估算，勤勉谨慎从事业务。

3. 完成规定的继续教育，保持和提高专业能力。

4. 对评估活动中使用的有关文件、证明和资料的真实性、准确性、完整性进行核查和验证。

5. 对评估活动中知悉的国家秘密、商业秘密和个人隐私予以保密。

6. 与委托人或者其他相关当事人及评估对象有利害关系的，应当回避。

7. 接受行业协会的自律管理，履行行业协会章程规定的义务。

8. 法律、行政法规规定的其他义务。

（三）禁止资产评估师发生的行为

根据《资产评估法》规定，资产评估师不得有下列行为：

1. 私自接受委托从事业务、收取费用。

2. 同时在两个以上评估机构从事业务。

3. 采用欺骗、利诱、胁迫，或者贬损、诋毁其他评估师等不正当手段招揽业务。

4. 允许他人以本人名义从事业务，或者冒用他人名义从事业务。

5. 签署本人未承办业务的评估报告。

6. 索要、收受或者变相索要、收受合同约定以外的酬金、财物，或者谋取其他不正当利益。

7. 签署虚假评估报告或者有重大遗漏的评估报告。

8. 违反法律、行政法规的其他行为。

（四）资产评估师职业资格制度

2017 年 5 月人力资源和社会保障部、财政部修订印发了《资产评估师职业资格制度暂行规定》和《资产评估师职业资格考试实施办法》（人社部规〔2017〕7 号），对资产评估师职业资格制度进行了修订完善。

上述制度规定，国家设立资产评估师水平评价类职业资格制度，面向全社会提供资产评估师能力水平评价服务，纳入全国专业技术人员职业资格证书制度统一规划。资产评估师职业资格实行考试的评价方式。资产评估师英文为：Public Valuer（简称 PV)。通过资产评估师职业资格考试并取得职业资格证书的人员，表明其已达到承办法定评估业务的要求和水平。

中国资产评估协会负责资产评估师职业资格考试的组织和实施工作。人力资源和社会保障部、财政部对中国资产评估协会实施的考试工作进行监督和检查。具有高等院校专科以上学历的公民，可以参加资产评估师职业资格考试。

资产评估师职业资格考试设《资产评估基础》《资产评估相关知识》《资产评估实务（一)》和《资产评估实务（二)》4 个科目。每个科目的考试时间为 3 小时。资产评估师职业资格考试原则上每年举行一次。资产评估师职业资格考试成绩实行 4 年为一个周期的滚动管理办法。在连续 4 年内，参加全部（4 个）科目的考试并合格，可取得相应资产评估师职业资格证书。资产评估师职业资格考试合格，由中国资产评估协会颁发，人力资源和社会保障部、财政部监制，中国资产评估协会印制的《中华人民共和国资产评估师职业资格证书》(以下简称为资产评估师职业资格证书)，该证书在全国范围有效。

（五）资产评估师职业能力要求

根据《资产评估师职业资格制度暂行规定》，取得资产评估师职业资格证书的人员，应当遵守国家法律、法规及资产评估行业相关制度准则，恪守职业道德，秉承客观公正原则，维护国家和社会公共利益。应当具备以下职业能力：

1. 熟悉资产评估行业相关法律、法规和行业制度、准则。

2. 跟踪国内外评估技术方法和评估市场的发展趋势，具有较强的开拓创新能力。

3. 运用评估专业理论与方法，较好完成资产评估业务。

4. 独立解决资产评估业务中的疑难问题。

对取得资产评估师职业资格证书的人员，应当按照国家专业技术人员继续教育以及资产评估行业管理的有关规定，参加继续教育，不断更新专业知识，提高职业素质和业务能力。

（六）资产评估师从事数据资产评估业务能力要求

数据资产评估对资产评估师来说是一个全新的资产评估领域，具体体现在以下方面：其一，评估对象全新，数据资产与传统的有形资产、无形资产有很大不同。其二，评估方法不同，进行数据资产评估时，需要对传统的评估方法进行改造，以适应数据资产的特点。其三，资产评估师相应的经验少，数据资产评估在我国尚处于起步阶段，无先例可循，缺乏相应的案例进行参考。因此，从事数据资产评估的资产评估师需要不断提升自己，以满足数据资产评估业务对知识和能力的需要。

1. 要学习数据科学知识。学习数据科学的基本概念，了解大数据的特性，建立大数据时代新的理念。了解数据质量评价、数据审计、数据清洗、数据分析、数据管理的基本方法。

2. 要了解数据资产所在行业（企业）的基本情况。了解数据资产所处行业（企业）基本的生产经营过程，了解被评估数据资产在其生产经营过程所处的地位以及发挥的作用，并能够分析其行业发展的基本情况和未来的发展趋势。

3. 能够合理利用算法构建模型。学习相关算法和模型构建知识，能够利用数据构建模型，能够利用现代信息技术手段进行数据资产评估工作。

4. 要具有大数据时代的思维方式。在大数据时代，从事数据处理的人员应树立“全样而非抽样、效率而非精确、相关而非因果”的理念。大数据技术提供了近乎无限的数据存储能力和强大的数据处理能力，数据分析完全可以直接针对全体数据而非抽样数据，并且可以在短时间内迅速得到分析结果。在抽样时代，样本的精确性直接影响分析质量，在全样分析时代，追求高精确性不再是首要目的，数据分析的效率成为关注的重点。在过去，进行数据分析的目的往往是要探究原因，以解释事物背后的发展机理。在大数据时代，由于数据处理的高速和便捷，人们往往能够发现存在的非因果但相关的事项，这些发现能为人们决策带来参考，因此人们更关心相关而非因果。因此，在数据资产评估中，面对大数据，资产评估师必须具有大数据思维，用大数据的思维方法发现问题和解决问题。

第二节　数据资产评估客体、依据和目的

一、数据资产评估客体

数据资产评估客体是指数据资产评估的具体对象，即被评估的数据资产，也称为评估对象。数据资产评估对象包括公共数据资产、企业数据资产和个人数据资产。数据、数据资源、数据资产的相关内容已经在本书前三章进行了介绍，这里不再赘述。

资产评估师将数据资产作为评估对象时，需要注意以下几个方面：

（一）数据资产的法律权属

在《资产评估对象法律权属指导意见》中对资产评估对象的法律权属进行了定

义，提出："资产评估对象法律权属，是指资产评估对象的所有权和与所有权有关的其他财产权利。"该指导意见提出资产评估师"执行资产评估业务，应当明确告知委托人和其他相关当事人，执行资产评估业务的目的是对资产评估对象价值进行估算并发表专业意见，对资产评估对象法律权属确认或者发表意见超出资产评估专业人员的执业范围。资产评估专业人员不得对资产评估对象的法律权属提供保证。""对于法律权属不清、存在瑕疵，权属关系复杂、权属资料不完备的资产评估对象，资产评估专业人员应当对其法律权属予以特别关注，要求委托人和其他相关当事人提供承诺函或者说明函予以充分说明。资产评估机构应当根据前述法律权属状况可能对资产评估结论和资产评估目的所对应经济行为造成的影响，考虑是否受理资产评估业务。"上述规定说明在资产评估师执业过程中，关注资产评估对象的法律权属是一项非常重要的资产评估程序。

数据资产是一种法律权属非常复杂的资产类型。数据资产存在所有权、持有权、加工使用权、数据产品经营权等权属形式，也可能存在由这些权属派生的其他法律权利。另外，数据资产的所有权人与持有权人是分离的。例如，在疫情期间，大数据行程卡收集了大量的个人出行信息，健康码收集了大量的个人身份信息和个人健康信息，根据《个人信息保护法》，这些信息的所有权属于公民个人。政府出于公共利益和社会管理的需要，在法律许可的范围内，收集了这些个人信息，则这些个人信息的持有权人为各级政府。这样上述个人信息的所有权人和持有权人是分离的。

在数据资产评估业务中，作为资产评估对象的数据资产可能存在所有权人、持有人、加工使用权人，我们可以将这种现象称为数据资产法律权属的"共有"，对于这种"共有"的数据资产，其法律权属势必复杂。虽然资产评估师不对数据资产的法律权属提供保证，但应谨慎应对数据资产的法律权属，取得数据资产产权人的共同授权，必要时可提请委托人由律师出具数据资产法律权属的律师函，以避免对数据资产法律权属关注不够而导致不必要的法律纠纷。

（二）数据资产的合法性

数据资产能否作为资产评估对象，关键要看该数据资产是否合法。判断数据资产合法性涉及的法律包括《民法典》《数据安全法》《个人信息保护法》等。资产评估师根据上述法律对数据资产的合法性进行判断，必要时可咨询律师的意见。数据资产的合法性包括数据资产来源的合法性、加工的合法性以及使用的合法性等。

1. 数据资产来源的合法性。《数据安全法》规定："任何组织、个人收集数据，应当采取合法、正当的方式，不得窃取或者以其他非法方式获取数据。法律、行政法规对收集、使用数据的目的、范围有规定的，应当在法律、行政法规规定的目的和范围内收集、使用数据。”组织、个人必须以合法、正当的方式收集数据，如果收集数据的方式不合法、不正当，即使加工成数据产品，形成了数据资产，由于该数据资产的形成过程不合法，该数据资产也不能作为资产评估对象进行评估。

2. 数据资产加工的合法性。数据资源要成为数据资产，就必须对数据资源进行加工，形成满足数据消费者需求的数据产品。国家鼓励合法进行数据加工活动，在中共中央、国务院发布的《关于构建数据基础制度更好发挥数据要素作用的意见》中规定：“在保护公共利益、数据安全、数据来源者合法权益的前提下，承认和保护依照法律规定或合同约定获取的数据加工使用权，尊重数据采集、加工等数据处理者的劳动和其他要素贡献，充分保障数据处理者使用数据和获得收益的权利。”数据加工要合法进行，对个人敏感信息进行替换、过滤或删除等数据脱敏后，才能形成合法的数据产品。在数据加工过程中，也要保护公共利益，要保证包括个人数据、公共数据在内的所有数据的安全。

3. 数据资产使用的合法性。数字经济时代，数据资产是一项非常重要的资产，合法使用数据资产能给企业和社会带来良好的经济效益和社会效益。但数据资产要合法使用，企业不能利用自己拥有的数据形成垄断地位，进行大数据“杀熟”等不正当牟利的行为，虽然这种行为短期内给企业带来丰厚的回报，但损害了公共利益，侵犯了消费者的合法权益。因而不能合法使用的数据资产也不能作为资产评估对象进行评估。

（三）数据资产的未来预期收益

一项资产能否作为资产评估的对象，很重要的一点是该资产能否带来未来的经济利益，若该资产能够带来未来的经济利益，就可以考虑按照资产进行评估；若不能带来未来的经济利益，该项资产就不能按照“资产”进行评估，或者其评估价值为零。而数据资产由于其特殊性，其获得预期收益的能力与有形资产和其他类型的无形资产相比存在更大的不确定性。资产评估师要认识到，不是所有的数据都能带来未来预期收益，也就是说，不是所有的数据都有价值。错误数据、垃圾数据肯定没有价值，但是完整的数据也不一定有价值。资产评估师要关注数据资产的应用场景，分析在这个场景下，数据资产是不是不可缺少的，数据资产应用后能否给企业带来预期收益，或者不使用该数据资产是否会给企业带来损失。由于数据资产带来预期收益相比其他资产来说有更大的不确定性，因此资产评估师要谨慎分析数据资产获取未来收益的能力以及对金额进行合理的估计。

二、数据资产评估依据

数据资产评估依据是指数据资产评估活动所应遵循的法律法规和资产评估准则。

（一）数据资产评估法律法规

数据资产评估法律法规包括用于规范数据资产评估主体的法律法规和规范数据资产的法律法规。规范数据资产评估主体的法律法规主要包括《资产评估法》《国有资产评估管理办法》《资产评估行业财政监督管理办法》等。规范数据资产的法律法规主要包括《数据安全法》《个人信息保护法》《促进大数据发展行动纲要》等。数据资产评估法律法规将在本书第五章进行详细介绍。

（二）资产评估准则

资产评估准则是资产评估机构及其资产评估师在资产评估执业过程中所应遵守的行为规范，包括资产评估基本准则、资产评估执业准则、资产评估职业道德准则等。资产评估准则由财政部和中国资产评估协会制定。数据资产评估准则将在本书第五章进行详细介绍。

三、数据资产评估目的

数据资产评估目的是指数据资产业务引发的经济行为对资产评估结果的要求,或者资产评估结果的具体用途。资产评估目的直接或间接地决定和制约资产评估的条件、价值类型和方法的选择。

数据资产评估目的是根据资产评估所服务经济行为的要求确定。数据资产评估目的对应的经济行为通常可以分为转让、抵（质）押、出资、许可使用、企业改制、财务报告、司法等。

1. 转让。转让行为所对应的评估目的是确定拟转让数据资产的价值，为转让定价提供参考。引发资产评估的转让行为主要包括资产的收购、转让、置换、抵债等。例如，在案例 4-1 中，为了确定加工的海况数据产品的转让价格，为数据产品交易价格的确定提供参考，委托大洋资产评估公司对加工的数据产品的价值进行评估。在该评估项目中，数据资产有明确的应用对象，应用于人工养殖海产品，提升海产品的品质，增加海产品的产量。该评估业务就可以根据数据资产在海产品养殖效益提升中所做的贡献，确定资产评估模型和相关参数。

2. 抵（质）押。抵（质）押评估包括贷款发放前设定抵（质）押权的评估、实现抵（质）押权的评估、贷款存续期对抵（质）押品价值动态管理所要求的评估。

贷款发放前设定抵（质）押权的评估是指向金融机构或者其他非金融机构进行融资时，金融机构或非金融机构需要获得借款人或者担保人用于抵押或质押资产的评估报告，评估目的是了解用于抵押或者质押资产的价值，作为发放贷款的依据。

实现抵（质）押权的评估。当借款人到期不能偿还贷款时，贷款提供方作为抵（质）押权人可以依法要求将抵（质）押品拍卖或折价清偿债务，以实现抵（质）押权。这种评估的目的在于确定抵（质）押品的价值，为抵（质）押品变现提供依据。

贷款存续期对抵（质）押品价值动态管理所要求的评估。为防范金融风险，当市场发生不利变化，或抵（质）押的时间超过一定的期限，银行委托资产评估机构对抵（质）押品价值进行评估，对抵（质）押品的价值变动进行监控，保障银行的债权安全。

[小资料 4-2]

全国首笔数据资产质押融资贷款落地

在北京市经济和信息化局、北京市大数据中心的指导帮助下，北京银行城市副中心分行于 2022 年 10 月 12 日成功落地首笔 1000 万元数据资产质押融资贷款。北京银行积极参与数据要素市场建设，与中国电子技术标准化研究院及首批数据资产评估单位深入沟通，与全国首批数据资产评估试点单位——罗克佳华科技集团股份有限公司就数据资产化、数据资产抵押贷款达成合作意向，详细了解罗克佳华科技集团股份有限公司经营情况，并对其持有的某行业数据资产质量评价与价值评估项目资产评估报告进行分析，进一步促成此笔数据资产质押融资贷款的落地。

（根据今日头条有关报道改写）

3. 出资。《中华人民共和国公司法》第二十七条规定：“股东可以用货币出资，也可以用实物、知识产权、土地使用权等可以用货币估价并可以依法转让的非货币财产作价出资；但是，法律、行政法规规定不得作为出资的财产除外。对作为出资的非货币财产应当评估作价，核实财产，不得高估或者低估作价。法律、行政法规对评估作价有规定的，从其规定。”若股东以数据资产作价出资，就需要对数据资产进行价值评估。

4. 许可使用。企业通过普通许可、独占许可、排他许可等方式将数据资产许可其他单位或个人使用，可以委托资产评估机构评估许可费率。

5. 企业改制。企业改制是指企业整体或部分改建为有限责任公司或股份有限公司。通常所说的企业公司制改制是指国有企业改制为有限责任公司。在改制过程中，需要对国有企业的资产、负债进行评估，以确定在改制后的有限责任公司中国有资本金的金额。若国有企业存在数据资产，无论该数据资产是否在报表中反映，均应作为评估对象进行评估，否则就会导致国有资产流失。

在有限责任公司改制为股份有限公司的过程中，同样需要对改制前的有限责任公司进行评估，若该有限责任公司存在数据资产，该数据资产同样需要评估。

资产评估师应注意，出于谨慎性原则的要求，企业会计师在会计核算中，对企业在日常生产经营活动中生成的数据资源所发生的支出往往作为费用处理，没有作为数据资产入账，也就未在财务报告中反映，这就导致委托评估的资产清单中往往不包含数据资产。如果资产评估师机械地按照企业提供的资产清单进行评估，就可能将企业存在的数据资产漏评，导致国有资产（或企业原有股东的资产）流失，给国家或企业原有股东带来损失。因此，资产评估师在从事企业改制评估业务中，首先，应分析该企业在日常生产经营活动中是否会积累数据资源，如果有数据资源，这些数据资源在企业生产经营过程中发挥什么作用，是否成为重要的生产要素。若数据资源是企业不可或缺的重要的生产要素，资产评估师就必须考虑将这些数据资源按照资产进行估值。其次，了解企业数据资源的会计处理，是资本化为数据资产还是作为费用计入当期损益。资产评估师应审阅资产清查明细表，了解数据资产是否列入评估范围。资产评估师可要求企业对其拥有数据资源以及数据资源会计政策进行书面说明。最后，数据资源的评估情况要形成完整的工作底稿。无论该企业是否拥有数据资源，无论企业拥有的数据资源是否形成数据资产，同时无论数据资产是否有价值，资产评估师一定要谨慎对待数据资产（资源）的评估，形成具有说服力的评估工作底稿，以支持对数据资产发表的意见。

6. 财务报告。根据《企业数据资源相关会计处理暂行规定》，企业拥有的以自用为主要目的的数据资产，按照存货进行核算；企业拥有的以出售为主要目的的数据资产，按照无形资产进行核算。对于按照存货核算的数据资产，根据《企业会计准则第 1 号——存货》的有关规定，在资产负债表日，数据资产应当按照成本与可变现净值孰低计价，若数据资产的可变现净值低于其成本，则应计提存货跌价准备。对于按照无形资产核算的数据资产，按照《企业会计准则第 6 号——无形资产》《企业会计准则第 8 号——资产减值》的有关规定，企业应当在资产负债表日判断数据资产是否存在可能发生减值的迹象，若数据资产存在减值迹象，应当估计其可收回金额。数据资产的可收回金额根据其公允价值减去处置费用后的净额与数据资产预计未来现金流量的现值两者之间较高者确定。因此，当企业拥有的数据资产进入资产负债表后，就需要在年末确定数据资产的可变现净值或公允价值、未来现金流量的现值等数据，以判断是否需要计提数据资产的跌价准备或减值准备。数据资产的可变现净值、公允价值、未来现金流量的现值等数据的估算，可以由企业自行进行，企业也可以将上述数据资产价值估算的工作委托给资产评估机构。若资产评估机构接受委托，从事了数据资产的可变现净值、公允价值、未来现金流量的现值等数据资产价值的估算工作，该工作就属于基于财务报告目的的评估业务，资产评估师就应遵照《以财务报告为目的的评估指南》的要求从事该项评估业务。

7. 司法。资产评估可以为涉案数据资产提供价值评估服务，资产评估结论是司法立案、审判、执行的重要依据。基于司法目的的评估主要有两种，一种是侵权（损害）损失数额的评估，另一种是拟拍卖、变卖数据资产的处置价值的评估。

（1）侵权（损害）损失数额的评估。由于数据资产流动性强、易复制，因此很容易被窃取、恶意使用，给数据资产的所有权人、持有权人等相关权利人带来损失。一旦数据资产所有权人、持有权人发现被侵权而诉诸法律，则侵权人就会面临因侵权给数据资产所有权人、持有权人带来的损失进行赔偿。由于侵权带来损失的鉴定较为复杂，法院往往会将侵权带来损失的估算工作委托给资产评估机构，资产评估机构出具的评估结论将作为法院判决的重要依据。在此类评估业务中，资产评估师要分析由于数据资产被盗用，给数据资产所有权人、持有权人等相关权利人带来多大损失，这些损失可能体现为与数据资产相关产品的销售量减少、市场占有率降低、销售利润率降低而导致的利润减少，也可能直接体现为数据资产许可使用费的减少。资产评估师分析侵权人因非法使用数据资产而实现了多少非法收益，给数据资产的所有权人、持有权人等相关权利人的利益带来多少损失，以确定侵权人给数据资产所有权人、持有权人等相关权利人应支付的赔偿金额。

（2）拟拍卖、变卖数据资产的处置价值的评估。例如，在企业破产清算过程中，破产企业的财产包括数据资产，为确定数据资产变现价值，需进行价值评估，为法院在司法执行中确定数据资产处置价格提供专业意见。

数据资产评估的目的多种多样，同一项数据资产在不同的评估目的下其价值往往不同，甚至相差很大。资产评估师在数据资产评估执业过程中，一定要根据资产评估目的分析数据资产应用场景，分析在特定场景下数据资产的成本、收益和可能的交易价格。这是资产评估师顺利完成数据资产评估业务的关键环节。

四、数据资产评估原则

数据资产评估原则是指数据资产评估的行为规范，是调节资产评估当事人（资产评估委托人、资产评估主体以及资产评估业务其他相关当事人）各方关系、处理评估业务的行为准则。资产评估的原则包括数据资产评估的工作原则和数据资产评估的经济技术原则两个方面。

（一）数据资产评估的工作原则

数据资产评估的工作原则是指资产评估师在数据资产评估执业过程中需要遵循的基本原则。

1. 独立性原则。资产评估中的独立性原则包含两个方面的含义：第一，资产评估机构本身应该是一个独立的、不依附于其他个人或单位的社会公正性中介组织，在利益和利害关系上与资产业务各方当事人没有任何联系。第二，资产评估机构和资产评估师在执业过程中应始终坚持独立的第三者地位，资产评估工作不受委托人意图以及外界压力的影响，进行独立公正的评估。独立性是资产评估的立足之本，是资产评估的生命。如果资产评估失去了独立性，该行业也就失去了存在的意义。

2. 客观公正性原则。客观公正性原则是指资产评估应以事实为依据，经过实事求是的分析和研究，得出能够反映客观情况的评估结论。资产评估师不能以自己的好恶或其他个人的情感进行评估。客观公正性原则要求资产评估所依据的数据资料要真实可靠，资产评估过程中必要的预测、推断等主观判断应建立在市场和现实的基础之上。资产评估结论是资产评估师经过认真调查研究，进行合乎逻辑的分析、推理得出的，是具有事实依据和数据支撑的评估结论。

3. 科学性原则。科学性原则要求资产评估机构和资产评估师必须遵循科学的评估标准，以科学的态度制定评估方案，并采用科学的评估方法进行资产评估。在整个资产评估工作中，必须把主观评价与客观测算、静态分析与动态分析、定性分析与定量分析有机地结合起来，使资产评估工作做到科学合理、真实可靠。

（二）数据资产评估的经济技术原则

数据资产评估的经济技术原则是指资产评估师在数据资产评估执业过程中需要遵循的经济思想和技术规范。

1. 预期收益原则。数据资产之所以有价值，是因为数据资产未来能为其所有权人、持有权人或其他权利持有人带来经济利益。数据资产价值的高低主要取决于能带来多少预期的收益。数据资产预期收益越多，其价值就越高。若一项数据资产预期收益为零或没有预期收益，该项数据资产的价值就应该为零，或者就不应该作为资产进行评估。预期收益原则是资产评估师判断数据资产价值的一个最基本的依据。在评估实务中，即使资产评估师采用成本法评估数据资产的价值，也应该对数据资产的预期收益进行分析，在确信该项数据资产存在预期收益、确实存在价值的情况下，才可以采用成本法对数据资产的价值进行估值。

2. 贡献原则。贡献原则是指数据资产价值量的大小，取决于它对企业整体价值贡献的多少，或者说，数据资产价值量的大小，取决于当企业缺少该项数据资产时将蒙受的损失的大小。贡献原则是将数据资产放在一个特定企业中，根据数据资产对该企业整体价值的贡献判断其价值。例如，某项数据资产是企业生产经营活动不可或缺的，企业离开了该项数据资产其经营活动就不能正常开展，可以断定该企业的未来盈利中一部分是该项数据资产带来的，那么该项数据资产对企业整体价值是有贡献的，该数据资产是有价值的，可以作为资产进行评估。当某项数据资产是企业资产的重要组成部分，对该项数据资产进行估值，就要遵守贡献原则。贡献原则是预期收益原则的一种补充和具体化。

3. 替代原则。替代原则是指在数据交易市场上，具有相同使用价值和质量的数据资产，应有大致相同的交换价值。在数据市场上，同类型数据资产的成交价格对被评估数据资产的评估值有非常大的影响。在数据资产评估中，存在着成交案例数据、评估参数、评估方法等的合理替代问题，正确运用替代原则是公正进行数据资产评估的重要保证。

4. 供求原则。供求原则是经济学中关于供求关系影响商品价格原理的概括。假定在其他条件不变的前提下，商品价格会随着需求的增长而上升，随着供给的增加而下降。尽管商品价格随供求变化并不成固定比例关系，但变化的方向都带有这种规律。供求规律对商品价格形成的作用力同样适用于数据资产价值的评估，数据资产的价值受数据交易市场上同类型数据供求状况的影响，资产评估师在判断数据资产价值时也应充分考虑和依据供求原则，充分考虑数据市场上同类型数据的供求情况对该项数据资产评估值的影响。

5. 评估时点原则。数据资产评估中，必须假定市场条件固定在某一时点，这一时点就是评估基准日。评估基准日为数据资产评估提供了一个时间基准。

第三节　数据资产评估程序、价值类型和评估方法

一、数据资产评估程序

数据资产评估程序是指执行数据资产评估业务所履行的系统性工作步骤，是数据资产评估工作从开始准备到最后结束的工作顺序。正确履行资产评估程序是保证数据资产评估工作质量的重要手段。《资产评估基本准则》指出“资产评估机构及其资产评估专业人员开展资产评估业务，履行下列基本程序：明确业务基本事项、订立业务委托合同、编制资产评估计划、进行评估现场调查、收集整理评估资料、评定估算形成结论、编制出具评估报告、整理归集评估档案。资产评估机构及其资产评估专业人员不得随意减少资产评估基本程序。”资产评估师从事数据资产评估业务，要按照资产评估准则的要求，依据数据资产的特点，履行资产评估程序，保障数据资产评估工作质量。

数据资产评估过程是资产评估机构及其资产评估师向委托人提供资产评估专业服务的过程。第一，资产评估机构及其资产评估师提供的是专业的服务，意味着资产评估机构及其资产评估师具有从事数据资产评估服务的专业胜任能力，其专业胜任能力得到了法律和社会公众的认可。第二，资产评估机构及其资产评估师为了持续获得法律和社会公众的认可，必须保持专业胜任能力，通过持续的学习和实践保持和提升专业胜任能力。第三，为了确保资产评估机构及其资产评估师提供专业的资产评估服务，资产评估机构在执业过程中必须严格遵守资产评估法律法规和资产评估准则，这是衡量资产评估活动是否具有专业性的准绳。第四，只有资产评估机构及其资产评估师才能提供资产评估专业服务，其他的估值机构尽管也能从事估值服务，也可能该估值服务的方法程序与资产评估类似，但是该估值服务不能称为资产评估。

数据资产评估程序相关内容将在本书第六章进行详细介绍。

二、数据资产评估价值类型

数据资产评估的价值类型是指资产评估结果的价值属性及其表现形式。它是对资产评估的一个质的规定。不同的价值类型从不同的角度反映资产评估价值的属性和特征。不同属性的价值类型所代表的资产评估价值不仅在性质上是不同的，而且在数量上往往也存在较大差异。所以资产评估师要合理选择和确定价值类型。根据《资产评估价值类型指导意见》的规定，资产评估价值类型分为市场价值和市场价值以外的价值。

（一）市场价值

市场价值是指自愿买方和自愿卖方在各自理性行事且未受任何强迫的情况下,评估对象在评估基准日进行正常公平交易的价值估计数额。根据市场价值的定义，市场价值应具有以下要件：

1. 自愿买方。指具有购买动机，没有被强迫进行购买的一方当事人。该购买者会根据现行市场的真实状况和现行市场的期望值进行购买，不会急于购买，也不会在任何价格条件下都决定购买，即不会付出比市场价格更高的价格。

2. 自愿卖方。指既不准备以任何价格出售或被迫出售，也不会因期望获得被现行市场视为不合理的价格而继续持有资产的一方当事人。自愿卖方期望在进行必要的市场营销之后，根据市场条件以公开市场所能达到的最高价格出售资产。

3. 评估基准日。指市场价值是某一特定日期的时点价值，仅反映了评估基准日的真实市场情况和条件，而不是评估基准日以前或以后的市场情况和条件。

4. 以货币单位表示。市场价值是在公平的市场交易中，以货币形式表示的资产的交换价值，通常以本国货币表示。

5. 公平交易。指在没有特定或特殊关系的当事人之间的交易，即假设在互无关系且独立行事的当事人之间的交易。

6. 资产在市场上有足够的展示时间。指资产应当以最恰当的方式在市场上予以展示，不同资产的具体展示时间应根据资产的特点和市场条件而有所不同，但该展示时间应当使该资产能够引起足够数量的潜在购买者的注意。例如，数据产品在数据交易所平台上进行展示。

7. 当事人双方各自精明，理性行事。指自愿买方和自愿卖方都合理地知道资产的性质和特点、实际用途、潜在用途以及评估基准日的市场情况，并假定当事人都根据上述知识为自身利益而决策，理性行事以争取在交易中为自己获得最好的价格。

8. 估计数额。指资产的评估价值是一个估计值，而不是预定的价值或真实的交易价格。是资产在评估基准日，在满足市场价值定义的其他因素的条件下资产最有可能实现的价格。

若数据资产评估业务符合以下三个条件，资产评估师就应采用市场价值类型。

1. 资产评估活动依据的市场符合公开市场的条件。

2. 数据资产在未来能够最有效使用，属于最高最佳使用状态。

3. 资产评估模型各项参数的取值依据是公开市场信息。

（二）市场价值以外的价值

凡不符合市场价值定义条件的资产评估价值类型都属于市场价值以外的价值。市场价值以外的价值不是一种具体的资产评估价值存在形式，而是一系列不符合市场价值定义的价值类型的总称。数据资产评估中，可能采用的市场价值以外的价值类型包括在用价值、投资价值、残余价值、清算价值、抵押价值等。资产评估师在数据资产评估中采用了市场价值以外的价值类型，就需要在评估报告中对该价值类型进行定义。本书对数据资产评估中较常采用的在用价值进行分析说明。

《资产评估价值类型指导意见》指出“在用价值是指将评估对象作为企业、资产组组成部分或者要素资产按其正在使用方式和程度及其对所属企业、资产组的贡献的价值估计数额。”该指导意见同时规定了在用价值使用的条件，“执行资产评估业务，评估对象是企业或者整体资产中的要素资产，并在评估业务执行过程中只考虑了该要素资产正在使用的方式和贡献程度，没有考虑该资产作为独立资产所具有的效用及在公开市场上交易等对评估结论的影响，通常选择在用价值作为评估结论的价值类型。”在数据资产评估中，若数据资产作为企业资产的组成部分进行评估，而不是将数据资产作为一项独立的资产进行评估，在该项评估业务中，资产评估师就应采用在用价值这种市场价值以外的价值类型。

资产评估师在使用在用价值时应注意两点：第一，当资产评估价值类型为在用价值时，数据资产只能是作为企业或整体资产中的要素资产而不是独立交易的资产。数据资产作为特定企业资产整体中的一项要素资产，其作用的发挥受限于特定企业的规模、技术水平、管理水平等因素，不一定能发挥该项数据资产的最大价值，其评估值往往低于数据资产作为一项独立的资产进行交易的价值。数据资产作为一项独立资产进行交易，买家能最大限度地发挥数据资产的效用，其评估值一般是充分发挥数据资产效用的“最高最佳”状态的价值。第二，数据资产的在用价值是将数据资产作为一项要素资产，按其正在使用的方式和程度继续使用，数据资产的价值是由其对企业或整体资产的贡献决定的。数据资产的在用价值是该项数据资产在特定用途下对特定使用者的价值，因此该价值非市场性的，不属于市场价值，所以其价值类型只能是市场价值以外的一种价值类型，即在用价值。

在企业整体改制、整体出售等评估业务中，若该企业存在数据资产并能正常发挥作用，数据资产评估的价值类型就应选择在用价值。

[小资料 4-3]

市场价值和市场价值以外的价值

资产评估中的市场价值既是资产评估中的一类价值类型，同时也是资产评估的一种具体的价值形式。资产评估中的市场价值以外的价值，也是资产评估中的一类价值类型，但它不是资产评估中的一种具体的价值形式，它是市场价值以外的价值的所有资产评估价值形式的统称，在资产评估报告中的评估结论一般不宜直接使用市场价值以外的价值定义，而是使用市场价值以外的价值类型中的某一种具体的价值形式定义，如在用价值、投资价值和清算价值等。

（三）数据资产评估价值类型的选择

由于数据资产自身固有的特点，数据资产具有唯一性，同时由于数据要素市场正处于发展过程中，数据资产与房地产、机器设备相比，交易的活跃程度较低。因此资产评估师在确定数据资产评估价值类型时，不能拘泥于准则规定的条件。在数据资产评估业务中，只要待评估数据资产能够在数据要素市场进行正常交易，交易双方是独立的，交易条件是公平的，资产评估师就可以对该数据资产按照市场价值进行评估。如果不满足市场价值的条件，资产评估师就要考虑选择某种市场价值以外的价值进行评估。

三、数据资产评估方法

数据资产评估方法是指评定估算数据资产价值的途径和手段，是资产评估所运用的特定技术，是分析和判断数据资产价值的手段和思路。数据资产评估方法主要包括收益法、成本法和市场法等三种基本方法及其衍生方法。资产评估师在从事数据资产评估业务时，应恰当选择评估方法。资产评估师在选择评估方法时，应当充分考虑评估目的和价值类型、数据资产自身特点、不同评估方法的适用条件、评估方法应用所依据数据的质量和数量等影响评估方法选择因素，恰当选择评估方法。

资产评估师通过构建数据资产评估模型，进行评定估算，形成评估结论。首先，根据数据资产的特点构建适当的评估模型。模型构建后，利用仿真数据对模型运行测试，对运行过程和结果进行监测，对模型的合理性和有效性进行评价，并进一步完善模型。其次，根据待评估数据资产的相关信息确定评估模型参数。通常，评估模型中会包含多个参数，例如，收益法评估模型中的折现系数、收益期限等。当模型参数确定后，评估模型完成建立。所选的参数值应符合被评估数据资产自身特点、所处的市场条件以及未来的使用状态。此外，评估参数的取值要合理，要具有可追溯性。最后，使用所建立的评估模型，对数据资产进行评估。将数据输入评估模型中完成计算，最终得到评估结论。

资产评估结论是一个估算值，不是一个精确的结论，因为资产评估过程是资产评估师基于目前市场和未来收益对资产价值做的一个判断，未来具有一定的不确定性，对未来的判断也有一定的主观性，因此资产评估结论只能在一定程度上反映资产的真实（或客观）价值，无法做到评估结论的精确。

第四节　数据资产评估假设和评估基准日

一、数据资产评估假设

假设是依据有限事实，通过一系列推理，对于所研究的事物做出的合乎逻辑的假定说明。资产评估假设是指资产评估师依据现有知识和客观事实，根据事实及事物发展的规律与趋势，对评估结论的得出进行的合乎情理的推断或者假定。资产评估假设是评估结论成立的前提条件。

数据资产评估活动可能涉及多项评估假设，其中最重要的评估假设包括三类：即情景假设、市场条件假设和评估对象状况假设。

（一）资产评估情景假设

资产评估情景假设是指因为什么原因引起资产评估活动，资产评估活动在什么背景下进行。资产评估情景假设包括交易假设和非交易假设。

1. 交易假设。交易假设是资产评估得以进行的一个最基本的前提假设，交易假设是假定所有待评估资产已经处在交易过程中，资产评估师根据待评估资产的交易条件等模拟市场进行估价。资产评估一般都是在资产实施交易前进行的，而评估结论要作为交易过程中要价或出价的参考，评估结论属于交换价值范畴。所以利用交易假设在被评估资产实施交易之前将其置于“交易”当中，模拟市场进行评估。交易假设为进行资产评估创造了条件，也为资产评估限定了外部环境，即将资产置于市场交易中。例如，数据资产交易、抵押借款等评估业务就要遵循交易假设。

2. 非交易假设。资产评估业务不是基于交易目而使用的一种评估假设。如财务报告目的的数据资产评估业务就要遵循非交易假设。虽然非交易假设下的评估活动，其评估值的合理性无法通过市场交易的结果进行验证。但是，非交易假设下的评估业务，也有特定的评估目的，该评估目的也对应特定的市场条件，在特定的评估目的和特定的市场条件下数据资产的评估值也应该是合理的。

（二）资产评估市场条件假设

市场条件假设是在交易假设的基础上，进一步限定评估对象在何种市场条件下交易，包括公开市场假设和非公开市场假设。区分公开市场和非公开市场的基本要素有两个：其一是参与交易的市场主体的数量和地位；其二是交易时间是否充分。公开市场的条件是参与交易的市场主体的地位平等且数量众多，而且交易时间充分。在上述条件不能具备时，该市场就是非公开市场。

1. 公开市场假设。公开市场是指充分发达与完善的市场条件，指一个有众多自愿的买方和卖方的竞争性市场。在这个市场上，买方和卖方是平等的，彼此都有获取足够市场信息的机会和时间，买卖双方的交易行为都是自愿的、理智的，而非强制或受限制的条件下进行的。公开市场假设是假设公开市场存在，且被评估资产将要在这样一种公开市场中进行交易。公开市场假设假定市场是一个充分竞争的市场，资产的交换价值受市场机制的制约并由市场行情决定，而不是由个别交易决定。在公开市场假设下评估出的资产价值，反映的是资产的市场行情、社会认同，而不是个别交易的价值。例如，能够进入数据市场交易的数据资产，其价值评估活动遵循的假设就应该是公开市场假设。

2. 非公开市场假设。非公开市场假设是对于那些不能满足公开市场条件的所有其他市场条件的界定或假设说明的一种概括。例如，在企业改制评估中，企业拥有的数据资产的评估就要遵守非公开市场假设。

（三）评估对象状况假设

评估对象状况假设是对评估对象目前和可预见的将来的使用状况的一种限定和说明。包括持续使用假设和持续经营假设。单项资产评估使用持续使用假设，整体资产评估使用持续经营假设。

持续使用假设是指设定被评估资产正处于使用状态（包括正在使用和备用），根据有关数据和信息推断这些资产还将继续使用下去。如在企业改制评估中，企业拥有的数据资产的评估就要遵守持续使用假设。

在资产评估业务中有可能存在非持续使用和非持续经营的状况，如面临破产清算的企业以及面临拍卖的资产，这种状况资产评估师需要关注。

（四）其他假设

1. 资产评估环境假设。资产评估环境假设包括宏观环境假设和微观环境假设。

宏观环境假设是对国家产业经济政策、税收货币政策、价格利率汇率政策等对资产评估影响较大的具有全局性的外部因素，以及行业竞争、企业竞争等市场竞争因素的界定或假定性说明。例如，某数据资产评估报告中有关宏观经济环境稳定假设可以具体描述为：除已经出台的政策，在可以预见的将来，我国的宏观经济政策趋向平稳，税收、利率、物价水平基本稳定，国民经济持续、稳定、健康发展的态势不变。

微观环境假设是对资产评估面临的具体条件的界定或假定说明。信息资料来源的可靠性、数据资料的完整性和真实性等。例如，假定委托人、产权持有人提供的数据资料是合法的、完整的、真实的、可靠的。但是资产评估师要注意该假设不能免除资产评估师核查验证评估资料的义务。

2. 资产利用程度假设。资产利用程度假设包括最高最佳使用假设（正常使用假设）和非正常使用假设。最高最佳使用假设（正常使用假设）是指法律上允许、技术上可能、经济上可行的前提下，经过充分合理的论证，实现最高价值的使用。凡不能达到最高最佳使用状况的都称为非正常使用。

3.其他假设。如无其他人力不可抗拒或不可预见因素造成重大不利影响或损失等。

评估假设是客观存在的，资产评估师要根据评估业务需要设定多项假设。

资产评估假设是形成资产评估理论和方法的假设条件，也是资产评估结论成立的前提条件。任何资产评估业务都有假设，数据资产评估业务也不例外。在数据资产评估中，资产评估师首先要确定资产评估的场景，即数据资产在什么样的应用场景下使用，同样一项数据资产，其应用场景不同，其价值相差很大。其次要判断数据资产拟进入的市场，是公开市场还是非公开市场，不同的市场条件，市场参与者的数量不同，对数据资产的了解程度也不同，因此在不同的市场条件下，交易的参与者对数据资产的价值判断也存在差异。最后是数据资产的使用状态，持续使用状态和清算状态对数据资产价值的判断也会存在较大的差异。因此在数据资产评估业务中，资产评估师要合理确定资产评估假设，并披露资产评估假设对资产评估过程和资产评估结论的影响。数据资产评估报告的使用者也需要了解资产评估结论是在一定的资产评估假设下作出的，如资产评估假设发生变化，其评估结论就会失效，要避免数据资产评估报告使用人误用资产评估报告。

二、数据资产评估基准日

评估基准日是指确定资产价值的基准时间。确定评估基准日对数据资产评估来讲尤其重要，数据资产评估的对象“数据”不是一般意义上的数据，而是“大数据”，大数据三大特点中第一个特点就是“数据量大”，数据量越大，数据资产价值也就越高。数据资产与实物资产和其他无形资产相比，随着时间的推移，数据资产的数据量持续增加，甚至加速增加，使数据资产的价值持续上升。所有数据资产评估中，一定要明确资产评估基准日，即数据资产在某年某月某日的价值。这也就避免了对数据资产价值的误判和误用，也有利于资产评估报告使用者更好地理解数据资产评估结论。

资产评估要素是一个有机整体，它们之间相互依托，相辅相成，缺一不可，而且它们也是保证资产评估价值合理性和科学性的重要条件。

第五章　数据资产评估法规与标准

《资产评估法》规定："评估机构及其评估专业人员开展业务应当遵守法律、行政法规和评估准则。"资产评估机构和资产评估师在从事数据资产评估业务时，要遵守相关法律、行政法规、地方性法规、部门规章以及地方政府规章等规定，依法依规从事数据资产评估业务。数据资产评估法规与标准是资产评估机构和资产评估师的执业依据，也是资产评估监管机构衡量执业质量、判断执业责任的标准。

[小资料 5-1]

北京市财政局对××资产评估事务所进行行政处罚

根据《中华人民共和国资产评估法》有关规定，北京市财政局派出检查组对××资产评估事务所出具的××评字〔2021〕第 B343 号、××评字〔2021〕第 VF570 号等两份资产评估报告实施了专项检查。查出的主要问题和行政处罚决定如下：

经抽查，××资产评估事务所出具的××评字〔2021〕第 B343 号资产评估报告存在评估专业人员未对评估对象进行现场调查、未对权属证明文件进行核查验证、未对资产评估明细表及其他重要资料进行确认等问题，属于重大遗漏的评估报告，获取业务收入 2300 元；××资产评估事务所出具的××评字〔2021〕第 VF570 号资产评估报告存在评估方法选择不合理、用作参照物的交易实例选择不合理、部分资产评估值明显不合理等问题，属于重大遗漏的评估报告，获取业务收入 50000 元。

上述行为违反《中华人民共和国资产评估法》第十三条第（四）项、第二十五条以及《资产评估基本准则》第十三条，《资产评估执业准则——机器设备》第十六条、第十七条，《资产评估执业准则——资产评估程序》第十四条、第十九条和第二十一条，《资产评估执业准则——资产评估方法》第二十二条，《资产评估执业准则——不动产》第十八条等规定。

根据《中华人民共和国资产评估法》第四十七条第一款第（六）项规定，北京市财政局于 2023 年 1 月 11 日决定给予××资产评估事务所警告，责令停业六个月，没收违法所得 52300 元（上述两个资产评估项目业务收入合计金额），并处以违法所得 5 倍罚款 261500 元的行政处罚。

（摘自北京市财政局官网行政处罚决定书京财监督〔2023〕97 号并删改）

第一节　数据资产评估法律法规

一、数据资产评估法律

数据资产评估法律包括规范资产评估主体的法律和规范资产评估对象即数据资产的法律。规范资产评估主体的法律主要包括《资产评估法》《企业国有资产法》等。规范数据资产的法律主要包括《民法典》《数据安全法》《个人信息保护法》《反不正当竞争法》《网络安全法》等。数据资产评估相关法律统计表见表 5-1。

表 5-1　数据资产评估相关法律统计表

序号	法律名称	制定机关	施行时间
1	《中华人民共和国民法典》	全国人民代表大会	2021 年 1 月 1 日
2	《中华人民共和国资产评估法》	全国人民代表大会常务委员会	2016 年 12 月 1 日
3	《中华人民共和国网络安全法》	全国人民代表大会常务委员会	2017 年 6 月 1 日
4	《中华人民共和国反不正当竞争法》	全国人民代表大会常务委员会	2019 年 4 月 23 日
5	《中华人民共和国企业国有资产法》	全国人民代表大会常务委员会	2009 年 5 月 1 日
6	《中华人民共和国数据安全法》	全国人民代表大会常务委员会	2021 年 9 月 1 日
7	《中华人民共和国个人信息保护法》	全国人民代表大会常务委员会	2021 年 11 月 1 日

（根据国家法律法规数据库整理）

在这里主要对《资产评估法》和《数据安全法》进行介绍。

（一）《资产评估法》介绍

2016 年 7 月 2 日第十二届全国人民代表大会常务委员会第二十一次会议通过《资产评估法》。《资产评估法》包括总则、评估专业人员、评估机构、评估程序、行业协会、监督管理、法律责任、附则八个部分。

在总则部分，明确了立法目的，对资产评估进行了定义，提出了自愿评估和法定评估，规定了开展评估业务的原则要求，对评估专业人员、评估协会和评估行政管理部门进行了规定。《资产评估法》对资产评估概念进行了定义，提出资产评估是指评估机构及其评估专业人员根据委托对不动产、动产、无形资产、企业价值、资产损失或者其他经济权益进行评定、估算，并出具评估报告的专业服务行为。数据资产属于无形资产或存货范畴，数据资产评估就属于无形资产评估或动产评估的一个分支。《资产评估法》首次规定了法定评估和自愿评估。该法提出涉及国有资产或者公共利益等事项以及法律、行政法规规定需要评估的称为法定评估，其他资产评估业务为自愿评估。法定评估和自愿评估在执业要求和报告签字等方面存在一定的差异。《资产评估法》提出："评估机构及其评估专业人员开展业务应当遵守法律、行政法规和评估准则，遵循独立、客观、公正的原则。"强调了资产评估师从事资产评估活动要合法，要遵守法律、行政法规和资产评估准则。资产评估准则属于资产评估行业规范，是由资产评估行业行政主管部门和资产评估协会制定的，得到了《资产评估法》的认可，提升了资产评估准则的强制性。该法强调了资产评估的基本道德规范即"独立、客观、公正"，资产评估师需要深入理解其含义，推动资产评估行业健康快速发展。

在评估专业人员部分，规定了评估专业人员和评估师的概念、权利、义务。《资产评估法》提出："评估师是指通过评估师资格考试的评估专业人员。国家根据经济社会发展需要确定评估师专业类别。"《资产评估法》规定了资产评估师的权利和义务，同时规定了资产评估师执业行为负面清单，规定了资产评估师在执业过程中不得出现的行为。这些规定，使资产评估师的合法执业活动得到了保护，降低了执业风险。同时也对执业过程提出了要求，有利于保证执业质量、提升资产评估师执业水平，促进资产评估行业健康发展。

在评估机构部分，规定了评估机构的设立、质量控制、职业风险防范机制等。

在评估程序部分，规定了评估委托合同、现场调查、评估报告及使用、评估报告异议等。

在行业协会部分，规定了评估行业协会的职责、会员的权利义务、沟通协作和信息共享机制等。

在监督管理部分，规定了监督管理机构、对评估机构和人员实施监督以及对评估行业协会实施监督检查等。

在法律责任部分，规定了评估专业人员、评估机构、委托人、评估行业协会、行政管理部门的责任。

在附则部分，规定该法自 2016 年 12 月 1 日起施行。

《资产评估法》是规范资产评估机构和资产评估师执业行为的最高层次的法律，无论何种资产评估主体、何种资产评估业务都要遵守《资产评估法》，数据资产评估业务属于新兴的资产评估业务类型，相关评估标准仍在不断完善中，资产评估师更要根据《资产评估法》的要求，正确履行数据资产评估程序，谨慎从事数据资产评估业务。

（二）《数据安全法》介绍

2021 年 6 月 10 日第十三届全国人民代表大会常务委员会第二十九次会议通过了《数据安全法》。《数据安全法》包括总则、数据安全与发展、数据安全制度、数据安全保护义务、政务数据安全与开放、法律责任和附则共七个部分。

在总则部分，明确了立法目的，对数据进行了定义，提出了总体国家安全观，对数据安全管理工作进行了顶层设计，明确了各责任主体及其职责，规范了数据处理活动的准则。该法对数据进行了定义，提出数据是“指任何以电子或者其他方式对信息的记录。”该法鼓励并保护数据流动，提出：“国家保护个人、组织与数据有关的权益，鼓励数据依法合理有效利用，保障数据依法有序自由流动，促进以数据为关键要素的数字经济发展。”

在数据安全与发展部分，规定了大数据战略与数字经济、数据技术和产品、数据标准体系建设、数据交易管理制度等。

在数据安全制度部分，规定了分级分类制度、监测预警制度、应急处置制度、安全审查制度等。该法规定：“国家建立数据分类分级保护制度，根据数据在经济社会发展中的重要程度，以及一旦遭到篡改、破坏、泄露或者非法获取、非法利用，对国家安全、公共利益或者个人、组织合法权益造成的危害程度，对数据实行分类分级保护。”在数据资产评估业务中，资产评估师应该关注数据资产的安全级别，分析数据资产是否适合作为评估对象进行评估。

在数据安全保护义务部分，规定了数据安全风险监测与处置、重要数据风险评估制度、重要数据出境安全管理、数据交易服务要求等。该法规定：“从事数据交易中介服务的机构提供服务，应当要求数据提供方说明数据来源，审核交易双方的身份，并留存审核、交易记录。”在数据资产评估业务中，资产评估师作为数据资产交易的当事人之一，应该关注数据资产来源的合法性，关注交易业务的合法性，从资产评估角度为数据安全把关。

在政务数据安全与开放部分，规定了国家机关收集使用数据和数据安全保护义务、政务数据公开的原则、政务数据开放等。

在法律责任部分，规定了数据安全监管职责的履行、违反数据安全保护义务责任的承担等。

在附则部分，规定了涉及国家秘密的数据处理活动、军事数据安全保护等，规定该法自 2021 年 9 月 1 日起施行。

《数据安全法》是数据领域最高层次的法律，是资产评估机构、资产评估师从事数据资产评估业务的依据。《数据安全法》直接指导了数据资产评估业务，规定了从事数据资产评估业务必须保障数据安全。资产评估机构和资产评估师在数据资产评估执业过程中执行《数据安全法》，能够规避或降低执业风险，提升数据资产评估执业质量。

二、数据资产评估行政法规

国务院颁布的数据资产评估行政法规包括《国有资产评估管理办法》《企业国有资产监督管理暂行条例》《中华人民共和国政府信息公开条例》（以下简称为《政府信息公开条例》）等。

数据资产评估相关法规统计表见表 5-2。

表 5-2　数据资产评估相关法规统计表

序号	法律名称	制定机关	施行时间
1	《企业国有资产监督管理暂行条例》	国务院	2019 年 3 月 2 日
2	《中华人民共和国政府信息公开条例》	国务院	2019 年 5 月 15 日
3	《国有资产评估管理办法》	国务院	2020 年 11 月 29 日

（根据国家法律法规数据库整理）

在这里主要对《国有资产评估管理办法》和《政府信息公开条例》进行介绍。

（一）《国有资产评估管理办法》介绍

1991 年 11 月 16 日中华人民共和国国务院令第 91 号公布《国有资产评估管理办

法》，该办法在 2020 年 11 月 29 日根据《国务院关于修改和废止部分行政法规的决定》进行了修订。该项行政法规是我国国有资产评估制度基本形成的重要标志。

1. 规定了国有资产占有单位发生的需要进行资产评估的经济行为。包括资产拍卖、转让；企业兼并、出售、联营、股份经营；与外国公司、企业和其他经济组织或者个人开办外商投资企业；企业清算；依照国家有关规定需要进行资产评估的其他情形。上述这些经济行为引发的资产评估就属于法定评估。

2. 规定了国有资产评估的程序。国有资产评估程序包括申请立项、资产清查、评定估算、验证确认等。国有资产评估程序的规定，保障了资产评估业务的规范性。

3. 规定了国有资产评估方法。国有资产评估方法包括收益现值法、重置成本法、现行市价法、清算价格法以及国务院国有资产管理行政主管部门规定的其他评估方法。资产评估方法的规定，保障了资产评估方法选择的科学性和评估结论的合理性。

4. 对违反《国有资产评估管理办法》的法律责任进行了规定。

国有资产占有单位发生的需要进行资产评估的经济业务涉及数据资产，需要对数据资产的价值进行评估，数据资产评估活动的程序、方法等的选择就要符合《国有资产评估管理办法》的规定。

（二）《政府信息公开条例》介绍

2007 年 4 月 5 日中华人民共和国国务院令第 492 号公布了《政府信息公开条例》，2019 年 4 月 3 日中华人民共和国国务院令第 711 号对该条例进行了修订。

1. 该条例对政府信息的概念和公开的原则进行了规定。对政府信息的概念进行了定义，提出：“政府信息是指行政机关在履行行政管理职能过程中制作或者获取的，以一定形式记录、保存的信息。”同时规定了政府信息公开的原则，提出：“行政机关公开政府信息，应当坚持以公开为常态、不公开为例外，遵循公正、公平、合法、便民的原则。”政府信息不一定都是政务数据，但是政务数据是政府信息重要的组成部分，政府信息公开的原则对政务数据的公开、流通、使用产生了极大的推动作用。

2. 该条例对政府信息公开的主体和公开的形式进行了规定。提出行政机关制作的政府信息，由制作该政府信息的行政机关负责公开；行政机关从公民、法人和其他组织获取的政府信息，由保存该政府信息的行政机关负责公开；行政机关获取的其他行政机关的政府信息，由制作或者最初获取该政府信息的行政机关负责公开。行政机关公开政府信息，采取主动公开和依申请公开的方式，并且对不予公开、予以公开的政府信息进行了说明。

3. 对主动公开的政府信息的内容和公开的途径进行了规定。

4. 对依申请公开的政府信息进行了规定。提出："除行政机关主动公开的政府信息外，公民、法人或者其他组织可以向地方各级人民政府、对外以自己名义履行行政管理职能的县级以上人民政府部门（含派出机构、内设机构）申请获取相关政府信息。"

5. 建立政府信息公开监督和保障机制。政务数据是政府信息的重要组成部分，而政务数据又是大数据的核心，因而《政府信息公开条例》对政务数据的公开和有效利用起到了极大的保障作用。政府信息公开的内容、形式和途径对政务数据价值评估有很大影响，《政府信息公开条例》是政务数据价值评估的重要标准和依据。

（三）中共中央、国务院发布的与数据相关的文件介绍

为了充分发挥数据在数字经济领域的重要作用，中共中央、国务院发布了一系列促进大数据发展的文件，这些文件对数据资产评估事业发展具有极大的促进作用，在这里一并介绍。

1.《关于构建数据基础制度更好发挥数据要素作用的意见》。2022 年 12 月 2 日中共中央、国务院发布了《关于构建数据基础制度更好发挥数据要素作用的意见》（以下简称为《数据二十条》），《数据二十条》提出要"建立保障权益、合规使用的数据产权制度""建立合规高效、场内外结合的数据要素流通和交易制度""建立体现效率、促进公平的数据要素收益分配制度""建立安全可控、弹性包容的数据要素治理制度"。通过建立完善产权制度、流通和交易制度、收益分配制度和治理制度以搭建我国数据基础制度的"四梁八柱"，对推进我国数据基础制度建设，充分发挥数据价值，赋能实体经济发展有极大的促进作用。《数据二十条》提出要有序培育包括资产评估在内的第三方专业服务机构，推动各部门和各行业完善包括价值评估标准在内的数据标准体系。《数据二十条》将对数据资产评估业务的发展、资产评估机构治理水平的提升以及数据资产价值评估标准的制定完善都有极大的保障作用。

2.《促进大数据发展行动纲要》。2015 年 8 月 31 日国务院发布了《促进大数据发展行动纲要》，该纲要分析了我国大数据发展的形势和加快发展大数据产业的重要意义，确立了"打造精准治理、多方协作的社会治理新模式。建立运行平稳、安全高效的经济运行新机制。构建以人为本、惠及全民的民生服务新体系；开启大众创业、万众创新的创新驱动新格局。培育高端智能、新兴繁荣的产业发展新生态。"等五项数据产业发展的基本目标。为了实现上述基本目标，提出了"加快政府数据开放共享，推动资源整合，提升治理能力。推动产业创新发展，培育新兴业态，助力经济转型。强化安全保障，提高管理水平，促进健康发展。”等建设任务。在《促进大数据发展行动纲要》中提出要“引导培育大数据交易市场，开展面向应用的数据交易市场试点，探索开展大数据衍生产品交易，鼓励产业链各环节市场主体进行数据交换和交易，促进数据资源流通，建立健全数据资源交易机制和定价机制，规范交易行为。”要加强“大数据产业公共服务”，为企业和用户提供包括“评估评价”在内的公共服务。《促进大数据发展行动纲要》积极推动了大数据产业的发展，同时也强调了为企业和用户提供所需的数据资产评估服务。《促进大数据发展行动纲要》的进一步实施将对数据资产评估事业产生极大的促进作用。

3.《“十四五”数字经济发展规划》。2021 年 12 月 12 日国务院印发了《“十四五”数字经济发展规划》，提出：“数字经济是继农业经济、工业经济之后的主要经济形态，是以数据资源为关键要素，以现代信息网络为主要载体，以信息通信技术融合应用、全要素数字化转型为重要推动力，促进公平与效率更加统一的新经济形态。”该规划强调了数据资源作为数字经济的关键要素，在数字经济发展中起着非常重要的作用。在《“十四五”数字经济发展规划》中规定了信息网络基础设施优化升级工程、数据质量提升工程、数据要素市场培育试点工程、重点行业数字化转型提升工程、数字化转型支撑服务生态培育工程、数字技术创新突破工程、数字经济新业态培育工程、社会服务数字化提升工程、新型智慧城市和数字乡村建设工程、数字经济治理能力提升工程和多元协同治理能力提升工程等 11 项专项工程。在“数据质量提升工程”中，提出要“推动数据资源标准化工作”，加快包含“数据资产评估”在内的国家标准研制工作。在“数据要素市场培育试点工程”中，提出要“培育发展数据交易平台”，构建包含“数据资产评估”在内的数据运营体系。数字经济的核心是数据资源，数据资源成为数据资产才能实现价值，数据资产通过交易才能发挥其价值，数据资产评估是数据交易平台不可或缺的组成部分，数据资产评估活动的正常开展需要相应的国家标准进行规范和保障。因此，随着《“十四五”数字经济发展规划》的落地和实施，数据资产评估活动将更加重要和更加规范。

4.《关于促进和规范健康医疗大数据应用发展的指导意见》。2016 年 6 月 21 日国务院办公厅印发了《关于促进和规范健康医疗大数据应用发展的指导意见》，对“夯实健康医疗大数据应用基础、全面深化健康医疗大数据应用、规范和推动互联网＋健康医疗服务、加强健康医疗大数据保障体系建设”有极大的促进作用。健康医疗大数据是国家重要的基础性战略资源，健康医疗大数据的合理使用，对提升疾病诊疗水平、保障人民健康有极大的促进作用。但健康医疗数据涉及个人信息，健康医疗数据的使用要严格遵守《个人信息保护法》，《关于促进和规范健康医疗大数据应用发展的指导意见》指出要“规范健康医疗大数据应用领域的准入标准，建立大数据应用诚信机制和退出机制，严格规范大数据开发、挖掘、应用行为。”资产评估机构从事健康医疗数据评估必须严格遵守《关于促进和规范健康医疗大数据应用发展的指导意见》规定，确保健康医疗数据评估业务合法合规进行。

5.《科学数据管理办法》。科学数据是重要的数据资产，充分发挥科学数据价值对推动经济高质量发展有非常重要的意义。2018 年 3 月 17 日国务院办公厅印发了《科学数据管理办法》，该办法规定了科研数据管理机构及其职责，对科研数据的“采集、汇交与保存、共享与利用、保密与安全”进行了规定。该办法规定：“法人单位应根据需求，对科学数据进行分析挖掘，形成有价值的科学数据产品，开展增值服务。鼓励社会组织和企业开展市场化增值服务。”该项规定对科学数据资源的产品化，以及提升科学数据资源服务社会的价值有较大的促进作用。同时鼓励资产评估机构从事科学数据产品的开发、价值评估等增值服务，有利于促进科学数据的交易和流通，更好地实现科学数据的价值。科学数据是大数据的重要组成部分，科学数据价值的发现，能加速科技成果转化，提升科技服务社会经济发展的能力。《科学数据管理办法》对科学数据的价值评估有极大的指导意义。

6.《全国一体化政务大数据体系建设指南》。2022 年 9 月 13 日国务院办公厅印发了《全国一体化政务大数据体系建设指南》，该指南的发布，强化了数据汇集融合，有利于数据共享开放和开发利用，促进数据依法有序流动，有力推动了全国统一的政务大数据的建立。在数据经济时代，数据是重要的生产要素，而政务数据是重要的数据资源，随着全国一体化政务大数据体系的建设，一方面能使政府的决策能力和服务能力得到质的提升，另一方面通过分析和挖掘政务数据资源，形成数据产品，将政务数据资源转化为数据资产，进而转化为数据资本和新的知识，这样将极大推动我国社会经济的发展。在政务数据流动中，资产评估机构和资产评估师可以发挥专业技能，挖掘政务数据资产的价值，使政务数据资源实现价值最大化。

三、数据资产评估相关地方性法规

为了促进当地数字经济的发展，部分省、自治区和直辖市以及地级市均结合各自的地区实际发展情况，颁布相关数据条例，不断推动数据的发展应用。

（一）省自治区直辖市制定的数据资产地方性法规

目前上海市、重庆市、四川省制定了“数据条例”，除涉及公共数据外，还涵盖了个人数据的相关规定，适用领域更广。陕西省、福建省、安徽省等制定了“大数据条例”，主要面向公共数据领域，有的省市公共数据命名为政务数据，但数据类型相似。部分省自治区直辖市“数据条例”制定情况统计见表 5-3。

表 5-3　部分省自治区直辖市“数据条例”制定情况统计表

序号	名称	制定机关	公布时间
1	《贵州省大数据发展应用促进条例》	贵州省人民代表大会常务委员会	2016 年
2	《天津市促进大数据发展应用条例》	天津市人民代表大会常务委员会	2018 年
3	《贵州省大数据安全保障条例》	贵州省人民代表大会常务委员会	2019 年
4	《海南省大数据开发应用条例》	海南省人民代表大会常务委员会	2019 年
5	《山西省大数据发展应用促进条例》	山西省人民代表大会常务委员会	2020 年
6	《贵州省政府数据共享开放条例》	贵州省人民代表大会常务委员会	2020 年
7	《吉林省促进大数据发展应用条例》	吉林省人民代表大会常务委员会	2020 年
8	《山西省政务数据管理与应用办法》	山西省人民代表大会常务委员会	2020 年
9	《上海市数据条例》	上海市人民代表大会常务委员会	2021 年
10	《山东省大数据发展促进条例》	山东省人民代表大会常务委员会	2021 年
11	《福建省大数据发展条例》	福建省人民代表大会常务委员会	2021 年
12	《安徽省大数据发展条例》	安徽省人民代表大会常务委员会	2021 年
13	《辽宁省大数据发展条例》	辽宁省人民代表大会常务委员会	2022 年
14	《陕西省大数据条例》	陕西省人民代表大会常务委员会	2022 年
15	《黑龙江省促进大数据发展应用条例》	黑龙江省人民代表大会常务委员会	2022 年
16	《重庆市数据条例》	重庆市人民代表大会常务委员会	2022 年
17	《四川省数据条例》	四川省人民代表大会常务委员会	2022 年
18	《广西壮族自治区大数据发展条例》	广西壮族自治区人大常务委员会	2022 年
19	《浙江省公共数据条例》	浙江省人民代表大会	2022 年

（根据国家法律法规数据库整理）

在这里主要对《上海市数据条例》进行介绍。2021 年 11 月 25 日上海市第十五届人民代表大会常务委员会第三十七次会议通过了《上海市数据条例》，该条例自 2022 年 1 月 1 日起施行。《上海市数据条例》的出台旨在保护自然人、法人和非法人组织与数据有关的权益，规范数据处理活动，促进数据依法有序自由流动，保障数据安全，加快数据要素市场培育，推动数字经济更好地服务和融入新发展格局。

在数据权益保障方面，《上海市数据条例》规定，依法保护自然人、法人和非法人组织在使用、加工等数据处理活动中形成的法定或者约定的财产权益，以及在数字经济发展中有关数据创新活动取得的合法财产权益。

在个人信息保护方面，《上海市数据条例》提出，在商场、超市、公园、景区、公共文化体育场馆、宾馆等公共场所，以及居住小区、商务楼宇等区域，不得以图像采集、个人身份识别技术作为出入该场所或者区域的唯一验证方式。此外，处理自然人生物识别信息的，应当具有特定的目的和充分的必要性，并采取严格的保护措施。处理生物识别信息应当取得个人的单独同意，处理者在提供产品或者服务时，不得以个人不同意处理其个人信息或者撤回同意为由，拒绝提供产品或者服务。

在公共数据方面，《上海市数据条例》规定，公共数据实行分类管理，上海市大数据中心应当根据公共数据的通用性、基础性、重要性和数据来源属性等制定公共数据分类规则和标准，明确不同类别公共数据的管理要求，在公共数据生命周期采取差异化管理措施。

在数据要素市场方面，《上海市数据条例》提出，深化数据要素市场化配置改革，制定促进政策，培育公平、开放、有序、诚信的数据要素市场，建立资产评估、登记结算、交易撮合、争议解决等市场运营体系，促进数据要素依法有序流动。

《上海市数据条例》将数据资产评估作为数据要素市场建设的重要组成部分，提出要探索构建数据资产评估指标体系，建立数据资产评估制度，反映数据要素的资产价值。该条例为数据资产评估制度的建立和数据资产评估指标体系的构建发挥了积极的推动作用。

（二）部分城市制定的数据资产地方性法规

为了促进当地数字经济的发展，根据《中华人民共和国立法法》（以下简称为《立法法》）和省、市、自治区数据条例，部分地级市人大常委会制定了市级数据条例，制定符合当地特点的数据管理条例，以规范当地的数据管理和流通，充分发挥数据资产的价值。部分城市“数据条例”制定情况见表 5-4。

表 5-4　部分城市数据条例制定情况统计表

序号	名称	制定机关	公布时间
1	《贵阳市政府数据共享开放条例》	贵阳市人民代表大会常务委员会	2017 年
2	《沈阳市政务数据资源共享开放条例》	沈阳市人民代表大会常务委员会	2020 年
3	《深圳经济特区数据条例》	深圳市人民代表大会常务委员会	2021 年
4	《贵阳市大数据安全管理条例》	贵阳市人民代表大会常务委员会	2021 年
5	《贵阳市健康医疗大数据应用发展条例》	贵阳市人民代表大会常务委员会	2021 年
6	《厦门经济特区数据条例》	厦门市人民代表大会常务委员会	2022 年
7	《抚顺市政务数据资源共享开放条例》	抚顺市人民代表大会常务委员会	2022 年
8	《苏州市数据条例》	苏州市人民代表大会常务委员会	2022 年

（根据国家法律法规数据库整理）

在这里主要对深圳市人大常委会制定的《深圳经济特区数据条例》、苏州市人大常委会制定的《苏州市数据条例》进行介绍。

1.《深圳经济特区数据条例》。2021 年 6 月 29 日深圳市第七届人民代表大会常务委员会第二次会议审议通过了《深圳经济特区数据条例》，该条例自 2022 年 1 月 1 日起施行。《深圳经济特区数据条例》是一部适用于深圳市数据资产评估业务的地方性法规，资产评估机构在深圳从事数据资产评估业务必须遵守《深圳经济特区数据条例》。《深圳经济特区数据条例》内容涵盖了个人数据、公共数据、数据要素市场、数据安全等方面，是国内数据领域首部基础性、综合性立法。

在个人数据方面，该条例提出："处理个人数据应当充分尊重和保障自然人与个人数据相关的各项合法权益。"同时处理个人数据要符合以下五项要求，即"处理个人数据的目的明确、合理，方式合法、正当；限于实现处理目的所必要的最小范围、采取对个人权益影响最小的方式，不得进行与处理目的无关的个人数据处理；依法告知个人数据处理的种类、范围、目的、方式等，并依法征得同意；保证个人数据的准确性和必要的完整性，避免因个人数据不准确、不完整给当事人造成损害；确保个人数据安全，防止个人数据泄露、毁损、丢失、篡改和非法使用。"在数字经济社会，自然人是数据来源的主要主体，个人数据已经成为经济社会发展的重要数据资源类型。通过该条例的实施，可以切实维护个人数据主体的合法权益，规范个人数据处理活动，强化对个人数据权益的保护。

在公共数据方面，该条例提出要加强公共数据统筹管理，构建高质量的公共数据资源体系，构建公共数据管理体系和建立公共数据资源管理制度，明确公共数据以共享为原则，不共享为例外，推动公共数据最大限度开放利用。政府在提供教育、卫生健康、社会福利、供水、供电、供气、环境保护、公共交通和其他公共服务的同时形成了海量的数据，这些数据构成了我国经济社会大数据的主体。合理使用公共数据能够促进经济社会治理水平不断提升，增强人民的幸福感。通过对公共数据进行合理加工，可形成多种形式的数据产品，使经济社会活动的各方参与者的决策更加科学高效，以充分发挥公共数据的价值。

在数据要素市场方面，该条例提出从五个方面探索培育数据要素市场，即建立健全数据标准体系，支持制定相关各类地方标准、行业标准、团体标准和企业标准；推动数据质量评估认证和数据价值评估；探索建立数据要素统计核算制度，准确反映数据生产要素的资产价值，推动将数据生产要素纳入国民经济核算体系；拓宽数据交易渠道，充分尊重市场主体的自由意志，允许市场主体通过依法设立的数据交易平台进行数据交易或者依法自行交易；明确数据交易范围是“合法处理数据形成的数据产品和服务”，同时要促进数据要素市场公平竞争。该条例规定市场主体不得以非法手段获取其他市场主体的数据，或者利用非法收集的其他市场主体数据提供替代性产品或者服务，侵害其他市场主体的合法权益；不得利用数据分析，无正当理由对交易条件相同的交易参与人实施差别待遇；不得通过达成垄断协议、滥用在数据要素市场的支配地位、违法实施经营者集中，排除、限制数据要素市场竞争；并对数据不正当竞争行为规定了相应的法律责任。

在数据安全方面，该条例提出要保护数据生命周期安全，该条例在《数据安全法》的基础上进一步细化数据安全保护的相关内容，同时强化对敏感个人数据和重要数据的保护。

《深圳经济特区数据条例》鼓励数据价值评估机构从实时性、时间跨度、样本覆盖面、完整性、数据种类级别和数据挖掘潜能等方面，探索构建数据资产定价指标体系，推动制定数据价值评估准则。该条例提出要制定数据价值评估标准、数据治理评估标准等地方标准。同时推动建立数据交易平台，引导市场主体通过数据交易平台进行数据交易。《深圳经济特区数据条例》对资产评估师正确理解数据资产以及资产评估机构规范从事数据资产评估业务有较大的价值。

2.《苏州市数据条例》。2022 年 10 月 28 日苏州市第十七届人民代表大会常务委员会第四次会议通过了《苏州市数据条例》，2022 年 11 月 25 日江苏省第十三届人民代表大会常务委员会第三十三次会议批准了《苏州市数据条例》。

该条例对公共数据、企业数据、个人数据进行了规范，是国内首部全面规范公共数据、企业数据、个人数据的综合性地方性法规。该条例对公共数据、企业数据和个人数据进行了定义，提出："公共数据，是指本市国家机关，法律、法规授权的具有管理公共事务职能的组织，以及其他提供公共服务的组织在履行法定职责、提供公共服务过程中产生、收集的数据。""企业数据，是指各类市场主体在生产经营活动中产生、收集的数据。""个人数据，是指载有已识别或者可识别的自然人信息的数据，不包括匿名化处理后的数据。"该条例对数据的详细分类和进一步明确公共数据、企业数据、个人数据的含义，有利于政府进行数据管理，保护数据各方当事人合法权益，促进数据要素流动，以充分发挥数据资产的价值。

该条例加强了数据权益保护的力度。保护数据权益是促进数据有序流动、实现数据要素价值的基础。规定了数据资源持有权、数据加工使用权、数据产品经营权等分置的产权运行机制，鼓励各主体通过实质性加工和创新性劳动形成数据产品和服务，并获取合法收益。同时对数据的合法使用进行了规范，提出数据处理者不得利用数据分析对平等条件的对象实施不合理的差别待遇。

该条例对数据资源收集、存储、使用、加工、传输、提供、公开、删除、销毁等进行了规范。提出了建立统一的公共数据平台、建立统一的公共数据资源目录管理体系。对通过公共数据平台进行数据共享和数据开放进行了规范。创新性规定自然人可以汇聚其个人数据，在保障安全、基于授权的前提下，参与数据创新应用、实现个人数据价值。

该条例对数据要素市场的建设进行了规范。探索构建数据资产评估制度，开展数据资产凭证试点，加强对数据交易价格的指导。加强对数据要素市场的监管。

该条例对数据安全进行了规范。该条例明确数据处理者是数据安全责任主体，建立数据分类分级保护制度和数据安全风险评估、报告、信息共享、监测预警、应急处置机制，按国家要求编制本地区重要数据目录，对列入目录的数据进行重点保护，加强企业数据安全防护和个人数据安全保护，规定数据处理者应当建立数据销毁规程，对数据实行生命周期保护。

《苏州市数据条例》对数据资产评估进行了规范。提出要探索建立数据资产评估制度，构建数据资产评估指标体系，开展数据资产评估试点，反映数据要素资产价值。《苏州市数据条例》对数据资产评估事业的发展起到了积极的推动作用。

四、数据资产评估相关部门规章

近年来，随着大数据的重要性日益凸显，为了规范大数据的形成、流转和使用，维护大数据各方当事人合法权益，保障数据安全，工业和信息化部、国家知识产权局等国务院各部门和直属机构制定了大量的与数据相关的部门规章和规范性文件，下面将2018年以来国务院各部门和直属机构发布的，与数据资产评估关系密切的部门规章和规范性文件进行了梳理并列表描述，见表5-5。

表5-5　数据资产评估相关部门规章统计表

序号	名称	制定机关	发文号
1	《资产评估行业财政监督管理办法》	财政部	财政部86号令
2	《银行业金融机构数据治理指引》	中国银行保险监督管理委员会	银保监发〔2018〕22号
3	《风云气象卫星数据管理办法》（试行）	中国气象局	气发〔2018〕50号
4	《公共资源交易平台系统数据规范》（V2.0）	国家发展和改革委员会、财政部、自然资源部、国务院国有资产监督管理委员会	发改办法规〔2018〕1156号
5	《关于规范快递与电子商务数据互联共享的指导意见》	国家邮政局、商务部	国邮发〔2019〕54号
6	《关于工业大数据发展的指导意见》	工业和信息化部	工信部信发〔2020〕67号
7	《工业数据分类分级指南》（试行）	工业和信息化部	工信厅信发〔2020〕6号
8	《交通运输政务数据共享管理办法》	交通运输部	交科技发〔2021〕33号
9	《“十四五”大数据产业发展规划》	工业和信息化部	工信部规〔2021〕179号
10	《关于民航大数据建设发展的指导意见》	中国民用航空局	民航发〔2022〕53号
11	《工业和信息化领域数据安全管理办法》（试行）	工业和信息化部	工信部网安〔2022〕166号

（根据中华人民共和国中央人民政府网站国务院政策文件库国务院部门文件整理）

在这里主要对《资产评估行业财政监督管理办法》和《关于工业大数据发展的指导意见》进行介绍。

1.《资产评估行业财政监督管理办法》。财政部于 2017 年 4 月 21 日以财政部令第 86 号发布了《资产评估行业财政监督管理办法》，2019 年 1 月 2 日《财政部关于修改〈会计师事务所执业许可和监督管理办法〉等 2 部部门规章的决定》修订了该管理办法。

《资产评估行业财政监督管理办法》对资产评估专业人员、资产评估机构、资产评估协会、资产评估行业监督检查和调查处理等做了较详细的规定。

在资产评估专业人员部分，规定："资产评估专业人员从事资产评估业务，应当遵守法律、行政法规和本办法的规定，执行资产评估准则及资产评估机构的各项规章制度，依法签署资产评估报告，不得签署本人未承办业务的资产评估报告或者有重大遗漏的资产评估报告。"强调了资产评估师从事资产评估业务要遵守法律、行政法规、部门规章、资产评估准则和资产评估机构内部的各项规章制度。资产评估师要关注将"遵守资产评估机构的各项规章制度"的义务写入财政部的部门规章。资产评估机构在多年工作实践中形成了许多行之有效的做法，经过提炼、升华，同时根据法律、法规、规章和资产评估准则的相关要求，形成了一系列内部管理制度，如质量控制制度、风险管理制度等。资产评估师在执业过程中严格遵守资产评估机构内部管理制度，能够提高执业质量，在一定程度上避免或降低执业风险。如果资产评估师在执业过程中未严格遵守内部管理制度，将作为财政部门追究资产评估师责任的依据。如果资产评估师因未严格遵守内部管理制度而导致给委托人或其他资产评估相关当事人带来损失，内部管理制度也将是处罚资产评估师的依据。

在资产评估机构部分，对资产评估机构执业管理进行了规定，提出："资产评估机构应当建立健全质量控制制度和内部管理制度。""资产评估机构从事资产评估业务，应当遵守资产评估准则，履行资产评估程序，加强内部审核，严格控制执业风险。""资产评估机构根据业务需要建立职业风险基金管理制度，或者自愿购买职业责任保险，完善职业风险防范机制。"质量控制和风险防范是资产评估管理的两大核心问题，健全的质量控制能够化解职业风险，良好的风险防范措施能够提高资产评估师的执业质量。

在资产评估协会部分，对资产评估协会的运作和行业的自律管理方面进行了规定。

在监督检查和调查处理部分，规定了财政机关对资产评估行业监督检查的对象、监督检查的内容以及程序，对受到投诉、举报的资产评估机构或资产评估专业人员进行调查处理。

在法律责任部分，对资产评估专业人员、资产评估机构、资产评估协会存在的违法和违规行为处罚进行了规定。

《资产评估行业财政监督管理办法》是资产评估行业一部重要的部门规章，财政部根据《资产评估法》的授权，对资产评估行业的监督管理进行了细化，保证了《资产评估法》的实施。通过实施《资产评估行业财政监督管理办法》，使财政部门和资产评估协会各司其职，财政部门承担资产评估行业行政管理，资产评估协会进行资产评估行业自律管理，资产评估机构和资产评估师自我约束，共同促进资产评估行业健康发展。数据资产评估是一个新兴的资产评估领域，资产评估机构和资产评估师执业经验较为缺乏，加之数据资产的多样性、未来的不确定性远超其他类型的资产，这就决定了数据资产评估业务的高风险性。这就要求资产评估机构根据数据资产评估业务的特点制定与之相应的质量控制制度、风险管理制度等，以提升数据资产评估业务质量，降低评估风险。

2.《关于工业大数据发展的指导意见》。工业大数据是大数据的重要组成部分，在工业立国的大背景下，工业大数据有着极其重要的意义。为了推动工业大数据建设，2020 年 4 月 28 日工业和信息化部制定了《关于工业大数据发展的指导意见》。在该文件中，对工业大数据进行了定义，提出："工业大数据是工业领域产品和服务生命周期数据的总称，包括工业企业在研发设计、生产制造、经营管理、运维服务等环节中生成和使用的数据，以及工业互联网平台中的数据等。"表明工业大数据是工业领域生命周期过程形成的数据，涉及研发设计、生产制造、经营管理、运维服务以及工业互联网平台，其数据涵盖了工业活动的方方面面。加强工业大数据管理，合理使用数据，充分发挥数据价值，将对工业以及整个国民经济高质量发展有极大的促进作用。在该文件中提出要"加快数据汇聚""推动数据共享""深化数据应用""完善数据治理""强化数据安全"，最终实现"促进产业发展"的目的。在"推动数据共享"部分提出要"构建工业大数据资产价值评估体系，研究制定公平、开放、透明的数据交易规则，加强市场监管和行业自律，开展数据资产交易试点，培育工业数据市场。"该项规定将有利于资产评估机构从事工业大数据价值评估工作，工业大数据价值评估工作也保障了工业大数据的交易和流转，有利于充分发挥工业大数据的价值。

第二节　数据资产评估国家标准

由于数据资产的多样性和可变性，在数据资产管理过程中必须通过标准对其进行规范。在中共中央、国务院发布的《关于构建数据基础制度更好发挥数据要素作用的意见》中提出要“探索完善数据要素产权、定价、流通、交易、使用、分配、治理、安全的政策标准和体制机制，更好发挥数据要素的积极作用。”“逐步完善数据产权界定、数据流通和交易、数据要素收益分配、公共数据授权使用、数据交易场所建设、数据治理等主要领域关键环节的政策及标准。”随着我国数字经济的进一步发展，数据资产相关标准将不断完善，资产评估机构和资产评估师在从事数据资产评估业务时要学习和关注相关数据标准，使数据资产评估业务质量符合相关标准要求。

一、标准的概念和分类

根据《现代汉语词典》，“标准是衡量事物的准则”“本身合于准则，可供同类事物比较核对的事物。”根据《中华人民共和国标准化法》规定，标准是指农业、工业、服务业以及社会事业等领域需要统一的技术要求。标准包括国家标准、行业标准、地方标准、团体标准和企业标准。国家标准分为强制性标准、推荐性标准，行业标准、地方标准是推荐性标准。强制性标准必须执行。国家鼓励采用推荐性标准。可以看出，标准属于准则，其本身是科学的、合理的，被用来作为衡量和检验其他事物是否正确、合规的依据。

（一）国家标准

国家标准是指由国家机构通过并公开发布的标准。中华人民共和国国家标准是指对我国经济技术发展有重大意义、必须在全国范围内统一执行的标准。对需要在全国范围内统一的技术要求，应当制定国家标准。国家标准在全国范围内适用，其他各级标准均不得与国家标准相抵触。国家标准一经发布，与其重复的行业标准、地方标准相应废止，国家标准是标准体系中的主体。国家标准分为强制性国家标准和推荐性国家标准。

1. 强制性国家标准。强制性国家标准是对保障人身健康和生命财产安全、国家安全、生态环境安全以及满足经济社会管理基本需要的技术要求。强制性国家标准代号：GB。例如，《信息安全技术　网络安全专用产品安全技术要求》（GB 42250—2022）就是一项强制性国家标准。

2. 推荐性国家标准。推荐性国家标准是对满足基础通用、与强制性国家标准配套、对各有关行业起引领作用等需要的技术要求。推荐性国家标准代号：GB/T。例如，《信息技术　大数据　术语》（GB/T 35295—2017）就是一项推荐性国家标准。

为适应某些领域标准快速发展和快速变化的需要，1998 年规定在四级标准之外，增加一种"国家标准化指导性技术文件"，作为对国家标准的补充。国家标准化指导性技术文件代号：GB/Z。例如，《信息安全技术　网络安全信息共享指南》（GB/Z 42885—2023）就是一项国家标准化指导性技术文件。

（二）行业标准

行业标准是指没有推荐性国家标准、需要在全国某个行业范围内统一的技术要求。行业标准是对国家标准的补充，是在全国范围内的某一行业内统一执行的标准。行业标准在相应国家标准实施后，应自行废止。各个行业的行业标准代号都有所不同，例如，通信行业的行业标准代号为 YD，电子行业的行业标准代号为 SJ。例如，《电信网和互联网　数据资产识别与梳理技术实施指南》（YD/T 4243—2023）就是一项通信行业的行业标准。

（三）地方标准

地方标准是指在国家的某个地区通过并公开发布的标准。如果没有国家标准和行业标准，而又需要满足地方自然条件、风俗习惯等特殊的技术要求，可以制定地方标准。地方标准由省、自治区、直辖市人民政府标准化行政主管部门编制计划，组织草拟，统一审批、编号、发布，并报国务院标准化行政主管部门和国务院有关行政主管部门备案。地方标准在本行政区域内适用。在相应的国家标准或行业标准实施后，地方标准应自行废止。

地方标准代号为"DB"加上省、自治区、直辖市的行政区划代码。例如，贵州省的代码为 52，即贵州省的地方标准代号为"DB52"。例如，《基于区块链的数据资产交易实施指南》（DB52/T 1468—2019）就是一项贵州省的地方标准。

（四）团体标准

团体标准是指由团体按照团体确立的标准制定程序自主制定发布、由社会自愿采用的标准。社会团体可在没有国家标准、行业标准和地方标准的情况下，制定团体标准，快速响应创新和市场对标准的需求，填补现有标准空白。国家鼓励社会团体制定严于国家标准和行业标准的团体标准，引领产业和企业的发展，提升产品和服务的市场竞争力。例如，《数据资产价值与收益分配评价模型》（T/QBDA 3301—2023）就是一项由青岛市大数据发展促进会发布的团体标准。

团体标准编号依次由团体标准代号（T）、社会团体代号、团体标准顺序号和年代号组成。团体标准编号中的社会团体代号应合法且唯一，不应与现有标准代号相重复，且也不应与全国团体标准信息平台上已有的社会团体代号相重复。

另外还有企业标准。例如，《资产管理　数据资产管理指南》（T/ NSSQ 023—2022）就是一项由广西南宁聚象数字科技有限公司制定的企业标准。

二、数据资产评估国家标准

为了提升数据管理水平，降低数据风险，加快数据资产流通和交易，充分发挥数据资产价值。国家市场监督管理总局和国家标准化管理委员会联合发布了多项数据要素国家标准，部分数据要素国家标准见表 5-6。

表 5-6　部分数据要素国家标准

序号	标准名称	标准号
1	《信息技术　大数据　术语》	GB/T 35295—2017
2	《信息技术　大数据　技术参考模型》	GB/T 35589—2017
3	《多媒体数据语义描述要求》	GB/T 34952—2017
4	《信息技术　科学数据引用》	GB/T 35294—2017
5	《信息技术　数据溯源描述模型》	GB/T 34945—2017
6	《数据管理能力成熟度评估模型》	GB/T 36073—2018
7	《信息技术　数据交易服务平台　交易数据描述》	GB/T 36343—2018
8	《信息技术　数据质量评价指标》	GB/T 36344—2018
9	《信息技术　通用数据导入接口》	GB/T 36345—2018
10	《信息技术服务　治理　第 5 部分：数据治理规范》	GB/T 34960.5—2018
11	《信息技术　大数据分析系统功能要求》	GB/T 37721—2019
12	《信息技术　大数据存储与处理系统功能要求》	GB/T 37722—2019
13	《信息技术　数据交易服务平台　通用功能要求》	GB/T 37728—2019
14	《电子商务数据资产评价指标体系》	GB/T 37550—2019

续表

序号	标准名称	标准号
15	《信息技术　大数据　接口基本要求》	GB/T 38672—2020
16	《信息安全技术　个人信息安全规范》	GB/T 35273—2020
17	《信息技术　大数据　大数据系统基本要求》	GB/T 38673—2020
18	《信息技术　大数据　数据分类指南》	GB/T 38667—2020
19	《信息技术　大数据　存储与处理系统功能测试要求》	GB/T 38676—2020
20	《信息技术　大数据　分析系统功能测试要求》	GB/T 38643—2020
21	《信息技术　大数据　计算系统通用要求》	GB/T 38675—2020
22	《信息技术　大数据　系统运维和管理功能要求》	GB/T 38633—2020
23	《信息技术　大数据　政务数据开放共享　第 1 部分：总则》	GB/T 38664.1—2020
24	《信息技术　大数据　政务数据开放共享　第 2 部分：基本要求》	GB/T 38664.2—2020
25	《信息技术　大数据　政务数据开放共　第 3 部分：开放程度评价》	GB/T 38664.3—2020
26	《信息技术　大数据　工业应用参考架构》	GB/T 38666—2020
27	《信息技术　大数据　工业产品核心元数据》	GB/T 38555—2020
28	《信息技术服务　数据资产　管理要求》	GB/T 40685—2021
29	《信息技术　工业大数据　术语》	GB/T 41778—2022
30	《信息技术　大数据　面向分析的数据存储与检索技术要求》	GB/T 41818—2022
31	《信息技术　大数据　政务数据开放共享　第 4 部分：共享评价》	GB/T 38664.4—2022
32	《智能制造　工业数据空间参考模型》	GB/T 42029—2022
33	《数据管理能力成熟度评估方法》	GB/T 42129—2022
34	《信息技术　大数据　数据资源规划》	GB/T 42450—2023
35	《信息技术　大数据　数据资产价值评估》	20214285—T—469

（摘自上海数据交易所研究院公众号并增补）

在这里主要对《信息技术　数据质量评价指标》《电子商务数据资产评价指标体系》《信息技术　大数据　数据资产价值评估》进行介绍。

1.《信息技术　数据质量评价指标》。《信息技术　数据质量评价指标》主要确定数据质量的框架和评价指标。该标准适用于收集阶段、准备阶段、分析阶段、行动阶段等数据生命周期内各阶段的活动评价。

《信息技术　数据质量评价指标》提出对数据质量可以从规范性、完整性、准确性、一致性、时效性、可访问性等六个方面进行评价。

规范性是指数据符合数据标准、数据模型、业务规则、元数据或权威参考数据的程度。主要从数据标准、数据模型、元数据、业务规则、权威参考数据、安全规范等六个方面对数据的规范性进行评价。

完整性是指按照数据规则要求，数据元素被赋予数值的程度。主要从数据元素完整性和数据记录完整性两个方面对数据的完整性进行评价。

准确性是指数据准确表示其所描述的真实实体（实际对象）真实值的程度。主要从数据内容正确性、数据格式合规性、数据重复率、数据唯一性、脏数据出现率等五个方面对数据的准确性进行评价。

一致性是指数据与其他特定上下文中使用的数据无矛盾的程度。主要从相同数据一致性和关联数据一致性两个方面对数据的一致性进行评价。

时效性是指数据在时间变化中的正确程度。主要从基于时间段的正确性、基于时间点及时性和时序性三个方面对数据的时效性进行评价。

可访问性是指数据能被访问的程度。主要从可访问性和可用性两个方面对数据的可访问性进行评价。

在数据资产评估过程中，数据质量评价是评估过程中的一个关键环节，数据质量评价的结果直接影响评估价值，甚至影响该数据资源是否应作为数据资产评估。因此资产评估机构和资产评估师应根据《信息技术　数据质量评价指标》等国家标准对数据质量评价过程和评价报告进行审核，对其工作质量进行判定。

2.《电子商务数据资产评价指标体系》。《电子商务数据资产评价指标体系》规定了电子商务数据资产评价指标体系的构建原则、指标体系、指标分类和评价过程。该标准适用于对数据资产价值的量化计算、评估评价等行为。

《电子商务数据资产评价指标体系》提出电子商务数据资产评价指标体系的构建要反映数据资产的价值特性，遵守系统性、典型性、动态性、可操作性等原则。

《电子商务数据资产评价指标体系》将电子商务数据资产评价指标体系分解为一级指标、二级指标、三级指标。一级指标包括数据资产成本价值和数据资产标的价值两大类。数据资产成本价值是指数据资产生命周期过程中，数据的产生、获得、标识、保存、检索、分发、呈现、转移、交换、保护与销毁各阶段产生的直接成本和间接成本对应的价值。数据资产成本价值可分解为建设成本、运维成本、管理成本等三个二级指标，每项二级指标又可细分为若干三级指标。数据资产标的价值是指数据资产持续经营带来的潜在价值，即数据资产能够产生的价值。数据资产标的价值可分解为数据形式、数据内容、数据绩效等三个二级指标，每项二级指标又可细分为若干三级指标。

《电子商务数据资产评价指标体系》规定了数据资产的评价过程，评价过程包括评价准备、指标选型、评价实施和评价报告等步骤。

在评价准备阶段，首先要识别评价目的，要综合考虑评价场景、数据资产特性、结果应用等因素确定评价目的。其次要确定评价方案，根据评价目的需要，综合考虑数据资产价值影响因素，制定评价方案。

在指标选型阶段，要对评价对象进行描述，包括数据来源、采集方式、用途等，然后确定评价指标，根据不同行业、不同评价目的对数据资产特性的关注程度，设定统一的权重，保证评价结果具有可比性。

在评价实施阶段，遵循真实、准确、客观、有效的原则，确认数据资产评价各项指标信息，选择合适的评价指标和评价方法，对数据资产价值进行评价，并形成合理的评价结论。

在评价报告阶段，评价组织者应根据评价目的，选择适当的形式进行评价结果测算，进行评价结果分析，并出具评价报告。评价报告一般包括下列内容：数据资产持有组织概况；评价目的；评价对象和范围；评价基准日；评价价值类型和定义；评价假设和限定条件；评价依据；评价方法；评价程序实施过程的情况；评价结论；特别事项说明；评价报告的使用限制说明；评价报告日期。

《电子商务数据资产评价指标体系》中，“评价”包含“评估”，在“评价”的含义中包括对数据资产价值的估算，因此对资产评估机构和资产评估师从事数据资产评估业务有重要的指导意义。在该国家标准中，创新性提出数据资产成本价值，这对资产评估机构和资产评估师运用成本法评估数据资产价值有重要参考价值。同时该标准对数据资产评价指标进行细分，也可供数据资产评估参考。该标准中也借用了资产评估的收益法、市场法、成本法等基本方法，同时其评价报告的内容也借用了《资产评估准则——资产评估报告》的规定。因此《电子商务数据资产评价指标体系》是资产评估机构和资产评估师从事数据资产评估业务的重要参考和依据。当然，该标准将“数据资产标的价值”指标进一步细分为数据形式、数据内容、数据绩效，这样细分是否与资产评估理论一致，这需要资产评估机构和资产评估师关注。

3.《信息技术　大数据　数据资产价值评估》。《信息技术　大数据　数据资产价值评估》规定了数据资产价值评估的评估框架、数据评价、价值评估、评估保障等内容。该标准适用于评估主体从事的数据资产价值评估工作。目前该标准已完成征求意见，处于待发布阶段。

《信息技术　大数据　数据资产价值评估》对数据资产的概念进行了定义，对数据资产的基本属性和基本特征进行了描述。该标准提出：“数据资产是以数据为载体和表现形式，能进行计量的，并能为组织带来直接或者间接经济利益的数据资源。”该标准规定在进行数据评价和价值评估时应分析数据资产的基本属性和基本特征。数据资产的基本属性通常包括通用属性、业务属性和管理属性等。通用属性包括数据来源、数据类型、数据结构、时段、更新周期、元数据和存储形式等。业务属性包括业务描述、业务模型、业务规则和关联关系等。管理属性包括数据分类分级、安全信息、数据溯源、职责权限和应用场景等。数据资产的基本特征通常包括非实体性、依托性、可共享性、可加工性、价值易变性等。

《信息技术　大数据　数据资产价值评估》对数据资产评估的概念进行了定义，提出数据资产评估是指“评估机构及其评估专业人员根据委托对数据资产进行数据评价和价值估算，并出具数据评价报告和资产评估报告的专业服务行为。”该定义提出数据资产评估分为数据评价和价值估算两个环节，数据评价是对数据质量要素、成本要素和应用要素进行评价，形成数据评价报告，为数据资产价值评估报告提供依据。价值评估是对数据资产的价值进行评估，形成数据资产评估报告。

《信息技术　大数据　数据资产价值评估》设计了数据资产评估框架，将数据资产评估过程划分为数据评价和价值评估。在提供评估保障和确保评估安全的前提下，分析数据资产的基本属性和基本特征，对数据资产进行数据评价，获得可供价值评估使用的质量要素、成本要素和应用要素等参数，再采用收益法、成本法或市场法完成价值评估。

《信息技术　大数据　数据资产价值评估》提出数据评价包括对质量要素、成本要素和应用要素的评价。质量要素是指数据资产在特定业务环境下符合和满足数据应用的程度。质量要素包括准确性、一致性、完整性、规范性、时效性和可访问性等。成本要素是指按照重置该项数据资产所发生的成本，主要包括前期费用、直接成本、间接成本、机会成本和相关税费等。应用要素主要包括使用范围、使用场景、商业模式、供求关系、数据关联性和应用风险等。

《信息技术　大数据　数据资产价值评估》规定了数据资产价值评估的方法，主要沿用了传统的资产评估基本方法，即收益法、市场法和成本法。说明传统的资产评估方法适用于数据资产评估。

《信息技术　大数据　数据资产价值评估》对应用收益法、市场法和成本法的前提、基本模型、主要参数等进行了详细说明。

《信息技术　大数据　数据资产价值评估》对数据资产评估保障进行了规范，提出评估保障是指确保数据资产评估有序、规范、可持续发展的支撑体系。评估保障规定了数据资产评估活动的资源条件保障，包括技术保障、平台保障和制度保障等方面。技术保障融合资产评估领域和信息技术领域的一系列关键技术和算法模型，构建跨界创新、扩展性强的综合技术体系。平台保障将数据资产评估框架、评估方法和流程等通过软件系统来固化、落地和验证，为数据资产评估工作的准备与执行提供规范、可靠的工具和环境支持。制度保障通过数据资产评估相关的标准规范、制度流程和人员管理等体系建设，规范数据资产评估行为。

《信息技术　大数据　数据资产价值评估》是第一项数据资产评估国家标准，也是第一项资产评估国家标准。《“十四五”数字经济发展规划》提出要加快“数据资产评估”国家标准的研制工作，因此《信息技术　大数据　数据资产价值评估》的制定对落实《“十四五”数字经济发展规划》、促进数据资产评估事业的发展具有重要的意义。《信息技术　大数据　数据资产价值评估》的制定与实施将对数据资产评估事业带来较大的影响，是资产评估师从事数据资产评估业务的重要依据，资产评估机构和资产评估师要持续关注该标准的制定和实施情况。

第三节　数据资产评估准则

一、资产评估准则的概念和体系

资产评估准则是指为规范资产评估行为，保证执业质量，明确执业责任，保证资产评估当事人合法权益和公共利益，由财政部或中国资产评估协会根据《资产评估法》和《资产评估行业财政监督管理办法》等制定的，资产评估机构及其资产评估师从事资产评估工作应当遵循的专业标准和行为规范。资产评估准则体系包括资产评估基本准则、资产评估执业准则和资产评估职业道德准则。资产评估执业准则包括资产评估具体准则、资产评估指南、资产评估指导意见。资产评估准则体系见图 5-1。

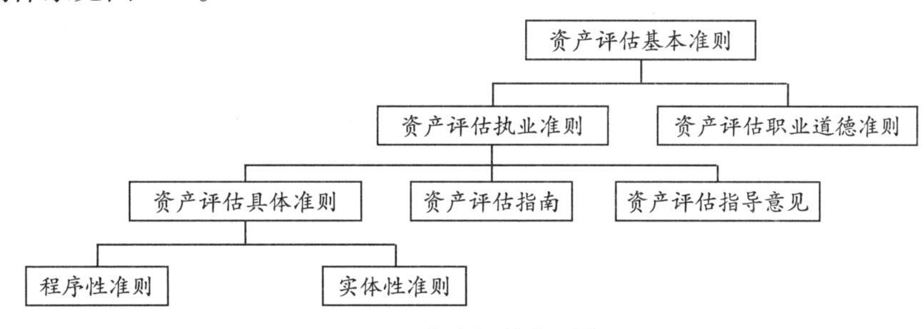

图 5-1 资产评估准则体系

截至 2023 年 12 月由财政部和中国资产评估协会发布的资产评估准则见表 5-7。

表 5-7 资产评估准则一览表

序号	准则类别			准则名称	发文号
1	资产评估基本准则			《资产评估基本准则》	财资〔2017〕43 号
2	资产评估执业准则	资产评估具体准则	程序性准则	《资产评估执业准则——资产评估委托合同》	中评协〔2017〕33 号
3				《资产评估执业准则——利用专家工作及相关报告》	中评协〔2017〕35 号
4				《资产评估执业准则——资产评估报告》	中评协〔2018〕35 号
5				《资产评估执业准则——资产评估程序》	中评协〔2018〕36 号
6				《资产评估执业准则——资产评估档案》	中评协〔2018〕37 号
7				《资产评估执业准则——资产评估方法》	中评协〔2019〕35 号
8			实体性准则	《资产评估执业准则——无形资产》	中评协〔2017〕37 号
9				《资产评估执业准则——不动产》	中评协〔2017〕38 号
10				《资产评估执业准则——机器设备》	中评协〔2017〕39 号
11				《资产评估执业准则——珠宝首饰》	中评协〔2017〕40 号
12				《资产评估执业准则——森林资源资产》	中评协〔2017〕41 号
13				《资产评估执业准则——企业价值》	中评协〔2018〕38 号
14				《资产评估执业准则——知识产权》	中评协〔2023〕14 号

续表

<table>
<tr><th>序号</th><th colspan="3">准则类别</th><th>准则名称</th><th>发文号</th></tr>
<tr><td>15</td><td rowspan="18">资产评估执业准则</td><td rowspan="4">资产评估指南</td><td rowspan="3">特定评估目的</td><td>《企业国有资产评估报告指南》</td><td>中评协〔2017〕42 号</td></tr>
<tr><td>16</td><td>《金融企业国有资产评估报告指南》</td><td>中评协〔2017〕43 号</td></tr>
<tr><td>17</td><td>《以财务报告为目的的评估指南》</td><td>中评协〔2017〕45 号</td></tr>
<tr><td>18</td><td>评估中的重要事项</td><td>《资产评估机构业务质量控制指南》</td><td>中评协〔2017〕46 号</td></tr>
<tr><td>19</td><td colspan="2" rowspan="14">资产评估指导意见</td><td>《文化企业无形资产评估指导意见》</td><td>中评协〔2016〕14 号</td></tr>
<tr><td>20</td><td>《资产评估价值类型指导意见》</td><td>中评协〔2017〕47 号</td></tr>
<tr><td>21</td><td>《资产评估对象法律权属指导意见》</td><td>中评协〔2017〕48 号</td></tr>
<tr><td>22</td><td>《专利资产评估指导意见》</td><td>中评协〔2017〕49 号</td></tr>
<tr><td>23</td><td>《著作权资产评估指导意见》</td><td>中评协〔2017〕50 号</td></tr>
<tr><td>24</td><td>《商标资产评估指导意见》</td><td>中评协〔2017〕51 号</td></tr>
<tr><td>25</td><td>《金融不良资产评估指导意见》</td><td>中评协〔2017〕52 号</td></tr>
<tr><td>26</td><td>《投资性房地产评估指导意见》</td><td>中评协〔2017〕53 号</td></tr>
<tr><td>27</td><td>《实物期权评估指导意见》</td><td>中评协〔2017〕54 号</td></tr>
<tr><td>28</td><td>《人民法院委托司法执行财产处置资产评估指导意见》</td><td>中评协〔2019〕14 号</td></tr>
<tr><td>29</td><td>《珠宝首饰评估程序指导意见》</td><td>中评协〔2019〕36 号</td></tr>
<tr><td>30</td><td>《企业并购投资价值评估指导意见》</td><td>中评协〔2020〕30 号</td></tr>
<tr><td>31</td><td>《体育无形资产评估指导意见》</td><td>中评协〔2022〕1 号</td></tr>
<tr><td>32</td><td>《数据资产评估指导意见》</td><td>中评协〔2023〕17 号</td></tr>
<tr><td>33</td><td colspan="3">资产评估职业道德准则</td><td>《资产评估职业道德准则》</td><td>中评协〔2017〕30 号</td></tr>
</table>

（根据中国资产评估协会网站法规制度栏目信息整理）

二、资产评估基本准则

资产评估基本准则是对资产评估机构及其资产评估师执行资产评估业务应当遵循的基本理念、基本要求和基本程序所制定的基本规范，是资产评估师执行各种资产类型、各种评估目的评估业务的基本规范。《资产评估基本准则》2017 年 8 月 23 日由财政部制定发布，包括总则、基本遵循、资产评估程序、资产评估报告、资产评估档案和附则。

在总则部分，明确了制定基本准则的目的和基本准则管辖业务的范围，对遵守其他评估行业协会制定的评估标准进行了规范，提出："资产评估机构及其资产评估专业人员开展资产评估业务应当遵守本准则。法律、行政法规和国务院规定由其他评估行政管理部门管理，应当执行其他准则的，从其规定。"由于评估行业包括资产评估、房地产估价、矿业权评估等行业，这些评估行业有各自的评估准则（规程），包括"资产评估准则""房地产估价规程""土地估价规程"等。例如，资产评估师从事房地产评估业务，既要遵守"资产评估准则"，又要遵守"房地产估价规程"。

在基本遵循部分，规定了要合法从事资产评估业务，强调了资产评估的职业道德。

在资产评估程序部分，根据《资产评估法》的规定，明确了资产评估业务必须履行的资产评估基本程序，并对资产评估基本程序进行了说明。

在资产评估报告部分，规定了资产评估报告的基本内容和出具资产评估报告的要求。

在资产评估档案部分，规定了资产评估档案的种类和管理要求。

在附则部分，规定了中国资产评估协会根据基本准则制定资产评估执业准则和职业道德准则。资产评估执业准则包括各项具体准则、指南和指导意见。《资产评估基本准则》自 2017 年 10 月 1 日起施行。

数据资产评估历史较短，数据资产评估准则相对比较薄弱，目前只有《数据资产评估指导意见》，因此在数据资产评估执业过程中，对数据资产评估相关事项的判断，资产评估师在依据《数据资产评估指导意见》的同时，《资产评估基本准则》也是从事数据资产评估业务的重要依据。

三、资产评估执业准则

（一）资产评估具体准则

资产评估具体准则包括程序性准则和实体性准则。

1. 程序性准则。程序性准则是规范评估业务流程的准则，是关于资产评估机构及其资产评估师通过履行一定的专业程序完成评估业务、保证评估业务质量的规范。截至 2023 年 12 月中国资产评估协会共制定发布 6 项程序性准则。

2. 实体性准则。实体性准则是规范各种资产类型评估业务的准则，是针对不同资产类别的特点，分别对不同类别资产评估业务中的资产评估机构及其资产评估师的执业行为进行规范。截至 2023 年 12 月中国资产评估协会共制定发布 7 项实体性准则。

目前无形资产评估领域有两项具体准则，即《资产评估执业准则——无形资产》（以下简称为《无形资产评估准则》）和《资产评估执业准则——知识产权》（以下简称为《知识产权评估准则》),《无形资产评估准则》是针对所有类型的无形资产评估业务的准则，比较笼统和宽泛，对数据资产评估业务的指导有限,《知识产权评估准则》是特定类别的无形资产评估准则，虽然数据资产与知识产权有关，但毕竟不是同一类型的资产。随着数据资产交易的日趋活跃，数据资产评估实践和理论也将日益成熟和完善，也可能将《数据资产评估指导意见》升格为数据资产评估具体准则，数据资产评估具体准则也将对数据资产评估业务有更强的规范性。

（二）资产评估指南

资产评估指南是对特定评估目的、特定资产类别和评估业务中某些重要事项的规范。

1. 特定评估目的的评估指南。以抵（质）押为目的的评估业务、以税收为目的的评估业务、以保险为目的的评估业务、以财务报告为目的的评估业务等。截至 2023 年 12 月中国资产评估协会共制定发布 3 项特定评估目的的评估指南。

2. 特定资产类别的评估指南。例如，可以针对无形资产中的专利权、商标权等制定资产评估指南。数据资产属于存货和无形资产的重要组成部分，根据数据资产评估事业的发展和评估理论实践的日益完善，《数据资产评估指导意见》也有可能升格为数据资产评估指南。

3. 评估业务中某些重要事项的评估指南。如评估业务质量控制、评估对象的法律权属等。截至 2023 年 12 月中国资产评估协会共制定发布 1 项评估中重要事项的评估指南。

（三）资产评估指导意见

资产评估指导意见是针对评估业务中的某些具体问题的指导性文件。截至 2023 年 12 月中国资产评估协会共制定发布 14 项资产评估指导意见。

2023 年 9 月，中国资产评估协会制定了《数据资产评估指导意见》，以规范资产评估机构及其资产评估师在数据资产评估业务中的实务操作，更好服务数字经济发展和数据要素市场建设。

在总则部分，对该指导意见的制定背景进行了说明，对数据资产和数据资产评估的概念进行了定义。

在基本遵循部分，对资产评估机构和资产评估师从事数据资产评估业务需要遵循的职业道德、评估程序、评估假设和限制条件进行了规范。

在评估对象部分，对数据资产属性、数据资产特征、数据资产权属等进行了说明。

在操作要求部分，规定了执行数据资产评估业务，需要关注影响数据资产价值的成本因素、场景因素、市场因素和质量因素。资产评估专业人员应当关注数据资产质量，并采取恰当方式执行数据质量评价程序或者获得数据质量的评价结果，必要时可以利用第三方专业机构出具的数据质量评价专业报告或者其他形式的数据质量评价专业意见等。数据质量评价采用的方法包括但不限于层次分析法、模糊综合评价法和德尔菲法等。并对数据资产评估价值类型的选择进行了规范。

在评估方法部分，该“指导意见”提出数据资产价值的评估方法包括收益法、成本法和市场法三种基本方法及其衍生方法，并对三种基本方法的使用进行了说明。

在披露要求部分，该“指导意见”提出无论是单独出具数据资产的资产评估报告，还是将数据资产评估作为资产评估报告的组成部分，都应当在资产评估报告中披露必要信息，使资产评估报告使用人能够正确理解评估结论。同时对需要披露的事项进行了规定。

数据资产评估业务划分为数据质量评价和数据资产价值评估两部分。数据质量评价是数据资产价值评估的基础，数据质量评价的成果可以是第三方专业机构出具的专业报告，或者是其他形式的专业意见。在数据资产评估业务中，如果数据资产质量评价报告由第三方专业机构完成，资产评估机构及其资产评估师将数据资产质量评价报告作为数据资产价值评估的基础，就需要按照《资产评估执业准则——利用专家工作及相关报告》的要求，对第三方专业机构出具的《数据质量评价报告》进行审核。

《数据资产评估指导意见》对数据资产评估方法的选择进行了规范，提出数据资产价值的评估方法包括收益法、成本法和市场法三种基本方法及其衍生方法。由于数据资产的特点，导致了数据资产价值评估存在较大的难度，其价值存在较大的不确定性。因此资产评估机构及其资产评估师要根据该“指导意见”的规定，分析被评估数据资产的特点，合理选择价值评估方法，在传统的资产评估方法的基础上创新性地确定数据资产评估方法,使评估方法的选择更加符合所评估的数据资产的实际。

《数据资产评估指导意见》是资产评估行业在数据资产评估领域第一项执业准则,该准则的制定与实施将进一步规范数据资产评估工作,为数据资产交易提供更加便利的条件,为数据资源入表提供价值基准,促进数字经济健康发展。

四、资产评估职业道德准则

资产评估职业道德准则是依据资产评估基本准则制定的,要求资产评估机构及其资产评估师在执行资产评估业务过程中应当遵循的道德品质规范和道德行为规范。2017 年 9 月 8 日中国资产评估协会印发的《资产评估职业道德准则》包括总则、基本遵循、专业能力、独立性、与委托人和其他相关当事人的关系、与其他资产评估机构及资产评估专业人员的关系和附则等七个部分。

在总则部分明确了资产评估职业道德的含义,提出资产评估“职业道德是指资产评估机构及其资产评估专业人员开展资产评估业务应当具备的道德品质和体现的道德行为。”

在基本遵循部分提出:“资产评估机构及其资产评估专业人员应当诚实守信,勤勉尽责,谨慎从业,坚持独立、客观、公正的原则,不得出具或者签署虚假资产评估报告或者有重大遗漏的资产评估报告。”

在专业能力部分强调了资产评估专业人员的专业知识、经验和职业胜任能力以及应当完成规定的继续教育。

在独立性部分强调资产评估机构及其资产评估专业人员开展资产评估业务应当保持独立性。并对可能影响独立性的情形进行了说明。

在与委托人和其他相关当事人的关系部分规定:“资产评估机构及其资产评估专业人员不得以恶性压价、支付回扣、虚假宣传,或者采用欺骗、利诱、胁迫等不正当手段招揽业务。”

在与其他资产评估机构及资产评估专业人员的关系部分规定:“资产评估机构不得允许其他资产评估机构以本机构名义开展资产评估业务,或者冒用其他资产评估机构名义开展资产评估业务。资产评估专业人员不得签署本人未承办业务的资产评估报告,也不得允许他人以本人名义从事资产评估业务,或者冒用他人名义从事资产评估业务。”

在附则部分规定资产评估执业过程中资产评估师、业务助理人员、专家都应遵守《资产评估职业道德准则》，并规定该准则自2017年10月1日起施行。

《资产评估职业道德准则》是资产评估协会制定的资产评估行业自律性准则，与《资产评估法》《资产评估基本准则》具有刚性的规定相比，《资产评估职业道德准则》更强调资产评估师的自觉遵守。虽然《资产评估职业道德准则》的内容在《资产评估法》《资产评估基本准则》中都进行了规定，但通过《资产评估职业道德准则》再次提及这些规定，目的在于将法律和规章的刚性约束转变为资产评估师的自觉行动，变成资产评估师的自我约束，实现资产评估行业的自律。资产评估行业通过这种制度安排，做到自律和他律相结合，有利于资产评估行业健康高质量发展。

数据资产与其他类型资产相比，其类型更多、权属更复杂、不确定性更大，因此数据资产评估具有较高的难度和较大的职业风险，要求资产评估机构和资产评估师在数据资产评估执业过程中要更加勤勉谨慎，要更加强调学习的重要性，学习数据科学、数据资产管理、数据资产评估知识，持续提升数据资产评估领域的执业能力，这样才能降低数据资产评估职业风险，推动数据资产评估事业持续健康发展。

五、资产评估专家指引和操作指引

（一）资产评估专家指引

为了指导资产评估师从事资产评估业务，降低资产评估执业风险，中国资产评估协会组织专家制定了资产评估专家指引，供资产评估师在执业中参考。截至2023年12月中国资产评估协会共制定发布14项资产评估专家指引，见表5-8。

表5-8　资产评估专家指引一览表

序号	资产评估专家指引名称	发文号
1	《资产评估专家指引第1号——金融企业评估中应关注的金融监管指标》	中评协〔2015〕62号
2	《资产评估专家指引第2号——金融企业首次公开发行上市资产评估方法选用》	中评协〔2015〕63号
3	《资产评估专家指引第3号——金融企业收益法评估模型与参数确定》	中评协〔2015〕64号
4	《资产评估专家指引第4号——金融企业市场法评估模型与参数确定》	中评协〔2015〕65号
5	《资产评估专家指引第5号——寿险公司内部精算报告及价值评估中的利用》	中评协〔2015〕66号
6	《资产评估专家指引第6号——上市公司重大资产重组评估报告披露》	中评协〔2015〕67号

续表

序号	资产评估专家指引名称	发文号
7	《资产评估专家指引第 7 号——中小评估机构业务质量控制》	中评协〔2015〕68 号
8	《资产评估专家指引第 8 号——资产评估中的核查验证》	中评协〔2019〕39 号
9	《资产评估专家指引第 9 号——数据资产评估》	中评协〔2019〕40 号
10	《资产评估专家指引第 10 号——在新冠肺炎疫情期间合理履行资产评估程序》	中评协〔2020〕6 号
11	《资产评估专家指引第 11 号——商誉减值测试评估》	中评协〔2020〕37 号
12	《资产评估专家指引第 12 号——收益法评估企业价值中折现率的测算》	中评协〔2020〕38 号
13	《资产评估专家指引第 13 号——境外并购资产评估》	中评协〔2021〕31 号
14	《资产评估专家指引第 14 号——科创企业资产评估》	中评协〔2021〕32 号
15	《资产评估专家指引第 15 号——知识产权侵权损害评估》	中评协〔2023〕21 号

（根据中国资产评估协会网站法规制度栏目信息整理）

资产评估专家指引只是一种专家建议，不属于资产评估准则。资产评估机构及其资产评估师执行资产评估业务过程中，可以参照该专家指引，也可以根据具体情况采用其他适当的做法。

2019 年 12 月中国资产评估协会制定发布了《资产评估专家指引第 9 号——数据资产评估》，供资产评估机构及其资产评估师执行数据资产评估业务参考。

在引言部分对数据资产和数据资产评估进行了定义，提出："数据资产是由特定主体合法拥有或者控制，能持续发挥作用并且能带来直接或者间接经济利益的数据资源。""数据资产评估，是资产评估机构及其资产评估专业人员遵守法律、行政法规和资产评估准则，接受委托对评估基准日特定目的下的数据资产价值进行评定和估算，并出具资产评估报告的专业服务行为。"这是资产评估行业首次对数据资产和数据资产评估的含义进行解释说明，对促进数据资产评估理论研究和实务开展有重要的推动作用。

在评估对象部分明确数据资产的基本状况通常包括"数据名称、数据来源、数据规模、产生时间、更新时间、数据类型、呈现形式、时效性、应用范围等。"数据资产的基本特征通常包括"非实体性、依托性、多样性、可加工性、价值易变性等。"数据资产的价值影响因素包括"技术因素、数据容量、数据价值密度、数据应用的商业模式和其他因素。”并对金融行业、电信行业和政府数据资产的特征进行了描述。对以数据资产为核心的商业模式进行了分析。

在数据资产的评估方法部分提出：“数据资产价值的评估方法包括成本法、收益法和市场法三种基本方法及其衍生方法。”并根据数据资产的特点分析了三种资产评估基本方法的应用条件，构建了相应的评估模型。

在数据资产评估报告的编制部分对评估报告的内容和基本要求进行了规定。

《资产评估专家指引第 9 号——数据资产评估》是资产评估行业制定的第一项数据资产评估操作规范意见，虽然《资产评估专家指引第 9 号——数据资产评估》不属于资产评估准则，但该专家意见内容较为丰富，具有一定的可操作性，对资产评估机构及其资产评估师从事数据资产评估业务具有较强的指导意义，可以作为从事数据资产评估业务的重要参考。

（二）资产评估操作指引

资产评估操作指引是针对评价、调查、管理咨询类等非价值评估类业务的指导和规范。截至 2023 年 12 月中国资产评估协会共制定发布 2 项资产评估操作指引，见表 5-9。

表 5-9　资产评估操作指引一览表

序号	资产评估操作指引名称	发文号
1	《财政支出（项目支出）绩效评价操作指引（试行）》	中评协〔2014〕70 号
2	《道路运输物流企业授信额度评估咨询操作指引（试行）》	中评协〔2019〕37 号

（根据中国资产评估协会网站法规制度栏目信息整理）

资产评估操作指引和专家指引不属于资产评估准则范畴，是对资产评估准则的有益补充，供资产评估机构及其资产评估师在执业过程中参考。

第六章　数据资产评估程序

资产评估程序是指执行资产评估业务所履行的系统性工作步骤。《资产评估基本准则》指出“资产评估机构及其资产评估专业人员开展资产评估业务，履行下列基本程序：明确业务基本事项、订立业务委托合同、编制资产评估计划、进行评估现场调查、收集整理评估资料、评定估算形成结论、编制出具评估报告、整理归集评估档案。资产评估机构及其资产评估专业人员不得随意减少资产评估基本程序。”资产评估机构及其资产评估师从事数据资产评估业务，应该严格执行《资产评估基本准则》中关于资产评估程序的规定，根据数据资产的特点，履行必要的资产评估程序。资产评估师正确履行评估程序是资产评估业务质量的重要保障，也是监管机构判断资产评估机构和资产评估师责任的重要依据。

[小资料 6-1]

北京市财政局对××资产评估公司因存在重大程序缺失进行行政处罚

北京市财政局派出检查组对××资产评估公司出具的××评报字〔2022〕第 1031 号资产评估报告实施了检查，发现在对被评估单位拟股权转让所涉及的十八个项目作为无形资产组合使用权价值项目追溯评估时，未关注十八个项目经济寿命、获利方式和持续的可辨识经济利益，未收集相关资料并进行分析；未关注十八个项目使用状况，未收集相关资料并进行分析；未考虑并分析十八个项目价值与成本的相关程度，存在重大程序缺失；对十八个项目是否能形成无形资产没有进行分析，评估报告出具的十八个项目作为无形资产组合使用权价值 35188.99 万元的结果依据不足。违法取得业务收入 25 万元。根据《资产评估行业财政监督管理办法》第四十六条规定，北京市财政局认定上述事项构成重大遗漏。

根据《中华人民共和国资产评估法》第四十七条第一款第六项规定，北京市财政局于 2023 年 9 月 26 日决定给予该评估公司警告，责令停业 6 个月，没收违法所得25万元，并处违法所得5倍罚款125万元的行政处罚。

（摘自北京市财政局官网行政处罚决定书并删改）

第一节　数据资产评估基本事项

《资产评估执业准则——资产评估程序》规定："资产评估机构受理资产评估业务前，应当明确下列资产评估业务基本事项：委托人、产权持有人和委托人以外的其他资产评估报告使用人；评估目的；评估对象和评估范围；价值类型；评估基准日；资产评估项目所涉及的需要批准的经济行为的审批情况；资产评估报告使用范围；资产评估报告提交期限及方式；评估服务费及支付方式；委托人、其他相关当事人与资产评估机构及其资产评估专业人员工作配合和协助等需要明确的重要事项。"

一、数据资产评估相关当事人

资产评估的相关当事人包括委托人和其他资产评估报告使用人、资产评估机构、资产评估师、产权持有人等。这里主要介绍数据资产评估委托人和其他资产评估报告使用人、数据资产产权持有人等。

（一）数据资产评估委托人

资产评估是一项委托（受托）活动，资产评估机构及其资产评估师要从事数据资产评估业务，应事先与委托人签订委托合同。根据《资产评估法》的规定，资产评估委托人应当与资产评估机构签订资产评估委托合同。资产评估委托合同的委托方就是评估委托人，受托方是资产评估机构，两者是民事合同里的双方当事人。

资产评估委托人可以是一个，也可以是多个，可以是法人，也可以是自然人。一旦委托合同签订，该合同就受到《民法典》的规范。资产评估委托人和资产评估机构享有委托合同中规定的权利，同时也都要严格履行委托合同约定的义务。

[案例 6-1]

甲海洋监测站拥有某海域30年的海况数据，A数据处理公司购买10年的数据进行加工，并将加工后的数据产品出售给B海洋渔业养殖公司，A数据处理公司和

B海洋渔业养殖公司联合委托大洋资产评估公司对加工后的数据产品在2023年12月31日的市场价值进行评估，为数据交易价格的确定提供参考。

在该评估业务中，A数据处理公司和B海洋渔业养殖公司就是本次评估业务的委托人。

（二）其他资产评估报告使用人

在数据资产评估业务中，数据资产评估委托人和数据资产产权持有人是数据资产评估报告的使用人，除此之外，资产评估委托合同中约定能合理利用数据资产评估报告的单位和个人称为其他评估报告使用人。在案例6–1中，A数据处理公司和B海洋渔业养殖公司就是评估报告使用人。在这里，不是谁看到了或利用了资产评估报告，谁就是评估报告使用人，而是资产评估委托合同明确约定的评估报告使用人才是评估报告使用人。如果不属于资产评估合同约定的报告使用人但使用了报告，那么因使用报告而带来损失，与从事数据资产评估业务的资产评估机构和资产评估师无关。

（三）数据资产产权持有人

在中共中央、国务院发布的《关于构建数据基础制度更好发挥数据要素作用的意见》中指出要“建立数据资源持有权、数据加工使用权、数据产品经营权等分置的产权运行机制。”数据资产的产权将区分为数据资产的持有权、加工使用权和经营权等。因此数据资产产权持有人为数据资产的持有权人、加工权人或经营权人。资产评估师应明确数据资产的持有权人、加工权人以及经营权人在产权权利方面存在的不同，根据特定业务审慎确定数据资产的产权持有人，并确定产权持有人对数据资产持有的权利和权利受到的约束。

在案例6–1中，甲海洋监测站是加工前数据（原始数据）的持有权人，A数据处理公司从甲海洋监测站取得了数据的加工权，是数据的加工使用权人，同时也是加工后数据产品的持有权人。A数据处理公司对加工后数据产品的使用要根据其与甲海洋监测站之间签订的合同来确定。

二、数据资产评估目的

资产评估目的是指资产评估业务对应的经济行为对资产评估结论的使用要求，或资产评估结论的具体用途。数据资产评估目的对应的经济行为通常可以分为转让、抵

（质）押、出资、许可使用、企业改制、财务报告、司法等。资产评估目的是由引起资产评估特定经济行为决定的，资产评估目的对资产评估价值类型、资产评估方法、资产评估结论有重要的影响。《电子商务数据资产评价指标体系》(GB/T37550—2019）规定电子商务数据资产评估目的是“由组织发起的，针对所拥有的数据资产情况进行评价，从而确定组织拥有的无形资产和总资产的价值；由数据资产交易双方发起的，针对交易过程中的数据资产价值进行评价，从而确定数据交易的定价；由第三方（如行业监管机构）发起的，针对电子商务行业及其相关企业的数据资产价值进行客观公正评价，推动和规范行业发展。”在中共北京市委、北京市人民政府印发的《关于更好发挥数据要素作用进一步加快发展数字经济的实施意见》中提出：“探索市场主体以合法的数据资产作价出资入股企业、进行股权债权融资、开展数据信托活动。”资产评估师应根据拟发生的经济行为合理确定数据资产评估目的。

[案例 6-2]

甲海洋监测站拥有某海域 30 年的海况数据，该监测站根据政策规定进行企业化改制，按照国有资产管理的相关规定和上级管理部门的要求进行清产核资，需要确定其拥有的海况数据的价值，现委托大洋资产评估公司对其拥有的数据的价值进行评估，评估结论经国有资产管理部门和上级部门备案后作为增加该监测站国有资本的依据。

在该案例中，数据资产评估的目的是“数据资产评估结论将作为增加国有资本的依据”。

[案例 6-3]

甲海洋监测站拥有某海域 30 年的海况数据，A 数据处理公司拟购买最近 10 年的数据进行加工，甲海洋监测站和 A 数据处理公司委托大洋资产评估公司对拟交易的数据资产的价值进行评估。

在该案例中，数据资产评估目的是“数据资产评估结论将为数据资产交易定价提供参考”。

资产评估师应详细了解委托人具体的评估目的及与评估目的相关的事项，如拟发生的经济行为，该经济行为是否需要上级主管部门同意，是否有上级主管部门的批文，数据资产持有人持有的数据资产是否存在法律上的纠纷。资产评估师要从数据资产评估委托人处尽可能取得经济行为文件、合同协议、商业计划书、可行性分析报告等与资产评估目的相关的资料。资产评估师要关注数据资产评估委托人对评估结论的理解程度，了解对数据资产评估报告内容、形式、结论和披露的特殊要求。资产评估师在描述资产评估目的和特定经济业务时，应尽量细化评估目的和用途，避免使用“融资”“重组”“拟了解数据资产价值”等笼统的语言作为评估目的。

三、数据资产评估对象和评估范围

资产评估师应与委托人沟通，了解拟委托评估的数据资产的范围，并考虑与经济行为的匹配程度，对拟评估的数据资产的内涵和范围进行界定。评估范围的界定应服从于评估对象的选择。

在案例 6-3 中，大洋资产评估公司的资产评估师就应与甲海洋监测站和 A 数据处理公司进行沟通，其拟购买的海况数据是最近 10 年来海洋监测站观测的某海域的所有数据，还是其中的温度、盐度等数据，考虑到 A 数据处理公司加工数据后将出售给 B 海洋渔业养殖公司，那么这些数据应该是与海洋渔业养殖紧密相关的数据。具体数据的选择需要资产评估师与委托方进行细致沟通。

资产评估机构及其资产评估师通过了解评估对象和评估范围后，可以判断此次数据资产评估业务的复杂程度和可能的工作量以及本资产评估机构和资产评估师的职业胜任能力，若职业胜任能力不足，就要考虑到利用专家工作，同时也为评估服务报价和评估业务风险控制提供必要参考。

资产评估机构及其资产评估师应凭借对评估目的的把握和职业经验，建议委托人合理确定评估范围，使所委托的数据资产评估范围与评估目的相适应。为明确责任，降低或避免产生纠纷，应由资产评估委托人（或其委托的数据资产持有人）就数据资产的评估范围编制清单或书面说明并签字盖章予以确认。

四、数据资产评估价值类型

资产评估的价值类型是指资产评估结果的价值属性及其表现形式。它是对资产评估结论的一个质的规定。不同的价值类型从不同的角度反映资产评估价值的属性和特征。不同属性的价值类型所代表的资产评估价值不仅在性质上是不同的，而且在数量上往往也存在较大差异，所以资产评估师要合理选择和确定价值类型。根据

《资产评估价值类型指导意见》的规定，资产评估价值类型分为市场价值和市场价值以外的价值。

在案例 6-1 中，B 海洋渔业养殖公司拟购买 A 数据处理公司加工后数据产品，是因为从事海洋养殖需要掌握水温、盐度的变化规律，购买的数据能够帮助提高海产品产量并降低养殖风险，同时双方是公平交易。该数据资产评估业务的价值类型应该为市场价值。

在案例 6-2 中，海洋监测数据资产是甲海洋监测站资产的重要组成部分，由于会计核算的原因，这些数据资产未作为资产入账，在本次清产核资工作中进行作价入账。由于这些数据资产本来就是监测站资产的组成部分，本次经济业务数据资产的形态和用途也未发生改变，符合在用价值的条件。因此该数据资产评估业务的价值类型应为在用价值。

在案例 6-3 中，A 数据处理公司拟购买甲海洋监测站最近 10 年的数据进行加工，是因为 A 数据处理公司认为处理后的数据能够应用到海洋渔业养殖、远洋运输等活动中，看中的是该数据潜在的投资价值。因此该评估业务中的价值类型应该为投资价值。

同样的数据资产，应用场景不同，价值类型不同，其评估值不同甚至相差很大。资产评估师应根据资产评估目的、面临的市场条件，合理选择资产评估价值类型。

五、资产评估机构的业务受理分析

（一）专业胜任能力分析与评价

资产评估师应当具备相应的资产评估专业知识和实践经验，能够胜任所执行的资产评估业务，保持和提高专业能力。

资产评估机构及其资产评估师应具有与拟承接业务相应的专业能力及相关经验。应从知识、经验、时间、精力等方面进行判断。首先是资产评估师是否具备与评估对象相关的知识。从事数据资产评估业务，资产评估师需要具备数据科学、数据管理方面的知识，对数据资产所在的行业也应该比较熟悉。其次是资产评估师是否从事过类似的资产评估业务。由于数据资产的特殊性，数据资产评估具有较大的难度和风险，因此就要考虑该资产评估师是否从事过类似的资产评估业务。最后是资产评估师是否有足够的时间和精力从事该项数据资产评估业务。

如果资产评估机构和资产评估师缺乏相应的专业知识和专业能力，就要采取措施来弥补。例如，资产评估师在数据资产评估方面专业知识不足，资产评估机构可以组织数据科学、数据资产管理以及数据资产评估方面的培训，使资产评估师和相关助理人员在短时间内掌握数据资产评估所需的知识。如果资产评估师缺乏数据资产评估的实践经验，资产评估机构可以组织资产评估师和相关助理人员赴其他资产评估机构学习、组织进行数据资产评估案例研讨等。如果上述各项措施实施后，资产评估师的专业知识和经验仍然不能达到从事数据资产评估业务的要求，资产评估机构就要考虑利用专家工作，否则就要考虑是否承接该数据资产评估业务。

根据《资产评估执业准则——利用专家工作及相关报告》的规定，利用专家工作及相关报告，是指资产评估机构在执行资产评估业务过程中，聘请专家个人协助工作、利用专业报告和引用单项资产评估报告的行为。聘请专家个人协助工作是指因涉及特殊专业知识和经验，聘请某一领域中具有专门知识、技能和经验的个人协助工作，作为资产评估专业支持。利用专业报告是指因涉及特殊专业知识和经验，利用某一领域中具有专门资质或者相关经验的机构所出具的专业报告，作为资产评估依据。引用单项资产评估报告是指资产评估机构根据法律、行政法规等要求，引用其他评估机构出具的单项资产评估报告，作为资产评估报告的组成部分。由于资产评估对象包罗万象，资产评估师不可能具备所有资产评估业务中相关资产的知识，聘请专家协助工作很常见。例如，在数据资产评估中，需要对数据的质量进行评价，若资产评估机构不具有数据质量评价的能力，就应委托专业的数据公司进行数据质量评价并由其出具数据质量评价报告。在数据资产价值评估过程中，若资产评估师缺乏数据资产相应知识和技术，可以聘请数据工程师，协助资产评估师完成数据资产评估业务。

（二）独立性分析与评价

独立性是指资产评估机构及其资产评估师在执业过程中，应当与评估委托人、评估报告使用人不存在利害关系，遵从资产评估准则要求和自身的专业判断，不受外界干扰，避免由此引起专业判断或者决策偏差失当的执业特性。资产评估行业作为市场经济活动中的中介行业，行业存在的基础是“诚信”，而“独立性”是“诚信”的基础，《资产评估法》第四条规定：“评估机构及其评估专业人员开展业务应当遵守法律、行政法规和评估准则，遵循独立、客观、公正的原则。”在资产评估职业道德“独立、客观、公正”中，“独立”是第一位的，只有“独立”，才有可能“客观和公正”，只有做到“独立、客观、公正”，资产评估各方当事人才能认可资产评估过程，对资产评估结论信服。

资产评估机构及其资产评估师开展数据资产评估业务，应当独立进行分析和估算并形成专业意见，拒绝委托人或者其他相关当事人的干预，不得直接以预先设定的价值作为评估结论。

在资产评估业务中，资产评估机构及其资产评估师要关注可能影响其独立性的情形，主要包括以下方面：资产评估机构及其资产评估师或者其亲属与委托人或者其他相关当事人之间存在经济利益关联、人员关联或者业务关联。

在这里，亲属是指配偶、父母、子女及其配偶。经济利益关联是指资产评估机构及其资产评估师或者其亲属拥有委托人或者其他相关当事人的股权、债权、有价证券、债务，或者存在担保等可能影响独立性的经济利益关系。人员关联是指资产评估师或者其亲属在委托人或者其他相关当事人那里担任董事、监事、高级管理人员或者其他可能对评估结论施加重大影响的特定职务。业务关联是指资产评估机构从事的不同业务之间可能存在利益输送或者利益冲突关系。例如，同时对同一家企业既从事资产评估业务，又从事与资产评估对象相关的咨询性业务。

因此，根据独立性的要求，资产评估机构及其资产评估师应与资产评估业务的委托人、产权持有人及其他相关当事人无利害关系。资产评估机构及其资产评估师从事资产评估活动不受任何行政部门的控制，也不受其他机关、社会团体、企业、个人、委托人等的非法干预。资产评估机构及其资产评估师应当按照国家的法律、法规和资产评估准则，独立开展资产评估业务，并独立向委托人提供资产评估结论。

数据资产评估中，数据资产的权属较其他资产更为复杂，同时其应用前景、获利能力有更大的不确定性，因此资产评估师将面临更大的评估风险。这就要求从事数据资产评估业务的资产评估师要更加严格地恪守“独立、客观、公正”的原则，不受外界的干扰，独立的进行分析和判断，确保评估结论的客观性和可靠性。

（三）资产评估业务风险分析与评价

风险是指遭受损失、伤害、不利或毁灭的可能性。而资产评估业务风险包括来自委托人的风险、来自产权持有人的风险、来自评估对象的风险、来自评估报告使用人的风险等。

来自委托人、产权持有人的风险。在资产评估业务中，如果资产评估委托人或产权持有人不配合评估机构履行评估程序，提供虚假、遗漏、不符合法定要求的评估资料，提供的数据经过粉饰、篡改，或者缺乏履约能力，这些方面将对资产评估师完成资产评估业务带来风险。

来自数据资产的风险。在资产评估业务中，如果资产评估师不具有数据的相关知识和经验而又不聘请专家辅助工作，其工作质量将难以保证。如果数据资产产权不清晰，也给评估程序的履行和评估报告的出具带来难度。

来自评估报告使用人的风险。每一份资产评估报告都有明确的报告使用人和限定的用途，如果相关人员超范围、不当使用资产评估报告与出具资产评估报告的评估机构及其评估师无关。但是资产评估报告使用人滥用报告带来损失后也可能会给资产评估机构及其资产评估师带来不必要的麻烦。

通过对专业胜任能力、独立性和资产评估业务风险进行分析后，由资产评估机构确定是否承接该项数据资产评估业务。

第二节　签订资产评估委托合同和编制资产评估计划

一、签订资产评估委托合同

资产评估委托合同是指资产评估机构与委托人签订的，明确评估业务基本事项，约定资产评估机构和委托方权利、义务、违约责任和争议解决等内容的书面合同。《民法典》规定："当事人订立合同，可以采用书面形式、口头形式或者其他形式。"《资产评估法》第二十三条规定："委托人应当与评估机构订立委托合同，约定双方的权利和义务。"《资产评估执业准则——资产评估委托合同》规定，资产评估委托合同应当以书面形式订立。因此资产评估委托合同应该采用书面形式。

根据《资产评估执业准则——资产评估委托合同》，资产评估委托合同的内容包括：资产评估机构和委托人的名称、住所、联系人及联系方式；资产评估目的；资产评估对象和评估范围；资产评估基准日；资产评估报告使用范围；资产评估报告提交期限和方式；资产评估服务费总额或者支付标准、支付时间及支付方式；资产评估机构和委托人的其他权利和义务；违约责任和争议解决；合同当事人签字或者盖章的时间；合同当事人签字或者盖章的地点。资产评估师不得以个人名义与委托人签订资产评估委托合同。

二、编制资产评估计划

（一）资产评估计划

资产评估计划是资产评估机构及其资产评估师为执行资产评估业务，拟定的资产评估工作思路和实施方案。包括评估的具体步骤、时间进度、人员安排和技术方案等。古人云："凡事预则立不预则废"，资产评估计划的编制是资产评估业务中一个不可缺少的环节。资产评估师编制资产评估计划时要注意以下要求：

1. 资产评估计划的内容应涵盖现场调查、收集评估资料、评定估算、编制和出具资产评估报告等评估业务实施全过程。

2. 资产评估师可以根据评估业务具体情况确定评估计划的繁简程度。

3. 资产评估计划编制完成后，应当报送资产评估机构相关负责人审核、批准。在资产评估计划执行过程中，应当根据评估业务的变化情况对资产评估计划进行必要的调整。

（二）编制数据资产评估计划需要考虑的主要因素

资产评估师在编制资产评估计划过程中，应当同委托人、数据资产持有人进行沟通，以保证资产评估计划具有可操作性。数据资产评估业务中，编制评估计划，应当考虑以下因素：

1. 资产评估目的以及相关管理部门对数据资产评估开展过程中的管理规定，例如，数据安全方面的规定。

2. 数据资产评估业务的风险、预计业务量大小以及复杂程度。

3. 数据资产评估中涉及的法律。

4. 数据的规模、质量以及数据的开发利用情况。

5. 第三方数据评价机构对数据资产质量的评价情况。

6. 委托人、数据资产产权持有人对此次评估的配合程度。

7. 委托人、数据资产产权持有人过去委托进行数据资产评估的情况、诚信状况以及提供资料的可靠性、完整性和相关性。

8. 拟担任项目经理的资产评估师的专业胜任能力以及评估助理的配备情况。

（三）资产评估计划的编制

资产评估计划包括综合计划和程序计划。

1. 资产评估综合计划的编制。资产评估综合计划是资产评估师对评估项目的工作范围和实施方式所做的整体规划，是完成评估项目的基本工作思路，是编制评估程序计划的指导性文件。资产评估综合计划一般由项目负责人编制。资产评估综合计划的内容一般包括：评估项目的背景；评估目的、评估对象和范围、价值类型、评估基准日；重要评估对象、重要评估程序及主要评估方法；评估小组成员及人员分工；评估进度、各阶段的费用预算；评估资料的收集和准备以及委托人提供的协助和配合；对专家和其他专业类别评估人员的合理使用；对评估风险的评价；报告撰写的组织、完成时间以及委托人特别披露要求；评估工作协调会议安排；其他。

资产评估综合计划参考格式见表 6-1。

表 6-1　资产评估综合计划

索引号：G—4

<table>
<tr><td rowspan="20">项目背景</td><td>项目名称</td><td colspan="3"></td><td>项目编号</td><td></td></tr>
<tr><td rowspan="3">委托人</td><td rowspan="3"></td><td>法定代表人</td><td></td><td>联系人</td><td></td></tr>
<tr><td>电话</td><td></td><td>电话及传真</td><td></td></tr>
<tr><td>地址及邮编</td><td></td><td>电子邮箱</td><td></td></tr>
<tr><td colspan="3">委托人的基本情况</td><td colspan="3"></td></tr>
<tr><td colspan="3">评估项目背景描述</td><td colspan="3"></td></tr>
<tr><td colspan="3">委托人对评估项目的期望及要求</td><td colspan="3"></td></tr>
<tr><td rowspan="4">产权持有人</td><td rowspan="4"></td><td>法定代表人</td><td></td><td>地址及邮编</td><td></td></tr>
<tr><td>电话</td><td></td><td>联系人</td><td></td></tr>
<tr><td>所属行业</td><td></td><td>电话及传真</td><td></td></tr>
<tr><td>单位性质</td><td></td><td>电子邮箱</td><td></td></tr>
<tr><td colspan="3">产权持有人基本情况</td><td colspan="3"></td></tr>
<tr><td colspan="3">被评估数据资产产权归属证明文件提供情况/完备程度</td><td colspan="3"></td></tr>
<tr><td colspan="3">评估目的</td><td colspan="3"></td></tr>
<tr><td colspan="3">评估性质</td><td colspan="3">法定评估、非法定评估、评估咨询等</td></tr>
<tr><td colspan="3">拟采用的评估价值类型</td><td colspan="3"></td></tr>
<tr><td colspan="3">资产评估价值类型选择的依据</td><td colspan="3"></td></tr>
</table>

续表

<table>
<tr><td rowspan="3">项目背景</td><td colspan="2">评估基准日</td><td colspan="5"></td></tr>
<tr><td colspan="2">评估报告使用范围</td><td colspan="5"></td></tr>
<tr><td colspan="2">评估对象及范围</td><td colspan="5"></td></tr>
<tr><td rowspan="24">重要评估领域</td><td rowspan="2">评估领域</td><td rowspan="2">评估方法</td><td rowspan="2">主要评估程序及需要的主要评估资料</td><td rowspan="2">资料来源</td><td rowspan="2">资料提供时间</td><td colspan="2">是否已提供资料</td></tr>
<tr><td>是</td><td>否</td></tr>
<tr><td>领域 1</td><td></td><td></td><td></td><td></td><td></td><td></td></tr>
<tr><td>领域 2</td><td></td><td></td><td></td><td></td><td></td><td></td></tr>
<tr><td>领域 3</td><td></td><td></td><td></td><td></td><td></td><td></td></tr>
<tr><td>……</td><td></td><td></td><td></td><td></td><td></td><td></td></tr>
<tr><td colspan="7">重要评估领域内有关资产的评估精度/重要性确定的原则</td></tr>
<tr><td>领域 1</td><td colspan="6"></td></tr>
<tr><td>领域 2</td><td colspan="6"></td></tr>
<tr><td>领域 3</td><td colspan="6"></td></tr>
<tr><td>……</td><td colspan="6"></td></tr>
<tr><td colspan="7">针对本项目各评估难点的特殊考虑和拟采用的对策/方案</td></tr>
<tr><td>领域 1</td><td colspan="6"></td></tr>
<tr><td>领域 2</td><td colspan="6"></td></tr>
<tr><td>领域 3</td><td colspan="6"></td></tr>
<tr><td>……</td><td colspan="6"></td></tr>
<tr><td colspan="7">拟采用评估方法选择的考虑或说明</td></tr>
<tr><td>领域 1</td><td colspan="6"></td></tr>
<tr><td>领域 2</td><td colspan="6"></td></tr>
<tr><td>领域 3</td><td colspan="6"></td></tr>
<tr><td>……</td><td colspan="6"></td></tr>
<tr><td rowspan="4">综合进度</td><td>评估程序</td><td colspan="3">时间安排</td><td colspan="3">责任人</td></tr>
<tr><td>前期准备</td><td colspan="3">月 日至 月 日</td><td colspan="3"></td></tr>
<tr><td>现场调查</td><td colspan="3">月 日至 月 日</td><td colspan="3"></td></tr>
<tr><td>评定估算</td><td colspan="3">月 日至 月 日</td><td colspan="3"></td></tr>
</table>

续表

<table>
<tr><td rowspan="3">综合进度</td><td colspan="3">编制和提交评估报告</td><td colspan="3">月 日至 月 日</td><td colspan="2"></td></tr>
<tr><td colspan="3">内部审核</td><td colspan="3">月 日至 月 日</td><td colspan="2"></td></tr>
<tr><td colspan="3">档案归档</td><td colspan="3">月 日至 月 日</td><td colspan="2"></td></tr>
<tr><td rowspan="7">风险评估</td><td colspan="6">风险项目</td><td>风险评价</td><td>风险控制</td></tr>
<tr><td colspan="6">风险项目 1</td><td></td><td></td></tr>
<tr><td colspan="6">风险项目 2</td><td></td><td></td></tr>
<tr><td colspan="6">风险项目 3</td><td></td><td></td></tr>
<tr><td colspan="6">……</td><td></td><td></td></tr>
<tr><td colspan="8">风险程度总体评价</td></tr>
<tr><td colspan="8">其他需要说明的风险事项</td></tr>
<tr><td rowspan="2">费用预算</td><td>劳务费</td><td>差旅费</td><td>外勤费</td><td>加班费</td><td>招待费</td><td>项目奖励</td><td>其他</td><td>合计</td></tr>
<tr><td></td><td></td><td></td><td></td><td></td><td></td><td></td><td></td></tr>
<tr><td colspan="9">上级部门要求：</td></tr>
<tr><td colspan="9">协调工作会的安排情况及说明：</td></tr>
<tr><td colspan="9">报告的撰写要求：</td></tr>
<tr><td rowspan="2">评估综合计划审核</td><td colspan="2">审核内容</td><td></td><td colspan="3"></td><td colspan="2">审核结果</td></tr>
<tr><td colspan="6">1. 评估目的、评估对象及范围的确定是否恰当
2. 评估基准日的选取是否恰当
3. 价值类型是否与评估目的相吻合
4. 重点评估领域的确定是否恰当
5. 重点评估程序的确定是否恰当
6. 主要评估方法的选择是否恰当
7. 评估人员（包括专家和其他人员）的选派与分工是否恰当
8. 时间进度及人员安排是否合理
9. 时间、费用预算是否合理
10. 对风险的评价是否恰当，控制手段是否合理
11. 其他</td><td colspan="2"></td></tr>
<tr><td></td><td colspan="8">审核意见：
审核人签名：
审核日期：</td></tr>
</table>

2. 资产评估程序计划的编制。资产评估程序计划是具体的评估操作要求，向评估小组提供操作指导，帮助资产评估师实现对评估过程质量的控制。资产评估程序计划的内容一般包括评估工作目标，工作方法、步骤，执行人，执行时间，评估工作底稿索引，其他等。

（四）资产评估计划的审核和调整

资产评估机构有关负责人对资产评估计划的初始编制及后续补充的审核批准,形成书面意见，记录于工作底稿。

资产评估综合计划的审核内容一般包括：评估目的、评估对象的确定是否恰当；价值类型是否与评估目的相吻合；评估程序和评估方法的确定是否恰当；评估人员的选派与分工是否恰当；时间进度安排及各阶段费用预算是否合理；对评估风险的评价是否恰当，控制手段是否合理。

资产评估程序计划的审核内容一般包括：评估程序能否达到评估工作目标；重要评估对象的评估程序是否恰当；重要评估程序的执行人是否适合；重要计价依据、参数和原始数据选取过程及来源是否恰当。

资产评估计划经审定后，应得到严格执行，避免资产评估程序执行的随意性。在资产评估计划执行过程中，若实际情况发生变化，可以根据具体情况对资产评估计划进行调整，调整情况和调整后的计划按相关管理权限进行审批，并将调整原因、调整情况以及批准情况完整记录于工作底稿。

第三节 现场调查和收集整理评估资料

一、现场调查

现场调查是指资产评估专业人员通过询问、访谈、函证、核对、监盘、勘查、检查等方式进行调查，获取评估业务需要的基础资料，了解数据资产现状，关注数据资产法律权属。从现场调查开始，资产评估项目进入实施阶段。

（一）现场调查的内容

现场调查的内容主要包括了解数据资产现状和关注数据法律权属两个方面。

1. 了解数据资产现状。数据资产现状从数据资产的存在性、完整性以及现实状况等方面了解。

（1）核实数据资产的存在性和完整性。数据资产的存在性是指委托人委托评估的数据资产是否存在。不同类型的数据资产其存在的方式不同，例如，数据的存在形式可能是数值，也可能是文字、图形、图画、动画、文本、语音、视频、多媒体等多种类型，因此不同类型的数据资产将采用不同的手段来验证其存在性。数据资产的完整性是指数据资产符合相关经济行为对资产范围的要求，能够有效实现其预定功能。数据是否缺失，是否存在缺陷，资产评估师应予以关注。

（2）了解数据资产的现实状况。数据资产的现状，直接影响其价值。资产评估师应分析数据资产是否经过加工，若经过加工，现处于哪个阶段。数据根据加工程度区分为没有经过预处理的原始数据、经过预处理的干净数据、经过分析处理的增值数据以及直接可以用于决策的高质量数据等。处于不同阶段的数据具有不同的价值，尤其是原始数据，资产评估师就要关注这些数据中是否存在缺失值、噪音、错误或虚假等问题。若数据资产存在这些问题会影响数据的质量，导致数据资产价值的降低。

2. 关注数据资产的法律权属。数据资产的法律权属包括数据资产的所有权、持有权、数据的加工使用权和数据产品的经营权。资产评估师在进行现场调查时应该取得评估对象的权属证明并进行核查验证。由于数据资产的形态较为复杂，对于在政府大数据主管部门或依法设立的数据交易机构进行了数据资产登记，取得了数据资产登记证书，该数据资产登记证书就属于数据资产权属证明，资产评估师需要对数据资产登记证书进行核查验证。若被评估数据资产未在相关部门或机构进行数据资产登记，该数据资产的权属证明就应该包括有关单位出具的权属证书、有关实验或观察记录、检验结果、分析报告、验收报告、投资协议、授权协议、购买合同、购买发票、付款凭证等，以证明数据资产是企业生产经营过程中积累的、投资人投入的、所有人授权的或企业购买的，说明数据资产来源的合法性，证明企业拥有该数据资产的权属。

资产评估委托人和其他相关当事人委托资产评估业务，应当依法提供数据资产法律权属等资料，并保证其真实性、完整性、合法性。资产评估师在执业过程中要关注数据资产的法律权属，但不得对数据资产的法律权属提供保证。对于法律权属不清、存在瑕疵，权属关系复杂、权属资料不完备的数据资产，资产评估师应当对其法律权属予以特别关注，要求委托人和其他相关当事人提供承诺函或者说明函予以充分说明。资产评估机构应当根据前述法律权属状况可能对资产评估结论和资产评估目的所对应经济行为造成的影响，考虑是否受理该项资产评估业务。

（二）现场调查的手段

根据《资产评估执业准则——资产评估程序》的规定，现场调查手段通常包括询问、访谈、核对、监盘、勘查等。

询问是资产评估师最常采用的现场调查手段，通常是资产评估师在阅读、分析委托人或产权持有人提供资料的基础上，向数据资产相关的管理、运营等人员提问，了解数据资产的相关情况。例如，评估人员在查看海况资料时，发现某年份 3 月份的水温比历史同期明显偏高，资产评估师可就该现象向观测人员询问。

访谈是资产评估师通过对特定人员或者相关人员的访问并交谈，从被访对象的答复中获取相关评估信息的调查方法。访谈与询问类似，相对而言，询问比较随意，而访谈比较正式。访谈事先应有提纲，被访谈者事先应做一定的准备，访谈过程应形成访谈记录。例如，资产评估师想了解在海产品养殖中，有哪些海况因素影响海产品的产量和质量，哪些是主要因素，哪些是次要因素，海洋监测站的数据中能提供哪些信息，能在多大程度上满足海产品养殖公司的需要，为了解决这些问题，可以召开小型会议，邀请监测站和海产品养殖公司的相关人员出席，资产评估师就上述问题对参会人员进行访谈。

核对是指对相互联系的书面资料中的相关数据进行对照以及将书面资料与实物进行对照，以查明资料与资料之间、资料与实物之间是否相符的一种方法。例如，将记录数据的明细表与数据分析报告进行核对，判断其反映的信息是否一致。又如，资产评估师将评估明细表与数据资产台账核对，发现资产评估明细表中某年度某月份的数据资料缺失，就应向委托人或产权持有人就数据资料缺失的问题进行询问，对委托人或产权持有人的答复形成工作底稿。

监盘是指资产评估师通过现场监督数据资产的存在性、掌握数据资产的使用状态、检查数据资产是否发生贬值或损耗。由于数据资产不可见性，资产评估师应采用信息工具分析判断数据资产的存在性和完好性。

勘查是指资产评估师对评估对象现场察看。这种评估程序往往适用于实物资产的评估。由于数据资产评估是将某项数据资产放到某种应用场景中，若资产评估师认为有必要了解该应用场景下数据资产的使用情况，可以对数据应用的现场进行查看，以增加对数据资产应用场景的感性认识。

（三）现场调查的方式

资产评估师在对数据资产进行现场调查时，可以根据重要性原则采用逐项调查或者抽样调查的方式。

逐项调查是指资产评估师对纳入评估范围的每一项资产负债都进行核实，并进行相应的勘查和法律权属资料核实。逐项调查对象全面，调查数据翔实可靠，但该方式工作量大，成本较高，一般应用于资产评估对象数据较少、重要性较高的情况。

抽样调查是指从被审查总体中抽取部分资料进行审查，再依据审查结果推断总体情况的一种方法。抽样调查能够确定调查重点，工作量小，周期短，工作成本低且效率高。但抽样调查计算复杂，专业性强，难操作，对资产评估人员业务素质要求较高。若样本选择不当可能得出错误的资产评估结论。

在数据资产现场调查过程中，由于数据资产的数据量巨大，可以只对某些重要的数据或重要数据的某个字段进行逐项调查。但传统的逐项调查或抽样调查手段对数据资产来讲都不合适，这需要借助大数据、人工智能等现代信息技术，建立相关算法或模型来完成。

二、收集整理资产评估资料

资产评估资料是指资产评估师执行资产评估业务时通过合法途径获得并使用的有关文件、证明和资料。资产评估资料是资产评估机构及其资产评估师形成恰当的评估结论和出具评估报告的依据。资产评估资料的收集和现场调查同步进行，一方面进行现场调查，一方面收集评估资料。

（一）资产评估资料的分类

1. 根据资料内容划分。根据资料反映的内容，可以将资产评估资料划分为权属证明、财务会计信息和其他评估资料。

（1）权属证明资料是指数据资产的法律权属凭证、权威部门出具的权属证明资料以及能够间接证明资产归属的其他资料。包括政府大数据主管部门或数据交易机构出具的数据资产登记证书，以及数据资产的实验或观察记录、检验结果、分析报告、验收报告、投资协议、授权协议、购买合同、购买发票、付款凭证等。

（2）财务会计信息是指财务报表及附注、会计凭证、会计账簿、财务分析报告等。例如，已入账的数据资产的历史成本、账面余额、摊销额、计提的减值准备以及在财务会计报告中的披露情况等。

（3）其他评估资料包括询价资料、检查记录、行业资讯、分析资料、鉴定报告、专业报告、政府文件等。由数据公司出具的数据质量评价报告就属于其他评估资料。

2. 根据资料的来源划分。根据资料的来源，可以将资产评估资料划分为直接从市场等渠道独立获取资料，从委托人、产权持有人等相关当事人获取资料，从政府部门获取资料，从各类专业机构获取资料等。

（1）直接从市场等渠道独立获取资料。如询价资料、价格指数、国债收益率、股票市场行情、数据交易所的数据挂牌和成交情况等。这类资料是资产评估师直接从市场取得的，未通过委托人或产权持有人，该类资料的可靠性和价值均较高。

（2）从委托人、产权持有人等相关当事人获取资料。如财务会计资料、数据资产权属资料、资产清单、资产使用和运行资料等。在资产评估业务中，资产评估师获取的资料绝大部分都是从委托人、产权持有人等相关当事人获取的。资产评估师需要对这类评估资料进行分析、核对、鉴定，经判断后资料真实可靠时，这类评估资料也具有较高的价值。

（3）从政府部门获取资料。如从政府官方网站上获取的有关文件、公报、统计数据等。这类资料也比较可靠。

（4）从各类专业机构获取资料。如有关研究机构出具的研究报告、会计师事务所出具的审计报告、数据公司出具的数据质量评价报告等。

委托人或者其他相关当事人对其提供的资产评估明细表及其他重要资料进行确认，确认方式包括签字、盖章及法律允许的其他方式。

（二）资产评估资料核查验证

资产评估资料核查验证是指资产评估师依法对资产评估活动所使用资料的真实性、准确性和完整性，采用适当的方式进行必要的、审慎的核查验证，从中筛选出作为评估依据的资料，以保证评估结论的合理性。

1. 进行资产评估资料核查验证的要求。资产评估师对资产评估资料进行核查验证应注意以下两个方面：

（1）对资产评估资料的真实性、准确性、完整性进行核查验证。真实性是指评估资料和评估资料中提供的信息必须是真实的，不能弄虚作假。例如，通过查看数据资产目录来判断作为资产评估对象的数据资产是否是虚构的。准确性就是资产评估资料披露的内容或者数据必须是准确的，不能出现重大错误。如果出现重大错误，就会误导信息的使用者。例如，通过查看数据资产权属证书，判断数据资产类型、有效期等信息是否正确。完整性是指资产评估资料披露的内容必须是完整的，不能出现重大遗漏。例如，作为资产评估对象的数据资产是连续 10 年观测的数据，但在某年份缺一个月的数据，资产持有人也没有合理的理由，该评估对象的数据就是不完整的。

资产评估师在核查验证中，发现不真实、不准确、不完整的数据，要及时分析原因，判断这种现象是错误还是舞弊，以及对评估结论可能带来的影响，判断是否需要采用追加资产评估程序。

（2）注意核查验证的必要性和审慎性。资产评估业务存在风险，资产评估师必须将资产评估风险降至能够承担的程度，资产评估师面对海量的评估数据，必须持有合理的职业怀疑态度，资产评估师必须对评估资料在整体把握的前提下确定重点环节和重点项目，采用适当的程序和方法，以控制和降低资产评估风险。

在资产评估资料核查验证程序应用过程中，资产评估师应清楚资产评估资料核查和验证是相辅相成的。核查是手段、是过程，验证是目的、是结果。如果没有核查或核查的质量不高，根据资产评估资料得出的评估结论说服力就不强，甚至会得出错误的评估结论。

2. 资产评估资料核查验证的方式。资产评估资料核查验证的方式通常包括观察、询问、审查、实地调查、查询、函证、复核等。

（1）观察。观察是评估资产核查验证中常用的方法。对于重要的观察事项，资产评估师应当记录观察对象、观察时间、观察地点、观察人员和观察结果，并对观察到的现象与核查验证对象是否一致发表明确意见。例如，资产评估师在数据资产评估中，评估对象为若干年的观测数据，为了了解数据的观测过程是否科学、是否按程序进行，资产评估师对数据的观测过程进行了观察，以判断以往观测数据的可信赖程度。若评估对象是一个大数据模型，应对模型的构建过程、算法应用、模拟运行进行观察。

（2）询问。询问应形成书面记录，并且询问人和被询问人都要签字确认。例如，资产评估师发现连续 10 年观测的数据中缺少某年份一个月的数据，资产评估师就该问题向数据观测人员进行询问，了解该问题产生的原因，以判断数据缺失对本次评估范围的影响。

（3）审查。资产评估师对评估资料从形式和实质两个方面进行审查。对评估资料进行形式审查，该评估资料是否是评估过程需要的资料，是否有遗漏，是否存在删改。对评估资料进行实质性审查，需要判断该评估资料反映的信息是否真实、准确、完整、合法。例如，缺少某年份一个月数据的事实，就是资产评估师对数据进行书面审查发现的。对于电子形态的数据，可以采用大数据、人工智能等工具构建相关算法来进行审查。

（4）实地调查。资产评估师进行实地调查，例如，对数据资产的应用场景进行实地调查。资产评估师应当就实地调查过程和结果形成书面记录，由相关当事人签字。例如，资产评估师实地调研某海洋监测站，了解某海域海况监测数据的取得过程，帮助资产评估师对海况数据取得过程的科学性、一致性进行评价。

（5）查询。资产评估师从相关网页、政府公报、统计年鉴进行查询，并将查询情况形成记录并由查询人员签字。

（6）函证。资产评估师通过邮寄、快递、电子形式（传真、电子邮件、微信等）发出询证函，就相关问题进行询问，对方回函应有经办人签字和单位公章。

（7）复核。资产评估师采用验算、核对等手段进行，应当记录复核的过程、结果，并由复核人签字。

上述方法是资产评估师进行核查验证常用的方法，其目的是核查验证评估资料的真实性、准确性、完整性。不同的数据资产，其存在形态和应用场景不同，核查验证的手段要根据数据资产的具体情况确定。由于数据资产的复杂性，资产评估师也可以根据具体情况选用上述方法以外的其他方法。

在核查验证过程中，如果原计划使用的核查验证实施方式无法执行，资产评估师就应考虑使用替代程序。如果核查验证事项超出了资产评估师胜任能力，资产评估师就应当委托或者要求委托人委托其他专业机构出具意见。如委托专业的数据公司进行核查验证并出具相应的专业报告或结论等。

（三）资产评估资料的分析、归纳、整理

资产评估师对评估资料核查验证后，需要对评估资料从充分性和适当性两个方面进行分析评价，以判断评估资料是否符合需要，是否足够，是否能够支撑资产评估报告中的评估结论。

1. 充分性。充分性也称为足够性，是指要有足够的资料来支持资产评估师形成的意见。充分性主要说明评估资料的数量特征，评估资料要足以支持资产评估师发表的意见，但取得评估资料是有成本的，资产评估资料不是越多越好。在资产评估业务中，主要从以下几个方面判断充分性：

（1）资产评估风险。资产评估风险越高，所需要取得的资产评估资料就应越多。

（2）资产评估项目的重要程度。资产评估项目的重要程度越高，所需要取得的资产评估资料就应越多。

（3）获取资产评估资料的途径。直接从市场等渠道独立获取资料、从政府部门获取资料，这些途径获得的资料比较可靠，证明力比较强，所需要的资料就较少。反之资产评估师需要收集的资产评估资料就需要增加。

（4）资产评估人员的执业经验。形成合理的资产评估结论，所需要收集评估资料的数量与资产评估人员的执业经验有关，执业经验丰富的资产评估师可能需要较少的评估资料来支撑其评估结论，反之可能需要较多的评估资料。

（5）现场调查过程中是否发现错误或舞弊。被评估单位提供的资料是否存在错误或舞弊，也直接影响评估资料的数量，在现场调查时如果发现存在数据非法删除、伪造等事项，资产评估师就需要对来自于从委托人、产权持有人等相关当事人的相关资料保持警觉，需要更多的资料来支撑资产评估师形成合理的资产评估结论。

（6）评估资料的类型。评估资料的质量存在高低之分，质量高的评估资料，所需数据可以少一些，反之就要多一些。

（7）总体规模。形成评估结论所需的评估资料的数量，与总体规模有关，总体规模越大，需要的评估资料就越多。

2. 适当性。适当性是评估资料质的规定性，即评估资料的质量，包括评估资料的相关性和可靠性。

（1）相关性是指评估资料要与评估目的相关，评估人员只有利用与评估目的相关的评估资料才能支撑评估结论。

（2）可靠性是指评估资料本身及来源必须是真实可信的，是依据法定评估程序和科学的方法取得的，可以依据评估资料形成评估结论。从政府部门取得的、评估人员自己取得的或加工的比较可靠；委托人、产权持有人提供的，经审查未经委托人、产权持有人加工，该资料也比较可靠。

充分性和适当性相互依存、相互转化。资产评估师应当根据评估业务需要和评估业务实施过程中的情况变化及时补充或者调整现场调查工作。资产评估师需根据评估业务具体情况收集整理资产评估资料，并根据评估业务需要和评估业务实施过程中的情况变化及时补充收集资产评估资料。

第四节 评定估算、编制及出具资产评估报告和整理归集资产评估档案

一、评定估算

资产评估师在收集整理资产评估资料的基础上，选择恰当的资产评估方法，构建适当的评估模型，确定评估参数，将数值代入评估模型，通过运算形成初步的评估结论，最后通过综合分析，确定最终的资产评估结论。

（一）选择资产评估方法

资产评估方法，是指评定估算资产价值的途径和手段。资产评估方法是在工程技术、统计、财务管理、会计等学科中相关技术方法的基础上，结合自身特点形成的一整套方法体系。数据资产评估方法主要包括收益法、成本法、市场法及其衍生方法。

在数据资产评估业务中，资产评估师应根据评估目的、评估对象、价值类型、评估资料收集情况等相关条件，分析收益法、成本法、市场法等资产评估方法的适用性，选择恰当的评估方法。

例如，交易目的的数据资产评估业务，如果该类数据资产存在活跃的交易市场，同时在交易市场中能够收集到足够的交易实例作为参照物，该评估业务的评估方法应首选市场法；如果该类数据资产不存在活跃的交易市场，而购买方应用该数据资产后预期会带来明显的收益，对该项数据资产可以采用收益法进行评估；如果该项数据资产有明确的应用场景，但没有可靠的资料对其未来的收入、费用进行预测，买卖双方已达成交易意向，对该项数据资产可以采用成本法进行评估。

（二）评定估算形成初步评估结论

资产评估师应根据所采用的评估方法，选取和构建相应的评估模型，确定评估参数，将数值输入评估模型，通过分析、计算和判断，形成初步的资产评估结论。

1. 选取和构建评估模型。资产评估师应根据资产评估对象的特点，恰当选取和构建评估模型。例如，采用收益法评估数据资产价值，可以采用增量收益法、超额

收益法、收益分成法等构建评估模型。

2. 确定评估参数。根据所构建的评估模型，确定所需的参数。例如，采用成本法评估数据资产价值，涉及的评估参数就包括数据资产寿命、数据资产价值调整系数等。在前期现场调查收集评估资料的基础上，对评估资料进行加工处理，形成符合模型需要的评估参数的数值。评估参数赋值后，资产评估师需要对评估参数的赋值进行复核，分析参数的赋值是否合理，数值的计算过程有无错误。

3. 将数值代入评估模型，形成初步评估结论。资产评估师将确定的数值输入评估模型，运算得出资产评估值，即初步的评估结论。在评估业务中，资产评估值可能是一个确定值，也可能是一个区间。如果委托合同要求评估结论是一个确定值，则评估参数赋值选最可能的数值。如果委托合同允许评估值是一个区间，则评估参数赋值可以确定最大值、最小值和最可能值，代入评估模型后就可以得到一个评估值区间。例如，某数据资产价值在 1200 万元和 1500 万元之间，最可能价值为 1350 万元。

（三）对形成的初步评估结论进行综合分析，形成最终评估结论

资产评估师应该对初步的评估结论进行综合分析，判断该种评估方法形成的评估结论是否合理。资产评估过程是资产评估师的职业判断过程，不能简单认为评定估算就是将数值代入模型进行计算，不能用计算替代资产评估师的职业判断。

首先资产评估师应该对评估资料的充分性、有效性、客观性以及评估参数的合理性、评估模型构建和应用的正确性进行复核；其次对评估结论与评估目的、价值类型、评估方法的适应性进行分析；再次对评估增减值进行分析，分析增减值的原因及其是否合理；最后根据类似交易案例的分析，对评估结论的合理性进行判断。

若采用两种以上的评估方法，资产评估师应对不同资产评估方法的初步评估结论进行分析比较，对使用的评估资料、数据、参数的数量和质量进行分析。对不同评估方法的评估结论以及评估结论存在的差异进行分析，综合考虑评估目的、价值类型、评估对象现实状况等因素，最终形成合理的评估结论。

二、编制及出具资产评估报告

资产评估报告是指资产评估机构及其资产评估师遵守法律、行政法规和资产评估准则，根据委托履行必要的资产评估程序后，由资产评估机构对评估对象在评估基准日特定目的下的价值出具的专业报告。资产评估师在履行评定估算程序后，应当编制初步资产评估报告，并进行内部审核。在资产评估机构出具正式资产评估报告前，可以在不影响独立性的前提下，与委托人或委托人同意的其他相关当事人就评估报告的内容进行沟通。最后出具、提交正式的资产评估报告。

（一）数据资产评估报告的编制

1. 数据资产评估报告的内容。资产评估师要遵守《资产评估执业准则——评估报告》《数据资产评估指导意见》等资产评估准则，完成数据资产评估报告的编制工作。数据资产评估报告需要反映数据资产的特点，在数据资产评估报告中通常要包括下列内容：

（1）数据资产的详细情况。通常包括数据资产的名称、来源、数据规模、产生时间、更新时间、数据类型、呈现形式、时效性、应用范围、权利属性、使用权具体形式以及法律状态等。

（2）数据资产应用的商业模式。数据资产的价值和应用场景、商业模式有关，同一项数据资产，在不同的应用场景和商业模式下发挥的作用不同，数据资产的价值也就不同，甚至有较大的差异。因此资产评估师需要对数据资产的应用场景和商业模式进行描述。

（3）对影响数据资产价值的基本因素、法律因素、经济因素的分析过程。影响数据资产价值的基本因素包括技术因素、数据容量、数据价值密度、数据应用的商业模式等。技术因素通常包括数据获取、数据存储、数据加工、数据挖掘、数据保护、数据共享等。数据资产的法律因素通常包括数据资产的权利属性以及权利限制、数据资产的保护方式等。数据资产的经济因素通常包括数据资产的取得成本、获利状况、类似资产的交易价格、市场应用情况、市场规模情况、市场占有率、竞争情况等。资产评估师需要对影响数据资产价值的因素及分析过程进行描述，帮助评估报告使用人正确理解评估结论。

（4）使用的评估假设和前提条件。在资产评估过程中，资产评估师需要对资产未来的使用状况、市场环境进行模拟，以确定被评估资产在特定环境下发挥的作用，以此为基础判断资产的价值。因此，资产评估师需要对未来的状况采用“假设”和“前提条件”进行描述。如果未来的市场环境发生大的变化，假设和前提条件均不存在，资产评估结论就自然失效。

[小资料 6-2]

某资产评估报告披露的“评估假设”

本次评估的假设条件有：

1. 持续经营假设。假设××股份有限公司按照目前的经营方式、产品结构、经营规模持续经营。

2. 简单再生产假设。假设××股份有限公司的生产能力和经营规模保持现有的水平。

3. 宏观经济环境稳定假设。除已经出台的政策，在可以预见的将来，我国的宏观经济政策趋向平稳，税收、利率、物价水平基本稳定，国民经济持续、稳定、健康发展的态势不变。

4. 无其他人力不可抗拒或不可预见因素造成重大不利影响或损失。

当上述假设条件发生变化时，评估结论会失效。

（5）数据资产的许可使用、转让、诉讼和质押情况。

（6）有关评估方法的主要内容，包括评估方法的选取及其理由，评估方法中的运算和逻辑推理公式，各重要参数的来源、分析、比较与测算过程，对测算结果进行分析并形成评估结论的过程。

（7）其他必要信息。

2. 数据资产评估报告的披露。在数据资产评估业务中，无论是单独出具数据资产的资产评估报告，还是将数据资产评估作为综合性资产评估报告的组成部分，都应当在资产评估报告中披露必要信息，使资产评估报告使用人能够正确理解评估结论。数据资产评估报告应当披露下列内容：

（1）数据资产的基本属性。资产评估师在评估报告中需要对数据名称、数据类型、数据来源、数据规模、数据加工程度、应用范围等进行描述。帮助资产评估报告使用人正确理解数据资产的内涵。

（2）数据质量评价情况。数据质量评价是数据资产评估的基础，资产评估师需要在评估报告中对数据质量评价情况进行披露。数据质量评价的披露包括以下方面：第一，披露数据质量评价主体，数据质量评价一般是由数据公司作为第三方专业机构独立进行的，对该评价机构情况进行说明；第二，披露评价指标，对数据准确性、一致性、完整性、规范性、时效性和可访问性等指标进行说明；第三，披露评价方法和评价过程，数据质量评价一般采用定量方法和定性方法相结合的方法，包括层次分析法、模糊综合评价法和德尔菲法等方法；第四，披露第三方机构出具的数据质量评价报告和形成的评价意见。

（3）数据资产的应用场景以及数据资产应用所涉及的地域限制、领域限制及法律法规限制等。在评估报告中，资产评估师需要对被评估数据资产拟发挥作用的应用场景进行描述，以帮助评估报告使用者正确理解评估结论。如果数据资产的使用受到地域限制、领域限制或法律法规限制等，也需要在评估报告中说明。

（4）与数据资产应用场景相关的宏观经济和行业的前景。被评估的数据资产，有一个特定的应用场景，但该数据资产发挥作用的大小，还要根据该应用场景所属的行业和宏观经济来判断，行业状况和宏观经济状况对数据资产作用的发挥产生较大的影响，因此在评估报告中，资产评估师需要对与数据资产应用场景相关的宏观经济和行业的前景以及对数据资产产生的影响进行说明。

（5）评估依据的信息来源。评估信息来源包括政府部门公布的统计数据、行业协会公布的行业数据、第三方机构以及委托人、产权持有人提供的数据，不同来源的数据其可靠性存在差异，资产评估师需要对重要数据的来源进行说明，以帮助评估报告使用人对评估结论的理解和使用。

（6）利用专家工作或引用专业报告内容。根据《资产评估执业准则——利用专家工作及相关报告》，资产评估师需要披露利用专家情况和利用其他专业机构报告情况。受制于资产评估师的知识和能力结构，在数据资产评估执业过程中，一般要聘请数据工程师、数据分析师协助工作，在评估报告中需要对专家的工作情况进行披露。数据质量评价工作一般是由数据公司作为第三方独立进行的，并出具数据质量评价报告，数据质量评价报告是资产评估师出具资产评估报告的依据，需要对数据公司名称、数据质量评价报告名称、报告编号、出具日期、评价结论等内容进行说明。

（7）其他必要信息。

另外，资产评估师还需要在数据资产评估报告中对数据资产的评估方法进行披露，包括以下几个方面的内容：

①评估方法的选择及其理由。数据资产评估方法包括收益法、成本法、市场法及其衍生的其他方法，资产评估师需要在评估报告中对评估方法的选择以及理由进行说明。根据《资产评估法》和《资产评估基本准则》规定："除依据评估执业准则

只能选择一种评估方法的外，应当选择两种以上评估方法”，资产评估师在从事数据资产评估业务时，应选择两种以上的评估方法，若只采用一种评估方法，资产评估师就需要对选择一种评估方法的合法性和合规性进行说明。

②各重要参数的来源、分析、比较与测算过程。在数据资产价值评定估算过程中，涉及一些重要的评估参数。例如，成本法中的数据资产价值调整系数、收益法中的折现率、市场法中的调整系数，这些重要的评估参数的赋值对评估结论有较大的影响。又如，数据资产评估采用收益法，折现率的确定可以采用加和法、资本资产定价模型、加权平均资本成本法等方法（具体在第七章详述），需要对无风险报酬率、风险报酬率、β系数等参数的赋值进行说明。

③形成评估结论的过程。根据构建的评估模型，将数值输入模型，形成初步评估结论，资产评估师对初步评估结论的合理性进行职业判断，形成最终的评估结论，对上述评估结论的形成过程进行披露。

（二）资产评估报告的审核

资产评估师完成初步资产评估报告编制后，根据相关法律、法规、资产评估准则和评估机构内部质量控制制度，对评估报告及评估程序执行情况进行必要的内部审核。根据资产评估机构内部质量监控管理要求，资产评估报告的审核包括项目团队内部的审核及项目团队之外的独立审核，项目团队之外的审核人员可以是专职的质控部门（或岗位）的审核人员，也可以是项目团队人员之外具有审核能力和经验的其他人员。资产评估报告审核人员主要对以下方面进行审核：

1. 评估程序的履行情况。审核资产评估项目应履行的评估程序是否履行，履行是否到位，如果未履行，原因是什么，资产评估师是否采用替代评估程序。未履行的评估程序是否重要，是否对评估结论产生重大影响，未履行的评估程序以及对评估结论产生的影响是否在评估报告中恰当披露。

2. 评估资料的充分性和适当性。审核取得的评估资料数量是否足够，是否与评估目的相关，已履行的评估程序是否获得相应的评估资料，重要的评估程序对应的评估资料是否收集，收集的评估资料是否能够支撑资产的存在性和完整性，是否能够支撑评估结论的合理性。

3. 评估方法、评估技术思路的合理性。审核评估方法选择的理由，判断评估方法和评估技术思路的恰当性，如果评估师仅使用了一种评估方法，需了解只采用该种评估方法的理由以及合理性。

4. 评估目的、价值类型、评估假设、评估参数以及评估结论在性质和逻辑上的一致性。审核评估目的的确定是否与经济行为相符，评估目的描述是否笼统、模糊。审核价值类型的选择是否与经济行为、评估目的、市场条件相一致，是否采用了评估准则中未提及的价值类型，是否对价值类型的含义进行解释。审核评估假设的合理性，评估假设是否属于理解评估结论所必需的，评估假设是否与评估目的相匹配。审核评估参数取值的合理性，数据来源是否真实，计算过程是否准确，对于主观判断形成的参数值，判断的依据是否充分，理由是否成立。审核评估结论与评估目的、价值类型、评估假设的逻辑上的一致性，审核评估参数赋值是否与评估结论形成对应关系，是否能够支撑评估结论。

5. 评估模型选择的适当性及计算过程的正确性。审核评估模型选择的理由，掌握评估模型的构建思路，分析评估模型构建的恰当性。将模拟数据值输入评估模型，验证评估计算过程的准确性以及评估结论的正确性。

6. 评估参数选取的合理性。在构建评估模型中，涉及多项评估参数，例如，成本法中的数据资产价值调整系数、收益法中的折现率、市场法中的各种调整系数，这些评估参数对评估结论产生直接影响甚至决定性影响，因此需要审核评估参数选取的合理性。首先，审核数据来源的可靠性，来源于官方统计数据或资产评估师通过市场调研形成的数据比较可靠。其次，审核数据计算的正确性，资产评估师是否对不同来源的数据进行加工计算，确定评估参数的数值。最后，资产评估师是否对评估参数的赋值进行职业判断，评估参数的赋值不是简单的数学运算，它体现了资产评估师的职业判断过程，通过评估工作底稿对评估参数的最终赋值进行审核。

7. 评估明细表与评估汇总表之间勾稽关系的正确性。

8. 采用多种评估方法进行评估时，各种评估方法所依据的假设、前提、数据、参数的合理性和正确性，不同评估方法得出结论的合理性以及存在差异的原因。同一项资产，在同一个评估目的下，不同的评估方法形成的评估结论应该趋同，如果不同的资产评估方法形成的评估结论存在较大差异，可能是该种评估方法不适用，或者某些评估假设、前提不符合被评估资产面临的市场环境，也可能是评估参数的赋值存在较大误差。对于不同评估方法形成的评估结论存在较大差异的情况应提请资产评估师分析原因并进行完善。

9. 最终评估结论的合理性。最终评估结论的形成是资产评估师职业判断的结果，审核人员需要与资产评估师沟通，了解资产评估师判断的过程和作出评估结论的依据，借以判断资产评估结论的可信性。

10. 评估报告的合规性。资产评估报告的出具要符合《资产评估法》和资产评估相关执业准则。审核人员对资产评估报告的格式、评估过程说明、特别事项说明、签字等内容进行审核。根据《资产评估法》的规定，法定评估业务的评估报告必须有两名评估师签字，非法定评估业务可以由不具有资产评估师职业资格的其他资产评估专业人员签字，审核资产评估报告签字是否合法。

初步资产评估报告经资产评估内部审核后，就可以与委托人或者其他相关当事人就评估报告内容进行沟通。

（三）与委托人或者相关当事人沟通

《资产评估执业准则——资产评估程序》指出："资产评估机构出具资产评估报告前，在不影响对评估结论进行独立判断的前提下，可以与委托人或者委托人同意的其他相关当事人就资产评估报告有关内容进行沟通，对沟通情况进行独立分析，并决定是否对资产评估报告进行调整。"因此，在出具正式评估报告前，资产评估机构可以在不影响对最终评估结论进行独立判断的前提下，与委托人或者委托人许可的相关当事人就评估报告有关内容进行必要沟通。

资产评估机构及其资产评估师与委托人或者相关当事人进行必要的沟通，有利于了解委托人或者相关当事人对评估结论的反馈意见，也有助于委托人或者相关当事人合理理解评估结论，正确使用评估报告。资产评估机构将评估报告审核完毕后，根据需要就可以安排与委托人或者相关当事人沟通，沟通的主要内容可以包括：

1. 是否存在资产评估报告中对数据资产的描述与实际情况不一致的情况。一般情况下，资产评估报告中对数据资产的描述应与实际情况保持一致，如果存在不一致的情况，资产评估师就应对不一致的情况与委托人或者相关当事人沟通，说明存在不一致的具体事项、原因以及该做法的合规性。

2. 是否履行了评估委托合同约定的内容。评估合同一旦签订，就具有法律效力，签约双方就应严格按照合同约定履行相应义务，若情况发生变化，某些合同条款无法履行，签约双方应签订补充条款对原合同进行修改。

3. 评估方法的适用性，模型构建的正确性，参数选择的合理性，计算过程的准确性，以及评估目的、价值类型和评估方法的匹配等。

4. 评估程序履行的完整性。《资产评估基本准则》规定："资产评估机构及其资产评估专业人员不得随意减少资产评估基本程序。"资产评估师应按照执业准则的规定履行评估程序，若某些评估程序由于客观原因未能履行，资产评估师应与委托方沟通，分析未履行的评估程序对评估结论的影响，商讨采用替代评估程序的可行性。

5. 评估报告披露信息的正确性和恰当性。在评估报告中，需要介绍委托人、产权持有人的基本情况，对评估报告使用人进行限定，对评估项目使用的假设和限定条件进行说明，对评估目的和价值类型进行说明，对评估报告有效期进行限定。上述这些信息的正确性与完整性需要委托方确认，资产评估师需要与委托方就上述信息进行沟通，以判断评估报告披露信息的正确性和恰当性，评估报告披露信息应客观公正，不得误导评估报告使用者。沟通过程中，如果发现资产评估报告存在差错或者疏漏，资产评估师在查证、核实的基础上对资产评估报告或者资产评估结论进行补充和完善。

评估机构与委托人或者相关当事人沟通后，如果导致资产评估师修改评估报告或者评估结论，需要在工作底稿中注明修改理由、修改过程和修改后的评估结论，并履行相应的资产评估报告审核程序。

资产评估机构与委托人或者相关当事人进行沟通，必须确保资产评估机构及其资产评估师的独立性，确保出具的资产评估报告的客观公正性。

（四）提交资产评估报告

完成上述评估程序后，由资产评估机构出具资产评估报告并按资产评估委托合同的要求向委托人交付资产评估报告。资产评估师在出具资产评估报告后，应当按照法律、法规和资产评估准则的要求对资产评估工作底稿进行整理，与资产评估报告一起及时形成资产评估档案。

三、整理归集资产评估档案

资产评估档案是指资产评估机构开展资产评估业务形成的，反映资产评估程序实施情况、支持评估结论的工作底稿、资产评估报告及其他相关资料。资产评估档案整理归集工作，是指评估机构建立评估档案并进行收集、整理和提供利用的过程。资产评估报告出具后，项目组应及时将履行评估程序过程中收集的评估资料、项目组人员制作的评估工作底稿以及评估报告的副本进行归集、整理并装订，形成资产评估工作档案，并按照资产评估机构的管理要求及时归档保管。

资产评估委托合同、资产评估报告应当形成纸质文档。评估明细表、评估说明可以是纸质文档、电子文档或者其他介质形式的文档。同时以纸质和其他介质形式保存的文档，其内容应当相互匹配，不一致的以纸质文档为准。资产评估机构及其资产评估师应当根据评估业务具体情况谨慎选择工作底稿的形式。

资产评估过程中，评估资料往往是项目组成员分散各自收集的，但收集的评估资料其所有权归资产评估机构，项目组成员收集的资料应及时交项目负责人审核，一方面利于项目负责人把控项目进度和评估程序的履行情况，另一方面利于评估资料的归档保管，应杜绝项目组人员将评估资料私自保管而不归档的情形出现。

资产评估师通常应当在资产评估报告日后 90 日内将工作底稿、资产评估报告及其他相关资料归集形成资产评估档案。重大或者特殊项目的归档时限不晚于评估结论使用有效期届满后 30 日。资产评估档案保管年限按照相关法律和管理规定执行。资产评估机构应当在法定保存期限内妥善保存资产评估档案，资产评估机构不得对在规定保存期内的资产评估档案进行非法删改或者销毁。

第七章　数据资产评估方法

资产评估方法是指评定估算资产价值的途径和手段。《数据资产评估指导意见》提出数据资产价值的评估方法包括收益法、成本法和市场法三种基本方法及其衍生方法。资产评估师执行数据资产评估业务，应当根据评估目的、评估对象、价值类型、资料收集等情况，同时考虑被评估数据资产自身的特点，分析上述三种资产评估基本方法的适用性，选择恰当的资产评估方法。资产评估方法的选择是资产评估师履行评估程序的关键环节，直接影响资产评估结论的合理性。

[小资料 7-1]

青岛天和资产评估有限责任公司采用收益法
评估“人民出行”数据资产的市场价值

青岛天和资产评估有限责任公司接受委托，为“人民出行”服务，采用收益法对其持有并使用的“共享出行数据资产”的市场价值进行评估，并出具了资产评估报告，为相关资产收购行为提供价值参考。

青岛天和资产评估有限责任公司结合人民出行运营情况，针对公司订单总量、日志存储、运维数据等多维度进行梳理并最终协助委托人完成经济行为。

（根据中国资产评估协会公众号 2023 年 11 月 9 日《创新服务数据资产评估，积极研究数据资源入表解决方案》改写）

第一节　数据资产评估的收益法

一、数据资产评估收益法的概念和前提条件

（一）数据资产评估收益法的概念

数据资产评估中的收益法是指通过将数据资产的预期收益资本化或者折现，来

确定其价值的各种评估方法的总称。数据资产收益法包括分成收益法、超额收益法、增量收益法等。

收益法的基本评估模型如下：

$$P=\sum_{t=1}^{n} F_t \frac{1}{(1+r)^t}$$

式中：

P——数据资产评估值；

F_t——数据资产未来第 t 个收益期的收益额；

n——剩余收益期；

t——未来第 t 期；

r——折现率。

（二）数据资产评估收益法应用的前提条件

根据收益法的基本评估模型，在获取数据资产相关信息的基础上，需要根据该数据资产或者类似数据资产的历史应用情况以及未来应用前景，结合数据资产应用的商业模式，重点分析数据资产经济收益的可预测性，考虑收益法的适用性。资产评估师选择和使用收益法估算数据资产价值时应当考虑收益法应用的前提条件：

1. 数据资产的预期收益可以合理预测并用货币计量。资产评估师应根据数据资产的历史应用情况及未来应用前景，结合应用或者拟应用数据资产的企业经营状况，重点分析数据资产经济收益的可预测性。采用收益法评估数据资产价值要求数据资产的预期收益必须能够合理地预测，这就要求数据资产与企业经营收益之间存在着较为稳定的关系。同时，影响数据资产预期收益的主观因素和客观因素也应该是比较明确的，资产评估师可以合理把握并据此分析和测算出数据资产的预期收益。

2. 预期收益所对应的风险能够度量。数据资产在应用过程中存在数据管理风险、数据流通风险、数据安全风险及监管风险等风险因素。采用收益法估算数据资产价值，要求数据资产所在企业面临的行业风险、地区风险、企业风险以及数据资产面临的数据管理风险、数据流通风险、数据安全风险和监管风险等是可以合理评估和测算的。数据资产所处的行业不同、地区不同、企业不同以及数据资产本身的差异都会不同程度地体现在资产拥有者在获取收益时所承担的风险上。对于投资者来说，风险大的投资，要求的投资回报率就高；投资风险小，其投资回报率也可以相应降低。企业在使用数据资产获取预期收益过程中面临的风险能够度量是确定折现率或资本化率的基本前提。

3. 收益期限能够确定或者合理预期。数据资产收益期限的长短，即数据资产的寿命，也是影响其价值和评估值的重要因素之一。综合考虑数据资产的法律有效期限、相关合同有效期限、数据资产的更新时间、数据资产的时效性、数据资产的权利状况以及相关产品生命周期等因素，合理确定经济寿命或者收益期限，并关注数据资产在收益期限内的贡献情况。

二、数据资产评估收益法的基本程序

采用收益法进行数据资产评估，其基本程序如下：

1. 收集并验证与数据资产未来预期收益有关的数据资料。包括企业的经营前景、市场形势、经营风险、财务状况以及数据资产的使用场景、数据产品开发能力、数据产品生命周期、关联产品的市场前景等。

2. 分析测算数据资产未来预期收益。首先，确定预期收益类型与口径。预期收益包括销售收入、销售利润、息税前利润、利润总额、净利润、现金流量等类型。其次，构建收益预测模型，根据数据资产的特点和获利方式，恰当构建收益预测模型。最后，根据企业相关收入、费用成本的预测值，确定数据资产的预期收益额。

3. 确定折现率或资本化率。根据预期收益的口径确定折现率或资本化率的口径，避免预期收益与折现率或资本化率不匹配的情况。构建折现率或资本化率计算模型，收集市场无风险报酬率和风险报酬率资料，对数据资产风险水平进行计量，确定风险报酬率，最后确定折现率或资本化率。

4. 确定预期收益期限。综合考虑数据资产的法律有效期限、相关合同有效期限、数据资产的更新时间、数据资产的时效性、数据资产的权利状况以及相关产品生命周期等因素，合理确定经济寿命或者收益期限，并关注数据资产在收益期限内的贡献情况。

5. 用折现率或资本化率将数据资产的未来预期收益折算成现值。根据构建好的收益法估值模型，将预期收益额、收益年限、折现率或资本化率等参数值代入估值模型，计算出数据资产价值。

6. 分析确定评估结论。通过模型计算出数据资产价值后，资产评估师要对计算过程和计算结果进行分析判断，以确定评估结论的合理性。首先，对收益法构建的评估模型进行分析，该模型是否能反映被评估数据资产的特点，是否符合数据资产的获利模式。其次，对评估模型涉及的各参数进行分析，参数形成过程的数据是否有出处、是否真实，主观判断的参数值是否合理。最后，对计算结果进行分析，模型构建是否合理，计算过程是否正确，形成的结论是否恰当，最终得出评估结论。

三、数据资产预期收益的确定

（一）确定数据资产预期收益时应注意的原则

在采用收益法构建的评估模型中，资产的预期收益额是评估模型的基本参数之一。在确定数据资产预期收益时，应注意以下原则：

1. 数据资产的收益额是指根据投资回报的原理，数据资产在正常情况下所能得到的归属于其产权主体的所得额。数据资产的收益额是资产使用后给其所有人或持有人带来的经济利益，这个经济利益是数据资产潜在的社会效益的一部分甚至是一小部分。例如，某数据资产广泛推广运用能给全社会带来1000亿元的收益，在某企业运用后能带来50亿元的收益，那么评估该数据资产在某企业的价值时，其收益额就是50亿元而不是1000亿元。另外数据资产发挥作用离不开有形资产和其他类型的无形资产，数据资产的收益额是应用数据资产带来的收益，不能将有形资产、其他类型无形资产创造的收益或者企业的总收益作为数据资产的收益额，这样就会虚增或者夸大数据资产的收益额，导致评估结论失实。

2. 数据资产的预期收益是指数据资产在特定应用场景下使用的收益。同样的数据资产在不同应用场景下的预期收益可能存在差异。数据资产的获利形式通常包括：对企业顾客群体细分、管理客户关系、个性化精准推荐、提高投资回报率、数据搜索、模型构建应用等。资产评估师应分析数据资产在特定应用场景下发挥作用的模式以及对企业收益产生的影响。

3. 收益额是数据资产未来预期收益额。收益额不是数据资产的历史收益额，是未来的预期收益额。数据资产存在生命周期，处于生命周期不同阶段的数据资产获利能力不同。因此数据资产在过去的获利能力对预测未来的收益有很大帮助，但未来的收益额要根据数据资产所处的生命周期阶段以及面临的市场环境合理确定。

（二）数据资产预期收益的估算

在估算数据资产带来的预期收益时，需要区分数据资产和其他资产所获得的收益，分析与之有关的预期变动、收益期限、成本费用、配套资产、现金流量、风险因素等。并对收益预测所利用的财务信息和其他相关信息、假设和评估目的的恰当性进行分析。

在资产评估实务中，由于数据资产种类以及应用场景繁多，不同种类资产的收益额表现形式也不完全相同，收益额通常表现为销售收入、息税前利润、利润总额、净利润或现金净流量等。具体计算公式如下：

净利润＝收入－成本费用－税金及附加－所得税

企业自由现金流量＝净利润＋折旧与摊销＋利息费用（扣除税务影响后）

－资本性支出－净营运资金变动

权益自由现金流量＝净利润＋折旧与摊销－资本性支出－净营运资金变动

＋付息债务的增加（减少）

根据预期收益的来源及内涵不同，采用收益法评估数据资产价值时，预期收益的具体预测方式可采用直接收益预测、分成收益预测、超额收益预测和增量收益预测等。

1. 直接收益预测模型。直接收益预测是直接预测数据资产在特定应用场景下的收益额的方式。

直接收益预测公式如下：

$$F_t=R_t$$

式中：

F_t——数据资产未来第 t 个收益期的收益额；

R_t——第 t 期数据资产的净利润。

在被评估数据资产的应用场景及商业模式相对独立，且数据资产对应服务或产品为企业带来的直接收益可以独立核算并合理预测的情形下，可以使用直接收益预测估算数据资产预期收益。如对学术期刊数据库内数据资源的价值进行评估，该数据库按用户的下载量收费，该数据库的下载收入就是数据资源产生的收入，扣除数据库的运营成本和税金后的净利润就是该数据库数据资产的收益额。

该模型适用于数据资产在资产总额中占比非常大的企业，在这种情况下其他资产的贡献很小，评估过程中将其忽略。如果数据资产发挥作用需要一定规模的有形资产和其他类型的无形资产，该模型的应用就可能虚增数据资产的价值。

2. 分成收益预测模型。分成收益预测是采用收益分成的思路确定数据资产预期收益的方式。分成收益预测模型的具体思路如下：

首先，计算总收益。根据选定的收益形式确定总收益，收益形式有销售收入、息税前利润、净利润、现金净流量等，收益的形式根据数据资产特性和应用场景确定。

其次，确定分成率。分成率必须与收益的口径一致，收益的形式为销售收入，则分成率为销售收入分成率，若收益的形式为净利润，则分成率为净利润分成率。若分成率的口径与收益的形式不一致，就会出现“张冠李戴”的情况，计算出来的数据资产收益额就会出现“不知所云”的情形。另外分成率的确定要有依据，要有具有说服力的数据来源。

最后，确定数据资产收益额。将总收益与分成率相乘，得出数据资产的收益额。

采用净利润分成率时，计算公式如下：

$$F_t=R_t \cdot K_t$$

式中：

F_t——数据资产未来第 t 个收益期的收益额；

R_t——预测第 t 期收入总额或净利润总额；

K_t——预测第 t 期数据资产的收入分成率或净利润分成率。

应用分成收益预测模型的核心是要合理确定数据资产的分成率。在确定数据资产收益分成率时，需要对数据资产的数据特征、成本要素、场景要素、市场要素、质量要素进行综合分析，采用案例分析法、生产要素分析法等方法确定数据资产收益分成率。

采用案例分析法确定收益分成率是指在数据交易市场收集与被评估数据资产相同或类似数据资产交易案例，根据其成交价格、预期销售收入、预期净利润测算交易案例中的数据资产的收益分成率。再将被评估数据资产与交易案例数据资产在数据特征、成本要素、场景要素、市场要素、质量要素等方面的因素进行比较，计算出数据特征、成本要素、场景要素、市场要素、质量要素等修正系数，通过修正系数对交易案例中的数据资产收益分成率进行修正，就可以得出被评估数据资产的收益分成率。采用案例分析法的优点是交易资料等数据来源于市场，形成的收益分成率说服力强，比较可靠。但该方法的缺点也比较明显，数据资产种类繁多，应用场景多样，要找到可比较的交易案例难度较大。另外需要多个有可比性的交易案例，交易案例不能是一个，一个交易案例具有偶然性，说服力不强。在数据资产交易不是很活跃的情况下，该方法的应用受到了极大的限制。

生产要素分析法是指将数据资产作为企业生产要素之一，根据其重要性评价确定数据资产的收益分成率。可以采用层次分析法（AHP 法），通过专家打分评价，确定目标企业中劳动、资本、土地、知识、技术、管理、数据各自的重要程度，以确定数据资产的收益分成率。该方法的优点是具有很强的可操作性。但该方法的不足也比较明显，该方法主观性较强，容易受到人为的干扰。因此在评价指标设计中要加强调研，指标的设计要符合被评估数据资产的特点，确保评价指标的科学性。另外，要注意评价专家的选择，专家团队中要有技术专家和管理专家，确保专家对数据资产的特性、应用场景、目标企业的情况等信息熟知并掌握，并采用头脑风暴法，经过多次迭代，以保证数据资产收益分成率指标的合理性和科学性。

分成收益预测模型适用于数字型企业价值评估或数字型企业中数据资产的价值评估活动。该类企业有流动资产、固定资产、其他类型的无形资产，但该类企业的核心资产为数据资产。例如，数据运营类企业，数据资产是企业收益的主要贡献者。在该类企业价值评估中或数据资产价值评估中，需要采用适当的方法将收益额分配给数据要素，以确定数据资产的价值。

分成收益预测模型也适用于软件开发服务、数据平台对接服务、数据分析服务等数据资产应用场景，当其他相关生产要素所产生的收益不可单独计量时可以采用分成收益模型确定数据资产的收益分成率，以确定数据资产的收益额。

3. 超额收益预测模型。超额收益预测是将归属于被评估数据资产所创造的超额收益作为该项数据资产预期收益的方式。超额收益预测模型的具体思路如下：

首先，测算数据资产与其他相关贡献资产共同创造的整体收益。贡献资产是指与被评估数据资产一起共同发挥作用并与被评估数据资产一起对未来收益产生贡献的资产。在数据资产评估中，相关贡献资产通常包括流动资产、固定资产、无形资产和组合劳动力等。组合劳动力是指与人力资本相关的无形资产，如训练有素的劳动力、劳动合同等。组合劳动力是企业商誉的重要组成部分。数据资产与其他相关资产共同创造的整体收益可以是净利润，也可以是企业自由现金流量。

其次，测算其他相关贡献资产的收益。通过投资回报率等指标计算其他相关贡献资产的收益。

最后，确定数据资产收益额。在整体收益中扣除其他相关贡献资产的收益，得出剩余收益，该剩余收益就是数据资产带来的超额收益，即数据资产的收益。

超额收益预测具体计算公式如下：

$$F_t=R_t-\sum_{i=1}^{n} C_{ti}$$

式中：

F_t——预测第 t 期数据资产的收益额；

R_t——数据资产与其他相关贡献资产共同产生的整体收益额；

n——其他相关贡献资产的种类；

i——其他相关贡献资产的序号；

C_{ti}——预测第 t 期其他相关贡献资产的收益额。

超额收益预测模型通常适用于被评估数据资产可以与资产组中的其他数据资产、无形资产、有形资产的贡献进行合理分割，且贡献之和与企业整体或资产组正常收益相比后仍有剩余的情形。该模型多适用于数据资产产生的收益占公司主营业务收益比重较高的数据类公司，且其他资产要素对收益的贡献能够明确计量。

有关学者对超额收益模型的应用进行了研究，取得了一定的研究成果。

孙文章、杨文涛采用多期超额收益法对互联网金融企业数据资产价值评估进行了研究，构建了如下评估模型：

$$V_d=\sum_{t=1}^{n}(E-E_f-E_c-E_i)\cdot(1+i)^{-t}\cdot K_t$$

式中：

V_d——数据资产价值；

E——企业的现金流；

E_f——固定资产的贡献值；

E_c——流动资产的贡献值；

E_i——其他无形资产的贡献值；

i——折现率；

n——收益期；

K_t——数据资产价值变化系数。

在该模型中，用企业自由现金流量作为收益。固定资产贡献值包括折旧补偿与投资回报。折旧补偿需要考虑已有固定资产的补偿和新购入固定资产的补偿，投资回报则等于年均固定资产数额乘以投资回报率，年均固定资产数额取自年初和年末的平均值，以五年期银行贷款利率作为固定资产的投资回报率。流动资产贡献值等于年均流动资产数额乘以流动资产回报率，采用一年期银行贷款利率作为流动资产的回报率。其他无形资产主要包括表内可确指的无形资产，贡献值等于摊销补偿加上投资回报，摊销补偿等于已有无形资产的摊销额加新购入无形资产的摊销额，投资回报等于年均无形资产数额乘以回报率，其中年均无形资产数额等于期初与期末的平均值，投资回报率选用五年期及以上的银行贷款利率。企业还包含客户关系与人力资本等表外无形资产，评估中通常采用组合劳动力的方式进行测算。组合劳动力贡献值=劳动力年投入额×劳动力贡献率。企业总收益扣除固定资产、流动资产、表内无形资产、组合劳动力等资产的收益，就得出数据资产的收益，将数据资产的收益折现就得出数据资产的价值。

崔叶、朱锦余以顺丰公司为例对智慧物流企业数据资产价值进行了研究。该研究采用多期超额收益法的思路，先测算智慧物流企业组合无形资产的价值，再从组合无形资产收益中分割出数据资产价值。该项研究将该企业拥有的无形资产划分为专利类无形资产、数据资产、商标、资质类无形资产、商业模式和管理制度、客户关系等，利用层次分析法（AHP）确定各项无形资产在无形资产整体中的比重，测算出数据资产的预期收益，将其收益折现后确定数据资产价值。

超额收益预测模型在应用过程中有以下优点：

（1）模型简洁，可操作性强。从总收益中扣除固定资产、流动资产、其他类型无形资产的收益，剩余部分即数据资产带来的收益。该模型中确定数据资产收益的思路清晰，易于操作。

（2）数据易于收集。各项贡献资产的价值来源于企业财务报表，各项资产的贡献率（收益率）可以通过金融机构贷款利率表示，各项资产的价值乘以贡献率（收益率）即各项资产的贡献（收益）。在上述计算过程中相关数据的采集较为容易。

（3）模型和参数值容易理解，形成的评估结论也易于被委托人和其他评估报告使用人所接受。

因此超额收益预测模型是测算数据资产收益较为适用的方法。

4. 增量收益预测模型。增量收益预测是基于未来预期增量收益而确定数据资产预期收益的方式。增量收益预测模型的具体思路如下：

首先，测算被评估数据资产所在的企业在不具有该项数据资产的情况下的收入、成本费用以及净利润、现金净流量。

其次，测算企业应用数据资产的情况下的收入、成本费用以及净利润、现金净流量。企业应用数据资产后可能会带来收入的增长或成本费用的降低，进而影响企业的净利润或现金净流量。

最后，将应用数据资产后的企业的净利润（或现金净流量）与未应用数据资产时的净利润（或现金净流量）进行对比，如果应用数据资产后企业的净利润（或现金净流量）得到了增长，则将净利润（或现金净流量）的增加额即增量收益作为数据资产的收益额。

增量收益预测具体计算公式如下：

$$F_t = RY_t - RN_t$$

式中：

F_t——数据资产未来第 t 个收益期的增量收益额；

RY_t——预测第 t 期采用数据资产的净利润或现金净流量；

RN_t——预测第 t 期未采用数据资产的净利润或现金净流量。

增量收益预测一般适用于以下两种情形：

第一种，企业应用数据资产后提高了营业收入，增加了现金流入。例如，通过应用数据资产能够赋能目前业务领域，或者开辟新的业务领域，提高营业收入，带来更多的现金流入。又如，互联网营销企业利用用户数据建立模型，通过模型分析客户的消费习惯、偏好、频率，对客户进行分级，利于企业采用更加精准的方式，进行广告宣传和营销推广，借此实现营业收入的增长。

第二种，企业应用数据资产后降低了成本、费用支出，减少了现金流出。例如，通过构建数据分析模型，利用模型监测到企业在运营管理中存在的浪费以及管理中存在的不足，及时反馈给企业并加以改进，提升了企业的管理水平，降低了运营过程中的成本费用。

在上述两种情形下，企业可以通过应用数据资产提高了营业收入，降低了成本费用，增加了现金流入，减少了现金流出，实现了净利润或现金净流量的增加，增加的净利润或现金净流量就可以认为是数据资产带来的收益的增加额。

采用收益法评估数据资产时，运用以上四种预测模型测算数据资产的未来收益，应当结合数据资产特点和特定的应用场景，合理选择一种或多种收益预测模型对预期收益进行测算，资产评估师应当对计算出的数据资产预期收益进行审核，最终确定数据资产的预期收益。

四、数据资产收益期限的确定

（一）影响数据资产收益期限的因素

1. 数据的生命周期因素。数据生命周期是指数据从创建到销毁的整个过程，包括数据采集、数据存储、数据加工、数据传输、数据交换、数据销毁这六个阶段。处于不同阶段的数据，其数据成熟度和数据质量存在差异，其价值也不同。数据采集阶段是新的数据产生或现有数据内容发生显著改变或更新的阶段。对于组织机构而言，数据的采集既包含在组织机构内部系统中生成的数据也包含组织机构从外部采集的数据。数据存储阶段是数据以任何数字格式进行物理存储的阶段。数据加工阶段是通过数据清洗、标注、脱敏、集成、分析、挖掘、可视化等方式对数据进行处理，以提升数据质量以及数据处理的精准度。数据传输阶段是数据在组织机构内部从一个实体通过网络流动到另一个实体的过程。数据交换阶段是数据经由组织机构内部与外部组织机构及个人交互过程中提供数据的阶段。数据销毁阶段是通过相应的操作手段对数据及数据的存储介质进行处理，将数据彻底删除且无法通过任何手段恢复的过程。特定的数据所经历的生命周期由实际业务场景所决定，并非所有的数据都会完整的经历六个阶段。

2. 产品的生命周期因素。产品的生命周期是指产品从进入市场到退出市场的过程，该过程一般要经历四个阶段，即投入期、成长期、成熟期、衰退期。产品在生命周期的不同阶段其销售增长率、市场占有率、销售毛利率均存在差异，不同阶段的产品盈利水平和盈利能力大不相同。若数据资产是数据加工商依托数据开发的数据产品，在企业中该数据产品按照存货进行管理，虽然该数据产品独立于实物资产，但其和实物形态的产品一样具有相似的生命周期过程。当数据产品研发投入市场，在市场认识并接受的过程销售增长缓慢，市场占有率较低。当数据产品的价值被市场认识并得到肯定后，销售额和市场占有率大幅提升，销售毛利率提高。当市场占有率达到一定水平，新的数据产品开始出现，销售增幅变小，市场占有率和销售毛利率趋于稳定，由于技术的不断进步和同类数据产品的竞争，数据产品本身的效用也会逐渐降低并最终退出市场。若数据资产是企业实物产品生产过程中不可或缺的资源，在企业中按照无形资产管理和使用，数据资产要通过依附实物产品才能产生效益。该数据资产的使用寿命也直接受到实物产品生命周期的影响，随着实物产品投入市场数据资产也随之发挥作用产生效益，当实物产品退出市场，数据资产的存在同样也会失去价值，需要进行销毁处理。

3. 法律法规和合同的影响因素。确定数据资产收益期限需要依据《民法典》《数据安全法》《个人信息保护法》等法律的规定。例如，《个人信息保护法》第十九条规定："除法律、行政法规另有规定外，个人信息的保存期限应当为实现处理目的所必要的最短时间。"随着数据相关法律法规的不断完善，关于数据保护期限的规定也将更加清晰。另外在数据开发过程中，数据加工商取得数据加工使用权、数据产品经营权等权利，其行使权利的期限受到所签订合同的影响。

（二）数据资产收益期限的形式

数据资产的收益期限包括数据资产的法律寿命、使用寿命和经济寿命。

1. 数据资产的法律寿命。数据资产的法律寿命是指根据相关法律法规、合同确定的收益期限。例如，某数据资产按照合同约定使用年限 10 年，则该数据资产的法律寿命为 10 年。

2. 数据资产的使用寿命。数据资产的使用寿命是指数据资产发挥作用所依赖的实体资产的最长寿命。例如，需确定某数字化汽车零部件工艺图纸的寿命，就需要考虑该图纸服务的期限，按规定，汽车停产后，修理用零部件还需要继续提供 10 年，因此该数字化汽车零部件工艺图纸的寿命包括两部分，一部分是自资产评估基准日到汽车退市的时间，另一部分是汽车退市后该零部件需要继续生产的时间。数据资产的使用寿命是该资产的最长寿命。

3. 数据资产的经济寿命。数据资产的经济寿命是指由于技术的迭代和数据的更新，数据资产不再产生效益的年限。例如，确定学术资源数据库内数据资源剩余收益年限，由于随着时间的推移，新知识新技术不断涌现，原有的知识和技术不断过时，因此该数据库的检索次数随着时间的推移会逐渐减少，直至几乎无人关注，这个期限就是数据资产的经济寿命。例如，对学术资源数据库内数据资源在 2023 年 12 月 31 日的价值进行评估。由于评估对象是 2023 年 12 月 31 日存在的数据资源，随着时间的推移，这些数据资源的价值将逐步衰减。由于知识更新的速度很快，一般来讲，5 年前的学术观点和学术成果对当下的学术研究的作用有限，因此对该学术数据库的数据资产进行评估时，其收益期确定为 5 年应该说是比较合理的。

（三）数据资产剩余收益期限的确定

资产评估师在确定数据资产剩余收益期限时需要综合考虑数据资产的法律有效期限、相关合同有效期限、数据资产的更新时间、数据资产的时效性、数据资产的权利状况以及相关产品生命周期等因素，合理确定经济寿命或者收益期限，并关注数据资产在收益期限内的贡献情况。收益期限的选择需要考虑使评估对象达到稳定收益的期限、周期性等，且不得超出产品或者服务的合理收益期。

1. 法定（合同）年限法。数据资产的存在是因为受到了法律或者合同的保护，形成了由企业控制的资产。例如，某数据加工商与数据持有权人签订 5 年的数据产品加工合同，拥有 5 年的数据加工使用权，则该数据的法定（合同）年限就为 5 年。数据资产法定保护年限是经济寿命的上限，资产评估师需要分析在法定（合同）期限内该数据资产是否还能产生超额收益。如上述 5 年的数据加工合同，可能会由于技术迭代速度的加快，到第 4 年就因落后而失去了应用和开发价值，因此虽然取得了 5 年的数据加工使用权，但数据的经济寿命可能就只有 3 年。因此根据法律或者合同确定的收益年限，还必须根据数据资产自身更新速度等其他因素综合确定。

2. 更新周期法。根据数据资产的更新周期确定其剩余收益期限。若数据资产是数据加工商依托数据开发的数据产品，根据该数据资产的预期经济寿命减去已投入使用的年限确定。例如，某数据产品预期更新周期为 5 年，截至评估基准日该数据资产已投入市场 3 年，则该数据资产的剩余收益年限为 2 年。若数据资产依托某实物产品而发挥作用，则该数据资产的剩余收益年限根据实物产品的更新周期确定。例如，在前例确定某数字化汽车零部件工艺图纸的寿命中，若截至评估基准日该车型已退市 3 年，按规定该车企还需要在未来 7 年提供该车型所需要的修理零部件，则该数字化汽车零部件工艺图纸的剩余收益期限为 7 年。7 年后当企业不再生产该车型所需的零部件时，该数字化汽车零部件工艺图纸也就不再产生超额收益，也就不再作为数据资产进行管理。

3. 剩余寿命预测法。直接确定数据资产尚可使用的年限。根据数据产品的市场竞争状况、可替代数据资产的更新趋势进行预测。在数据资产不存在法定（合同）年限和较确切的更新周期的情况下，可以通过技术专家、营销专家进行直接判断以确定数据资产的剩余收益期限。在直接确定收益期的过程中，需要考虑被评估数据资产在其收益期限内是否存在衰减的情况。例如，数据资产未来因广泛传播、更新迭代、下游市场需求下降等情况导致其价值出现降低，如存在则需要在预期收益的测算时考虑合理的衰减对预期收益进行调整。

五、数据资产折现率的确定

从本质上看，折现率是一种期望投资报酬率，是投资者在投资风险一定的情况下，对投资所期望的回报率。资本化率与折现率在本质上是相同的，习惯上，人们把将未来有限期预期收益折算成现值的比率称为折现率，而把将未来永续性预期收益折算成现值的比率称为资本化率。至于折现率与资本化率在量上是否相等，主要取决于同一资产在未来长短不同的时期所面临的风险是否相同。

在运用收益法评估数据资产价值的过程中，确定折现率非常关键，折现率的确定有加和法、资本资产定价模型、加权平均资本成本法等。

（一）加和法

折现率就其构成而言，包括无风险报酬率和风险报酬率两个部分。分别求取无风险报酬率和风险报酬率，再将两者相加，就得出折现率，这种方法称为加和法。具体计算公式如下：

折现率=无风险报酬率+风险报酬率

无风险报酬率亦称为安全利率，是指没有投资限制和障碍，任何投资者都可以投资并能够获得的投资报酬率。在具体实践中，无风险报酬率可以采用中长期国债收益率。

风险报酬率是对风险投资的一种补偿，在数量上是指超过无风险报酬率之上的那部分投资回报率。风险报酬率反映两种风险，即市场风险和特定资产评估对象的风险，见表 7–1。

表 7–1　风险报酬率相关因素表

序号	与市场相关的风险	与特定资产评估对象相关的风险
1	行业的总体状况	产品或服务的类型
2	宏观经济状况	企业规模
3	资本市场状况	财务状况
4	地区经济状况	管理水平
5	市场竞争状况	资产状况
6	法律或法规约束	收益数量及质量
7	国家产业政策	区位

（见中国资产评估协会编：《资产评估基础（2021）》，中国财政经济出版社，164 页）

对数据资产来讲，数据资产特有的风险包括数据管理风险、数据流通风险、数据安全风险和监管风险等。不同的数据资产面临的风险不同，就是同一种数据资产在不同的应用场景其面临的风险也不尽相同。资产评估师应根据特定的数据资产类型在特定场景下具体分析该类数据资产所面临的风险类型。

加和法模型从理论上讲很合理，但在评估实务操作中很难确定单个风险所要求的回报率，因此该方法主要用于解释折现率的内涵，真正应用存在较大的难度。

（二）资本资产定价模型

通过β系数来量化折现率中的风险报酬率。具体计算公式如下：

$$R=R_f+\beta\left(R_m-R_f\right)$$

式中：

R——股权投资的投资报酬率；

R_m——市场平均收益率；

R_f——无风险报酬率；

β——风险系数。

(R_m-R_f) 表示市场平均风险报酬率，也可以称为市场风险报酬率。它的本质是进行股权投资预期获得的超过无风险报酬率的收益率。

β系数反映风险水平，计算较为复杂，我国有机构从事上市公司β系数的编制，如锐思数据（RESSET）等。资产评估师在数据资产评估实务中可以从专业机构获取所需的β系数。

资本资产定价模型理论合理，具有一定的可操作性，是确定股权投资回报率较常采用的方法。

（三）加权平均资本成本法

加权平均资本成本是以企业各种资本在企业全部资本中所占的比重为权数，对各种长期资金的资本成本加权平均计算出的资本总成本。

折现率＝长期负债占资本总额的比重×长期负债利息率×(1－所得税税率)＋所有者权益占资本总额的比重×投资回报率

采用加权平均资本成本法确定折现率是资产评估实务中常用的方法。

在收益法三个基本参数中，折现率（资本化率）是对评估值影响最敏感的一个因素。因此，在确定折现率时，资产评估师应高度谨慎，避免折现率的不合理变动对评估值的影响。

第二节 数据资产评估的成本法

一、数据资产评估成本法的概念和前提条件

（一）数据资产评估成本法的概念

《资产评估执业准则——资产评估方法》指出成本法是指按照重建或者重置被评估对象的思路，将重建或者重置成本作为确定评估对象价值的基础，扣除相关贬值，以此确定评估对象价值的评估方法的总称。成本法包括复原重置成本法、更新重置成本法、成本加和法（也称资产基础法）等多种具体评估方法。采用成本法评估数据资产价值一般是按照重置该项数据资产所发生的成本作为确定评估对象价值的基础，扣除相关贬值，以此确定数据资产的价值。具体计算公式如下：

$$P=C-D$$

式中：

P——数据资产评估值；

C——数据资产重置成本；

D——数据资产贬值额。

也可以采用如下计算公式：

$$P=C\cdot\delta$$

式中：

P——数据资产评估值；

C——数据资产重置成本；

δ——数据资产价值调整系数。

（二）数据资产评估成本法应用的前提条件

根据《资产评估执业准则——资产评估方法》的规定，成本法应用的前提条件包括评估对象能正常使用或者在用、评估对象能够通过重置途径获得、评估对象的重置成本以及相关贬值能够合理估算等三个方面。在数据资产评估中，资产评估师就要分析数据资产评估业务是否满足以上三个条件，若满足，就可以采用成本法评

估数据资产价值，反之则不能采用成本法。

数据资产评估中应用成本法的条件：

1. 数据资产能正常使用或者在用。数据资产正常使用能够满足人类生产活动某方面的需要，应用后能带来相应的经济效益，如能够直接增加收入或降低成本，或者能够节约时间、提高效率，间接增加收入或降低成本。例如，评估某学术数据库内数据资源的价值，研究人员通过检索该数据库的数据资源，能够了解该学科的研究方向和研究动态，了解已取得的学术成果，掌握研究前沿，这样可以避免研究者进行重复研究，节约研究者的时间和研究经费，提升科研活动的效率。

2. 数据资产能够通过重置途径获得。也就是说数据资产在当前环境下可以再现并重新获得。但是数据资产不同于实物资产和一般的无形资产，数据资产往往是独一无二的，很难通过重置途径重新获得。例如，评估 2023 年 12 月 31 日某学术数据库内数据资源的价值，评估对象就是该数据库在评估基准日的所有学术文献，这些学术文献几乎不可能重新获得，因此该数据资产就不符合该条件，不能采用成本法评估该数据资产的价值。因此资产评估师要关注数据资产的这个特点，分析其重新获得的可能性，判断采用成本法评估该数据资产价值是否合理。

3. 数据资产的重置成本以及相关贬值能够合理估算。对数据资产来讲，其重置成本包括前期费用、直接成本、间接成本、合理利润和相关税费等。数据资产的贬值现象与实物资产存在差异性，对于数据资产面临的贬值类型和贬值额，需要资产评估师根据特定数据资产类型选用恰当的方法进行测算。

由于无形资产的成本和价值先天具有弱对应性且其成本具有不完整性，资产评估师应用成本法评估数据资产的价值时，一定要判断该类数据资产成本与价值的相关性，以确定成本法应用的合理性。

二、数据资产重置成本的估算

（一）数据资产重置成本的概念

重置成本是指以现时价格水平重新购置或者重新建造与评估对象相同或者具有同等功能的全新资产所发生的全部成本。重置成本分为复原重置成本和更新重置成本。复原重置成本是指以现时价格水平重新购置或者重新建造与评估对象相同的全新资产所发生的全部成本。其中的相同，不仅包括在整体功能上相同，也包括在材料、建筑或者制造标准、设计、规格和技术等方面与评估对象相同或者基本相同。更新重置成本是指以现时价格水平重新购置或者重新建造与评估对象具有同等功能的全新资产所发生的全部成本。由于信息技术的发展，同样的数据资产获取方式也会发生很大的变化，用更新重置成本更能及时反映数据资产的重置成本。数据资产的更新重置成本是运用最新、最便捷的方法获得与被评估数据资产具有同等功能的数据资产所需支付的成本总额。在数据资产评估业务中，如果不加指明，重置成本即为更新重置成本。另外重置成本应当是社会一般生产力水平的客观必要成本，而不是个别成本，个别成本具有一定的偶然性。

《资产评估执业准则——资产评估方法》规定资产评估师应当根据评估目的、评估对象和评估假设合理确定重置成本的构成要素。重置成本的构成要素一般包括建造或者购置评估对象的直接成本、间接成本、资金成本、税费及合理的利润。《电子商务数据资产评价指标体系》（GB/T37550—2019）提出数据资产成本价值包括建设成本、运维成本和管理成本。《数据资产评估指导意见》提出数据资产的重置成本包括前期费用、直接成本、间接成本、机会成本和相关税费等。

本书认为数据资产重置成本包括前期费用、直接成本、间接成本、其他成本、合理利润和相关税费等。具体计算公式如下：

$$C=\sum_{i=1}^{n}[C_{i1}+C_{i2}+C_{i3}+C_{i4}](1+p)(1+t)$$

式中：

C——数据资产重置成本；

C_{i1}——每个数据集的前期费用；

C_{i2}——每个数据集的直接成本；

C_{i3}——每个数据集的间接成本；

C_{i4}——每个数据集的其他成本；

n——数据集的个数；

p——数据资产要求的投资利润率；

t——税率。

（二）数据资产重置成本的估算

1. 数据资产前期费用的估算。数据资产的前期费用主要指前期规划成本，即对数据生命周期整体进行规划设计，形成满足需求的数据解决方案所投入的人员薪酬费用、咨询费用及相关费用等。在国家标准《电子商务数据资产评价指标体系》（GB/T37550—2019）中对数据规划进行了说明，数据规划包括业务数据量情况估算规划、数据集空间占用存储情况规划、数据库设计语言与数据库字符集规划、数据库备份与还原的方案规划等。资产评估师根据特定数据资产的类型，考虑其数据规划的内容，对制定规划阶段所需的人员薪酬费用、咨询费用和需投入的相关费用进行测算，确定数据资产的前期费用。人员薪酬费用支出根据预计投入的人工工时和计划小时工资率确定。咨询费用支出可参照以往同类项目的做法对拟聘请的专家费用以及咨询公司的费用进行合理估计。其他费用支出包括办公费、差旅费、培训费等，参照以往同类项目的做法合理估计，也可以根据人员薪酬费用支出乘以合理的其他费用率确定。

2. 数据资产直接成本的估算。直接成本包括数据从采集至加工形成资产过程中持续投入的成本，包括建设成本、运维成本和其他直接成本。

（1）数据资产的建设成本是指数据在采集、核验、标识等过程中需要支出的人员薪酬费用、咨询费用和需投入的相关资源成本。数据采集是记录并获得各类数据，并将数据经清洗、校验等再处理，进行分类储存的过程。数据核验是提供客观证明或对数据进行符合性核验，以确保入库数据的客观性和一致性，能够满足实际业务需要。数据标识是从数据中提取要素信息，根据元数据对数据进行标识，以方便数据后续合理转化与利用。数据资产的建设成本的估算与数据资产前期费用估算的思路一致。

（2）数据资产的运维成本是指数据在存储、整合、维护等过程中需要支出的人员薪酬费用、咨询费用和需投入的相关资源成本。数据存储是数据入库后的持久化存储，以及加工数据对客观事物进行逻辑归纳和符号描述的过程，成为信息的记录载体和表现形式。数据整合是解决多重数据存储或合并时所产生的数据不一致、数据重复或数据冗余的问题，提高后续数据挖掘的精确度和速度。数据维护是通过优化、完善数据库设计，以确保存储数据的持续、高效使用，保证数据系统安全、可靠运行，为业务实现提供支撑。数据资产的运维成本的估算与数据资产前期费用估算的思路一致。

（3）其他直接成本是除建设成本、运维成本以外的其他直接成本，主要是指设备折旧费等。设备折旧费是用于保障数据资产产生价值的设备在使用过程中损耗而转移到产品或服务成本中的价值。设备折旧费估算的思路为：先计算存储和运行数据资产的设备如服务器、交换机的折旧费，选择数据资产的数据量、使用频率等指标作为费用分配标准，计算设备折旧费的分配率，根据被评估数据资产的数据量、使用频率等指标对折旧费进行分配，确定出被评估数据资产应承担的折旧费。

3. 数据资产间接成本的估算。间接成本是在数据建设、运维、产品和服务提供活动中产生的费用，不能或不便直接计入成本，需要归集并选择一定的分配方法进行分配后计入成本的支出，包括与数据资产直接相关的或者可进行合理分摊的软硬件采购、基础设施成本及公共管理成本等。数据资产间接成本估算的思路为：先估算一个期间如一个年度与数据资产有关的软硬件采购支出、基础设施成本支出、公共管理成本支出，确定间接成本总额，选择数据资产的数据量、使用频率等指标作为费用分配标准，计算出间接成本的分配率，根据被评估数据资产的数据量、使用频率等指标对间接成本进行分配，确定出被评估数据资产应承担的间接成本。

4. 数据资产其他成本的估算。其他成本是指在数据资产开发、存储、使用等过程中发生的除前期费用、直接成本、间接成本外的其他必要支出。例如，数据资产的资金成本。若数据资产开发周期长，资金占用量大，在确定重置成本时还需要考虑资金成本，即占用资金的利息支出。资金成本的估算按照投资额和金融机构贷款利率确定。

5. 数据资产利润和税费的估算。在确定数据资产重置成本时需要考虑合理的利润和相关的税费。数据资产投资利润率可以参考数据行业的平均投资利润率并根据被评估数据资产的特点调整分析得出。相关税费主要包括数据资产形成过程中需要按规定缴纳的税费等，根据税法规定以及数据资产涉及的税种及其税率测算。

三、数据资产贬值的估算

《资产评估执业准则——资产评估方法》规定资产评估师应当结合评估对象的实际情况以及影响其价值变化的条件，充分考虑可能影响资产贬值的因素，合理确定各种贬值。以实体形式存在的评估对象的主要贬值形式有实体性贬值、功能性贬值和经济性贬值。

（一）实体性贬值

实体性贬值也称有形损耗，是指由于使用和自然力的作用导致资产的物理性能损耗或者下降引起的资产价值损失。实体性贬值主要针对实体性资产，由于这些资产存在物理形态，随着使用和时间的推移，资产的物理形态会发生变化，发生物理性损耗，称为实体性贬值。而数据资产不存在实体形态，一般也就不存在物理性损耗，因此在数据资产评估中一般不考虑数据资产的实体性贬值。

（二）功能性贬值

功能性贬值是指由于技术进步引起资产功能相对落后造成的资产价值损失。对于数据资产来讲，数据资产的初始功能仍能发挥作用，但由于技术的进步，反映更新技术的数据资产能发挥更大的效用，反映原有技术的数据资产相对而言就发生了贬值，这种贬值是技术进步带来的，也可以称为技术性贬值。例如，评估对象为某燃油汽车数字化零部件加工工艺图，该汽车零部件用于燃油汽车，而新能源汽车由于良好的环保性和经济性其市场占有率越来越高，不断挤压蚕食燃油汽车的市场。生产燃油汽车零部件的工艺技术与新能源汽车的工艺技术相比，属于落后技术，因而作为评估对象的某燃油汽车数字化零部件加工工艺图就存在由于技术进步带来的贬值，即功能性贬值，也可以称为技术性贬值。

（三）经济性贬值

经济性贬值是指由于外部条件变化引起资产闲置、收益下降等造成的资产价值损失。经济性贬值是外部原因导致的，因此也可以称为外部贬值。对于数据资产来讲，有可能存在经济性贬值。依上例，正常情况下该款车将生产 10 年，由于政策的变化，该款燃油汽车将在 5 年内停产，因此该燃油汽车数字化零部件的工艺图纸的经济寿命将由于外部原因而减少，导致该数据资产带来的预期收益减少，这种因外部原因导致的收益的减少即经济性贬值。

四、数据资产价值调整系数的估算

虽然数据资产在存储和使用过程中存在功能性贬值和经济性贬值的现象，但直接估算数据资产的功能性贬值额和经济性贬值额存在一定的难度，在评估实务中根据被评估数据资产的质量以及剩余经济寿命计算数据资产价值调整系数，用数据资产价值调整系数调整数据资产的重置成本以确定数据资产的评估值。

数据资产的价值系数估算主要有专家评价法和剩余经济寿命法。

（一）专家评价法

由于数据资产存在较强的时效性，被评估数据资产与最新数据的数据资产相比在数据质量、数据应用价值和数据价值实现风险等方面均存在贬值的因素。资产评估师应用层次分析法和德尔菲法等方法对影响因素进行赋权，进而计算得出数据资产的价值调整系数。

具体计算公式如下：

$$\delta=\frac{\sum_{i=1}^{n}M_i W_i}{100}$$

式中：

δ——数据资产价值调整系数；

M_i——第 i 个质量要素评分值；

W_i——第 i 个质量要素权重；

n——质量要素个数。

[案例 7-1]

对某数据资产质量进行评价，具体评价情况见表 7-2。

表 7-2　数据资产质量评价表

质量要素	权重	评分值
准确性	0.3	80
一致性	0.2	70
完整性	0.2	80
规范性	0.1	85
时效性	0.1	90
可访问性	0.1	90

$$\delta=\frac{80\times0.3+70\times0.2+80\times0.2+85\times0.1+90\times0.1+90\times0.1}{100}=0.81$$

各质量要素的权重和评分值通过层次分析法和德尔菲法等方法确定。

（二）剩余经济寿命法

剩余经济寿命法是通过对数据资产剩余经济寿命的预测或者判断来确定数据资产价值调整系数的一种方法。对于可以直接确定剩余经济寿命的数据资产，可以结合剩余经济寿命确定价值调整系数。

具体计算公式如下：

$$\delta=\frac{R_l}{P_s+R_l}$$

δ——数据资产价值调整系数；

P_s——数据资产已使用年限；

R_l——数据资产剩余使用年限。

[案例 7-2]

确定某数字化汽车零部件工艺图纸的寿命。从该零部件配套车型投产到评估基准日该零部件已生产 13 年，目前该车型已退市，按规定该车企还需要在未来 7 年提供该车型所需要的修理用零部件。则该数字化汽车零部件工艺图纸已使用年限为 13 年，剩余使用年限为 7 年。则该数字化汽车零部件工艺图纸的价值调整系数计算如下：

$$\delta=\frac{7}{13+7}=0.35$$

在数据资产价值调整系数估算中，若同时使用专家评价法和剩余经济寿命法两种方法，资产评估师需要对两种方法的计算结果进行分析判断，若两种方法的计算结果存在较大差异，就需要分析所采用的估算方法对该数据资产是否适用，参数值的取值是否合理。若估算方法、参数取值无误，计算结果也合理，资产评估师就需要对上述两种方法的计算结果进行综合分析，确定最终的调整系数。在判断过程中，若资产评估师认为两种估算方法可靠程度基本相同，可采用算术平均法。若资产评估师认为两种估算方法可靠程度存在一定的差异，可采用加权平均法。

具体计算公式如下：

$$\delta=\delta_1 W_1+\delta_2 W_2 \tag{18}$$

式中：

δ——数据资产价值调整系数；

δ_1——采用专家评价法估算的数据资产价值调整系数；

W_1——专家评价法权数；

δ_2——采用剩余经济寿命法估算的数据资产价值调整系数；

W_2——剩余经济寿命法权数。

第三节　数据资产评估的市场法

市场法也称比较法、市场比较法，是指通过将评估对象与可比参照物进行比较，是以可比参照物的市场价格为基础确定评估对象价值的评估方法的总称。市场法包括多种具体方法。例如，企业价值评估中的交易案例比较法和上市公司比较法，单项资产评估中的直接比较法和间接比较法等。数据资产交易日趋活跃，市场法也将成为数据资产评估的主要方法之一。

一、数据资产评估市场法的概念和前提条件

（一）数据资产评估市场法的概念

数据资产评估的市场法是指数据资产在具有公开并活跃的交易市场的前提下，选取近期或往期成交的类似数据资产交易价格作为参考，并调整有特异性、个性化的因素，从而得到被评估数据资产价值的方法。

具体计算公式如下：

$$P=\sum_{i=1}^{n}(Q_i \cdot X_{i1} \cdot X_{i2} \cdot X_{i3} \cdot X_{i4} \cdot X_{i5})$$

式中：

P——数据资产评估值；

n——数据资产所分解成的数据集的个数；

Q_i——参照数据集的价值；

X_{i1}——质量调整系数；

X_{i2}——供求调整系数；

X_{i3}——期日调整系数；

X_{i4}——容量调整系数；

X_{i5}——其他调整系数。

（二）数据资产评估市场法应用的前提条件

《资产评估执业准则——资产评估方法》规定，市场法应用的前提条件包括两个方面，一是评估对象的可比参照物具有公开的市场，以及活跃的交易；二是有关交易的必要信息可以获得。数据资产价值评估中，选择和使用市场法时应考虑的前提条件包括：

1. 被评估数据资产的可比参照物具有公开、活跃的市场。

2. 有关交易的必要信息可以获得，如交易价格、交易时间、交易条件等。

3. 被评估数据资产与可比参照物在交易市场、数量、价值影响因素、交易时间（与评估基准日接近）、交易类型（与评估目的相适应）等方面具有可比性，且这些可比方面可以量化。

4. 可用的可比参照物至少要三个或三个以上。

二、数据资产评估市场法的基本程序

采用市场法进行数据资产评估，其基本程序如下：

第一，将被评估数据资产分解成若干个数据集。第二，选择与被评估数据资产类似的参照物。第三，每个被评估数据集与参照数据集进行对比调整。第四，将调整后结果加总得出待评估数据资产的价值。

（一）确定待评估数据资产的数据集

数据集又称为资料集、数据集合或资料集合，是一种由数据所组成的集合。数据集通常以表格形式出现。每一列代表一个特定变量，每一行都对应于某一成员的数据集。例如，评估对象为某医院住院患者的医疗档案，对这些医疗档案脱敏处理后，对医疗档案按照糖尿病、高血压等进行分类，就形成了糖尿病数据集、高血压数据集等，具体见表 7-3。

表 7-3　××医院糖尿病患者住院治疗情况统计表

姓名	性别	年龄	入院时间	入院病情描述	治疗情况	治疗效果	出院时间
患者 A							
患者 B							
患者 C							

（二）选择参照数据资产

《资产评估执业准则——资产评估方法》规定了参照物选择的原则，指出资产评估师应当根据评估对象特点，基于以下原则选择可比参照物：

1. 选择在交易市场方面与评估对象相同或者可比的参照物。
2. 选择适当数量的与评估对象相同或者可比的参照物。
3. 选择与评估对象在价值影响因素方面相同或者相似的参照物。
4. 选择交易时间与评估基准日接近的参照物。
5. 选择交易类型与评估目的相适应的参照物。
6. 选择正常交易价格或者可以修正为正常交易价格的参照物。

在数据资产评估中，资产评估师要在市场上寻找与被评估数据资产相同或相似的数据资产交易活动作为参照数据资产。资产评估师应根据被评估数据资产的特点，选择与评估对象相同或者可比的维度。例如，选择数据权利类型、数据交易市场及交易方式、数据规模、应用领域、应用区域及剩余年限等相同或者近似的数据资产，选择正常交易价格或可调整为正常交易价格的数据资产交易案例作为参照数据资产。

（三）将被评估数据资产与参照数据资产进行对比，计算确定调整系数

将被评估数据资产与参照数据资产进行对比，确定存在的差异以及该差异对数据资产价值的影响，对比该数据资产与可比案例的差异，确定调整系数。通常情况下需要考虑质量调整、供求调整、期日调整、容量调整以及其他调整等。各项调整系数计算如下：

1. 质量调整系数的计算。质量调整系数是指在估算被评估数据资产价值时，综合考虑数据质量对其价值影响的调整系数。数据的准确性、一致性、完整性、规范性、时效性、可访问性等质量要素对数据资产的价值有很大的影响。在计算质量调整系数时，需综合考虑被评估数据资产与参照数据资产存在质量差异，以确定数据质量差异对被评估数据资产价值的影响。

具体计算公式如下：

$$X_{i1}=\frac{q_i}{q_i'}$$

式中：

q_i——每个被评估数据集的质量评价结果；

q_i'——每个参照数据集的质量评价结果。

在质量调整系数计算中，先要将被评估数据资产和参照数据资产分别拆分为若干组数据集，然后采用层次分析法、德尔菲法等方法对数据集的数据质量进行评价，确定被评估数据集和参照数据集的数据质量评价值，进而计算出质量调整系数。

2. 供求调整系数的计算。供求调整系数是指在估算被评估数据资产价值时，综合考虑数据资产的市场规模、稀缺性及价值密度等因素对其价值影响的调整系数。

具体计算公式如下：

$$X_{i2}=\frac{s_i}{s_i'}$$

式中：

s_i——每个被评估数据集的供求情况指标；

s_i'——每个参照数据集的供求情况指标。

市场规模、稀缺性及价值密度直接影响被评估数据资产的供求状况。

（1）市场规模调整系数的计算。市场规模直接决定市场对数据资产的需求情况。

数据资产应用场景越多，市场规模越大，数据资产应用前景就越好，数据资产交易就越活跃，数据资产价值就越高。市场规模可以采用年预计销售额表示。市场规模调整系数计算公式如下：

$$m_{i2}=\frac{m_i}{m_i'}$$

m_{i2}——每个被评估数据集的市场规模调整系数；

m_i——每个被评估数据集的市场规模指标；

m_i'——每个参照数据集的市场规模指标。

（2）稀缺性调整系数的计算。稀缺性直接影响市场供求状况，是影响数据资产价值的重要因素。数据越稀缺，其价值越高。数据资产的稀缺性可以用数据资产的供给和需求来反映。具体计算公式如下：

$$r=\frac{d}{s}$$

式中：

r——数据资产的稀缺程度；

d——数据资产的需求量；

s——数据资产的供给量。

稀缺性调整系数计算公式如下：

$$r_{i2}=\frac{r_i}{r_i'}$$

式中：

r_{i2}——每个被评估数据集的稀缺性调整系数；

r_i——每个被评估数据集的稀缺性指标；

r_i'——每个参照数据集的稀缺性指标。

（3）价值密度调整系数的计算。价值密度是指有效数据占总体数据比例。价值密度调整主要考虑有效数据占总体数据比例不同带来的数据资产价值差异。在总体数据中对整体价值有贡献的有效数据占总体数据量比重越大，则数据资产总价值越高。数据资产拆分为多项数据集，每一项数据集可能具有不同的价值密度，那么总体的价值密度应当考虑每个子数据资产的价值密度。

具体计算公式如下：

$$v=\frac{i}{a}$$

式中：

v——数据资产价值密度；

i——数据资产有效数据量；

a——数据资产总体数据量。

价值密度调整系数计算公式如下：

$$v_{i2}=\frac{v_i}{v_i'}$$

式中：

v_{i2}——每个被评估数据集的价值密度调整系数；

v_i——每个被评估数据集的价值密度指标；

v_i'——每个参照数据集的价值密度指标。

（4）供求调整系数的计算。综合考虑数据资产的市场规模、稀缺性及价值密度等因素对其价值影响后，计算供求调整系数的公式如下：

$$X_{i2}=m_{i2}\cdot w_1+r_{i2}\cdot w_2+v_{i2}\cdot w_3$$

m_{i2}——每个被评估数据集的市场规模调整系数；

r_{i2}——每个被评估数据集的稀缺性调整系数；

v_{i2}——每个被评估数据集价值密度调整系数；

w_1——市场规模权重；

w_2——稀缺性权重；

w_3——价值密度权重。

3. 期日调整系数的计算。期日调整系数是指在估算被评估数据资产价值时，综合考虑各参照物在其交易时点的居民消费价格指数、行业价格指数等与被评估数据资产交易时点同口径指数的差异情况对其价值影响的调整系数。

具体计算公式如下：

$$X_{i3}=\frac{t_i}{t_i'}$$

式中：

t_i——评估基准日价格指数；

t_i'——参照物交易日价格指数。

期日调整系数主要考虑评估基准日与参照物交易日期的不同带来的数据资产价值差异。一般来说，离评估基准日越近，越能反映相近商业环境下的成交价，其价值差异越小。期日调整系数是综合考虑数据资产交易时点的居民消费价格指数和行业价格指数进行确定的。

期日调整系数计算的核心是选择和计算价格指数。

资产评估价值＝参照物成交价格×价格指数

＝参照物成交价格×（1＋价格变动指数）

式中：

价格指数——评估基准日相对于资产构建时点的价格指数。

该价格指数可以用评估基准日的定基价格指数与资产购建时点的定基价格指数之比计算，即

价格指数＝（评估基准日定基价格指数÷资产购建时点的定基价格指数）×100%

该价格指数也可以用资产构建时点到评估基准日之间各期的环比价格指数之积计算，即

$$价格指数=(1+a_1)(1+a_2)(1+a_3)\cdots(1+a_n)\times 100\%$$

式中：

a_n——第 n 年环比价格变动指数，n=1，2，3，…。

在确定期日调整系数时，资产评估师要注意以下问题：

（1）价格指数要采用与数据资产口径相同或相近的价格指数，如果口径差异太大，则价格指数不能反映被评估数据资产价格的变化情况，降低了评估值的合理性。

（2）价格指数的获得渠道包括政府统计部门、相关专业公司，以及资产评估师自己加工计算。资产评估师可以从政府统计部门官方网站和出版的统计年鉴中获得相关价格指数。例如，根据国家统计局发布的《中华人民共和国 2022 年国民经济和社会发展统计公报》“全国全年居民消费价格比上年上涨 2.0%。工业生产者出厂价格上涨 4.1%。工业生产者购进价格上涨 6.1%。农产品生产者价格上涨 0.4%。”①另外，国家统计局逐月公布流通领域重要生产资料市场价格指数、工业生产者出厂价格指数等。政府统计部门公布的价格指数具有权威性和可靠性，若政府统计部门公布的价格指数适用于被评估数据资产，资产评估师应首选政府统计部门公布的官方

①摘自国家统计局官方网站。

数据。资产评估师可以委托第三方机构定制评估所需的价格指数，也可以根据以往同类数据资产的交易情况制作该类数据资产的价格指数。

（3）参照数据资产成交时间应与评估基准日尽可能接近。参照物成交时间离评估基准日越久，数据资产面临的市场环境变化就越大，资产价格变化幅度就越大，调整的幅度就越大，评估结论的可靠性就越低。

4. 容量调整系数。数据的容量也就是数据量的大小。在大数据时代，数据的容量比较大，一般以 PB 为单位。容量调整系数是指在估算被评估数据资产价值时，综合考虑数据容量对其价值影响的调整系数。容量调整系数主要考虑不同数据容量带来的数据资产价值差异，其基本逻辑为：一般情况下，价值密度接近时，容量越大，数据资产价值越高。

具体计算公式如下：

$$X_{i4}=\frac{Q_i}{Q_i'}$$

式中：

Q_i——每个被评估数据集的数量；

Q_i'——每个参照数据集的数量。

数据集的数量是数据集的元素数，数据集数量＝字段数×记录数。

当被评估数据资产与参照数据资产的价值密度相同或者相近时，一般只需要考虑数据容量对资产价值的影响；当被评估数据资产和参照数据资产的价值密度差异较大时，除需要考虑数据容量之外，还需要考虑价值密度对数据资产价值的影响。

5. 其他调整系数。其他调整系数主要是指在估算被评估数据资产价值时，综合考虑其他因素对其价值影响的调整系数。例如，数据资产的应用场景不同、适用范围不同等也会对其价值产生相应影响，可以根据实际情况考虑被评估数据资产与参照数据资产存在的差异，选择可量化的其他调整系数。

具体计算公式如下：

$$X_{i5}=\frac{I_i}{I_i'}$$

式中：

I_i——每个被评估数据集的其他可量化调整因素；

I_i'——每个参照数据集的其他可量化调整因素。

数据资产应用场景不同、适用范围不同对其价值产生影响的调整系数，可通过层次分析法、德尔菲法等专家打分法进行确定。

（四）在各参照数据资产交易价格的基础上，调整已经量化的对比指标差异

利用已经量化的参照数据资产与被评估数据资产对比指标差异，对参照数据资产成交价格进行调整，就可以得到以每个参照数据资产交易价格为基础的数据资产价值的初步评估结论。资产评估师在利用调整系数对参照数据资产的交易价格进行调整时，一般要求最终的调整幅度不要超过20%，即调整率在80%～120%之间，若超过这个幅度，就说明可能存在参照数据资产与被评估数据资产的可比程度不足，需要另行选择参照数据资产。

（五）综合分析确定评估结论

运用市场法评估数据资产价值应选择三个或三个以上参照数据资产交易案例，因而上述初步评估结论也是三个或三个以上。根据资产评估的一般惯例，最终的评估结论只能是一个，这就需要资产评估师对初步评估结论进行综合分析计算，确定出最终的评估值。资产的最终评估值，主要是取决于资产评估师对参照数据资产的把握和对被评估数资产的认识程度。一般来讲，如果参照数据资产与被评估数据资产的可比程度很高，在评估过程中没有明显的遗漏或疏忽，可以运用算术平均法或加权平均法等方法将初步评估结论转换成最终评估结论。

运用算术平均法确定评估结论，计算公式如下：

$$P=\frac{\sum_{i=1}^{n}P_i}{n}$$

式中：

P——数据资产评估值；

P_i——根据第 i 个参照数据资产交易价格计算的数据资产评估值；

n——参照数据资产个数。

运用加权平均法确定评估结论计算公式如下：

$$P=\sum_{i=1}^{n}(P_i \cdot W_i)$$

式中：

P_i——根据第 i 个参照数据资产交易价格计算的数据资产评估值；

W_i——第 i 个参照数据资产权重。

三、运用市场法评估数据资产价值应该注意的问题

资产评估师在应用市场法评估数据资产价值时，应当关注数据交易市场的活跃程度、选择的参照数据资产与被评估数据资产的相似程度、参照数据资产的交易时间与评估基准日的接近程度、参照数据资产的交易目的及条件的可比程度、参照数据资产信息资料的充分程度。

（一）数据交易市场的活跃程度

应用市场法评估数据资产的价值，首要条件是要有活跃的数据交易市场，即数据资产的公开市场。在公开市场中，数据资产的价格才能反映其内在价值，其价格才合理，对其他的潜在的数据资产交易业务才有参考价值，否则其交易就是偶然发生的交易，对潜在的数据资产交易业务就没有太大的参考价值。因此，只有在数据资产存在公开市场的条件下，资产评估师才能采用市场法对数据资产的价值进行评估。目前贵阳市、武汉市、上海市、西安市等地陆续建立了大数据交易所，资产评估师应当关注大数据交易所发生的数据交易情况，判断数据资产交易的活跃程度以及与被评估数据资产类似的数据交易情况，以判断被评估数据资产是否满足市场法的应用条件。

（二）数据资产与参照数据资产的相似程度

在应用市场法评估数据资产价值中，参照数据资产与被评估数据资产越接近，调整的幅度越小，参照数据资产交易价格的参考性越高，因此要求参照数据资产与被评估数据资产越接近越好。但数据资产不同于实物资产和其他类型的无形资产，数据资产种类繁多，即使是同类的数据资产，也可能由于数据容量和数据质量的差异而导致价格存在较大的差异。因此资产评估师若采用评估实物资产的方法寻找参照数据资产交易案例，可能就无法找到合适的参照物，就不具备应用市场法的条件。因此资产评估师需要根据数据资产的特点，要对影响数据资产价值的主要因素进行梳理，根据这些主要因素判断数据资产的交易实例能否作为参照数据资产交易案例使用。

（三）参照数据资产的交易时间与评估基准日的接近程度

参照数据资产的交易时间与评估基准日越近，市场的变化越小，调整的幅度越小，参照数据资产交易价格的参考意义就越大。在市场稳定的条件下，一般来讲参照数据资产的交易时间与评估基准日间隔时间最长不要超过一年，若面临的市场环境发生了较大的变化，则要求参照数据资产交易时间与评估基准日的时间间隔还要

更小。

（四）参照数据资产的交易目的及条件的可比程度

数据资产用于不同的交易目的及不同的应用条件，其价值存在差异。即使是同一项数据资产，不同的应用场景，应用于不同的目的，其价值也可能有很大的不同。数据资产必须依附实物资产才能发挥作用，因此数据资产应用的条件不同，其效益发挥的程度也就存在较大的差异。因此资产评估师必须关注数据资产的交易目的以及数据资产发挥作用的环境，谨慎判断参照数据资产的可比性。

（五）参照数据资产信息资料的充分程度

在数据资产评估中，资产评估师需要收集宏观经济数据、企业内部数据，另外还有部分属于专家判断形成的主观数据，这在数据资产质量评价以及各项调整系数计算过程中比较明显。资产评估师采用层次分析法、模糊评价法、德尔菲法等确定数据资产质量评价系数时，就采用了专家打分的做法，专家在深入了解数据资产后，根据其扎实的知识背景和深厚的经验积累，形成的评价结论具有较高的可靠性。但这毕竟是专家的主观判断，专家意见的可靠程度与专家的水平和经验高度相关，资产评估师要慎重选择专家。如果数据质量评价报告是其他数据评价机构出具的，资产评估师就需要判断数据评价机构出具的数据质量评价意见的可靠性。

第四节　数据资产评估方法的选择

一、数据资产评估方法之间的关系

收益法、成本法和市场法以及由以上三种资产评估基本方法衍生出来的其他方法共同构成了数据资产评估的方法体系。数据资产评估方法体系中的各种评估方法之间存在着内在联系，同时各种评估方法各有特点。正确认识资产评估方法之间的内在联系以及各自的特点，对于恰当地选择评估方法，高效地进行数据资产评估是十分重要的。

（一）数据资产评估方法之间的联系

资产评估方法是实现评估目的的手段。对于特定经济行为，在相同的市场条件下，对处在相同状态下的同一资产进行评估，其评估值应该是客观的。这个客观的评估值不会因评估人员所选用的评估方法的不同而出现截然不同的结论。评估基本目的决定了评估方法之间的内在联系，而这种内在联系为评估人员运用多种评估方法评估同一条件下的同一资产，并做相互验证提供了理论支持。对同一数据资产采用多种评估方法时，资产评估师应当对所获得的各种测算结果进行分析，说明两种以上评估方法结果的差异及其原因和最终确定评估结论的理由。

对同一数据资产采用多种评估方法时，如果使用这些方法的前提条件同时具备，而且资产评估师也具备相应的专业判断能力，通过多种评估方法计算得出的评估结果应该趋同。如果采用多种评估方法得出的评估结果出现较大差异，则可能有以下几个方面的原因：

1. 某些方法的应用前提不具备，评估方法使用错误。例如，某数据资产成本与其价值相关程度较低，资产评估师采用成本法评估了该数据资产价值，导致评估结论偏离数据资产的真实价值。

2. 资产评估分析过程存在缺陷，某些重要的假设和前提有错误。例如，资产评估师对某数据资产的应用场景判断失误，导致采用收益法评估中收益预测出现较大失误，使评估结论失实。

3. 某些支撑评估结果的信息依据不可靠，资产评估师在评估过程中使用了不恰当的评估参数，导致评估结论失实。例如，资产评估师在采用市场法评估某数据资产价值，在期日调整系数计算中应用了居民消费价格指数，而事实上该数据资产的价格变动与居民消费价格指数相关程度很低，导致评估结论失实。

4. 资产评估师对行业判断有误。在资产评估过程中，要进行大量的行业判断，一旦判断失误，其评估结论也会出现较大的误差或失实。例如，资产评估师在分析某数据资产的收益能力时，要站在行业、产业或整个国民经济的高度审视该数据资产发挥的作用，资产评估师不可避免要对行业、产业的发展前景以及经济周期进行合理的分析判断，一旦判断出现重大失误，也就导致对数据资产的未来收益预测失实，数据资产的评估结论就会出现较大的误差甚至错误。

资产评估师在数据资产评估中，如果发现评估方法选择存在问题，应该分析问题产生的原因，研究解决问题的对策，对评估方法进行合理取舍，以便使评估结论更合理、更具有说服力。

（二）数据资产评估方法之间的区别

数据资产评估中，不同的评估方法都是从不同的角度来计算确定数据资产的价值，都是对数据资产在一定条件下的价值的计算过程，它们之间具有内在联系并可相互替代。但是，每一种评估方法都有其自成一体的运用过程，都从不同的角度表现数据资产的价值，都要求具备相应的条件，因此各种评估方法又是有区别的。例如，市场法通过对被评估数据资产与参照数据资产进行比较取得被评估数据资产的价值；收益法根据被评估数据资产的预期收益折现获得被评估数据资产的价值；成本法按照数据资产的再取得途径寻求获得被评估数据资产的价值。由于资产评估的特定目的的不同、评估时市场条件存在差别以及对数据资产应用场景的差异，同时资产价值类型也有区别，资产评估师应综合考虑上述因素，合理选择评估方法。资产评估方法由于其自身的特点在评估不同类型和不同应用场景的数据资产价值时,就有了效率上和直接程度上的差别，资产评估师应具备选择最直接且最有效率的评估方法完成数据资产评估任务的能力。

二、数据资产评估方法的选择

（一）数据资产评估方法选择的内容

就评估方法选择本身来说，实际上包含了不同层面的资产评估方法的选择过程，评估人员要进行以下三个层面的选择：

1. 关于资产评估技术思路的选择。资产评估师需分析三种资产评估基本方法所依据的资产评估技术思路的适用性。

2. 在资产评估技术思路已经确定的基础上，选择实现评估技术思路的具体评估技术方法。

3. 在确定了资产评估具体技术方法的前提下，对运用评估具体技术方法所涉及的经济技术参数进行选择。

（二）在选择数据资产评估方法时应考虑的因素

为了高效、简洁、相对合理地估测数据资产的价值，在选择资产评估方法时应考虑以下因素：

1. 数据资产评估方法的选择要与评估目的、评估时的市场条件、被评估数据资产在评估基准日所处的状态、应用场景以及由此所决定的资产评估价值类型相适应。

2. 数据资产评估方法的选择受被评估数据资产的类型、应用场景、应用情况、交易情况等因素的制约。若某类数据资产交易比较活跃，在数据交易市场能够收集到三个以上的类似数据资产交易实例，该数据资产可以采用市场法进行评估。若该数据资产是某企业多年经营积累的客户数据，在企业经营过程中发挥了重要的作用，该数据资产可以采用收益法评估。若该数据资产既无参照的数据资产交易案例，又无正常的生产经营记录，一般只能选择成本法进行评估。

3. 数据资产评估方法的选择受能否收集到运用各种评估方法所需的数据资料及主要经济技术参数的制约。每种评估方法的运用都需要有充分的数据资料作为依据。在一个相对较短的时间内，收集某种评估方法所需的数据资料可能会很困难，在这种情况下，资产评估师可能要考虑采用替代的评估方法进行评估。

数据资产评估方法的选择应因地制宜、因事制宜，不可机械地按某种模式或顺序进行选择。无论选择哪种评估方法，都应保证评估目的、评估假设和条件与评估所使用的各种参数及其评估结论在性质和逻辑上的一致。尤其是在运用多种方法评估同一数据资产时，更要确保其假设、条件及参数资料的可比性，以确保评估结论的可靠性和可验证性。

第八章　数据资产评估风险管理

资产评估活动是一项面向未来的活动，它是根据被评估资产在未来的使用情况来判断资产现时的价值，而未来又具有很大的不确定性，同时由于资产评估主客观条件的限制，资产评估师对资产未来的把握也可能出现偏差甚至错误。因此，资产评估活动是一项高风险的活动，受制于数据资产的特殊属性，数据资产评估的风险又高于其他类型的资产评估，如何降低数据资产评估风险，促进数据资产评估活动健康平稳发展，是摆在资产评估师面前必须解决的问题。

[小资料 8-1]

多家资产评估机构因存在执业质量问题被处罚

根据财政部公布的《财政部关于 2022 年度资产评估行业联合检查情况的公告》（财政部公告 2023 年第 65 号），2022 年 7 月至 12 月，财政部监督评价局会同中国资产评估协会组织 6 家财政部监管局，完成了对 8 家备案从事证券服务业务的资产评估机构的执业质量检查。检查发现，8 家评估机构基本能够按照评估准则和职业道德的规定开展业务，但在执业质量、内部治理、质量控制和专业胜任能力等方面仍存在一些问题。财政部对 2 家评估机构及 4 名资产评估师作出行政处罚，给予资产评估机构警告或责令停业 3 个月的行政处罚；给予签字资产评估师警告、暂停执业的行政处罚。

（摘自财政部网站《财政部关于 2022 年度资产评估行业联合检查情况的公告》并删改）

资产评估师需要关注执业活动面临的风险，判断风险类型，对风险水平以及产生的后果进行分析，采用恰当的风险应对策略，将风险控制在资产评估机构和资产评估师能够承受的限度内。

第一节　数据资产评估风险管理概述

一、风险

在《现代汉语词典》中对风险的概念解释为“风险是可能发生的危险。”“危险是指有遭受损害或失败的可能。”在该定义中，风险有两层含义，其一，风险是事项发生的不确定性，是可能发生，就是说还没有发生，发生有一定概率，也可能不发生；其二，如果一旦发生，就会存在危险，有可能要遭受损害或失败，也就是说，一旦风险发生，会丧失某个机会，带来人身或财产的损失。

在财政部制定的《管理会计应用指引第 700 号——风险管理》中指出：“企业风险，是指对企业的战略与经营目标实现产生影响的不确定性。”该定义虽然是针对“企业”的风险概念，但也指出了风险的实质。其一，风险发生的不确定性，这项特征与《现代汉语词典》一致；其二，风险一旦发生将对企业的战略与经营目标的实现产生影响，这种影响可能是积极的，也可能是消极的。如果影响是积极的，则风险的发生有利于企业战略与经营目标的实现。如果影响是消极的，则风险的发生对企业战略与经营目标的实现产生不利影响。该含义对《现代汉语词典》中将风险描述为“损害或失败”进行了修正，认为风险可能是“危”，也可能是“机”。

在国务院国有资产监督管理委员会制定的《中央企业全面风险管理指引》中，对企业风险进行了定义和分类，指出“本指引所称企业风险，指未来的不确定性对企业实现其经营目标的影响。企业风险一般可分为战略风险、财务风险、市场风险、运营风险、法律风险等；也可以能否为企业带来盈利等机会为标志，将风险分为纯粹风险（只有带来损失一种可能性）和机会风险（带来损失和盈利的可能性并存）。”该指引与《管理会计应用指引第 700 号——风险管理》对企业风险的描述一致，同时对企业面临的风险进行了列举。

虽然风险可能带来损失，也有可能带来盈利。但是从稳健和谨慎的角度出发，管理者更加关注风险发生后带来的损失、损害、失败等不利影响。因此本书认为风险是遭受损害或失败的可能性。

二、资产评估风险

（一）资产评估风险的概念

由于我国评估行业发展历史较短，对资产评估风险的研究并不很充分，虽然中国资产评估协会在多个文献中提及评估风险，但未对评估风险的含义进行说明。在资产评估理论界，由于各位学者的研究视角不同，对评估风险含义的理解也有所不同，主要有以下三种代表性观点：

有些学者从“风险”的含义出发，对评估风险进行定义。汪海粟、文豪、张世如认为“资产评估风险是由于资产评估师或机构在资产评估过程中对评估标的物的价值作了不当或错误的判断而产生的风险。”

有些学者从评估主体行为的角度对评估风险进行定义。徐海成认为“资产评估风险是指资产评估师对评估项目各方的信息一般不能全部掌握，从而造成评估结论与客观实际之间可能发生的偏差的不确定性。”

有些学者从评估风险导致的后果出发，对评估风险进行定义。潘学模认为“资产评估风险是指与资产评估有关的单位或个人因资产评估事项所引起的遭受损失的可能性。”

不同学者从不同角度对评估风险进行了定义，都具有合理性。本书认为资产评估风险是资产评估师在执业过程中，由于过失或欺诈给委托人或其他相关当事人造成损失，从而应承担相应法律责任的可能性。

这样定义资产评估风险是出于以下方面的考虑：

1. 风险是一个导致损失的可能性。资产评估师在执业过程中，可能会由于自身的原因出现评估失败，给资产评估相关当事人造成损失，因而就可能要承担相应的责任。这种出现损失的可能性符合风险的基本含义。

2. 关注资产评估师由于自身原因导致的资产评估风险。在资产评估执业过程中，资产评估师是资产评估主体，是资产评估业务质量的保证者，也是资产评估风险的控制者和承担者，有义务控制资产评估风险，虽然有些资产评估风险因素不在资产评估师可控范围内，但大部分资产评估风险是资产评估师可控的。因此，将着眼点放在资产评估师可控的风险上，能最大限度降低风险发生的可能性，减少风险发生后给资产评估相关当事人带来的损失。

（二）资产评估师在执业过程中存在过失或欺诈是资产评估风险产生的主要原因

1. 过失。过失是指资产评估师在执业过程中缺乏应具有的合理谨慎，违背了法律和职业道德、资产评估准则等对其提出的恪尽职守义务的过错状态。过失分为普通过失和重大过失，普通过失是指资产评估师没有保持职业上应有的合理谨慎。例如，资产评估师在执业过程中没有完全遵循评估准则、履行评估程序存在不足就属于普通过失。重大过失是指资产评估师没有保持最起码的职业谨慎，严重不负责任。例如，资产评估师没有按照资产评估准则进行执业就属于重大过失。重大过失在法律上有可能推定为欺诈。

2. 欺诈。欺诈也称为舞弊，是指故意制造假象，或者隐瞒事实真相并可能使他人误解上当的行为。欺诈在主观方面必须是故意，在客观上使他人上当受骗。例如，资产评估师明知委托人虚构资产而不指明，对虚构资产进行评估作价，这种行为就属于欺诈。

资产评估师在执业过程中存在过失或欺诈，就会使评估结论出现偏差或导致资产评估结论失实，给委托人或其他相关当事人带来损失。

（三）资产评估师因过失或欺诈给委托人或其他相关当事人带来损失

资产评估师因过失或欺诈给委托人或其他相关当事人带来的损失包括名誉损失和经济损失。

在资产评估报告中，资产评估师需要对评估对象的所有权、使用状态、发展前景进行描述，如果描述的情况与事实有较大出入，就可能对资产所有者带来名誉损失。如果资产评估师在执业时漏评（或多评）了资产，交易双方以评估结论进行交易后，错误的评估结论就损害了资产卖方（或买方）的利益，给卖方（或买方）带来损失。如果因过失或欺诈给委托人或其他相关当事人带来经济损失，资产评估机构和资产评估师就可能承担法律责任。

（四）资产评估师要承担的法律责任

资产评估师因执业给委托人或其他相关当事人造成损失，按照法律、行政法规的规定，资产评估机构和资产评估师要承担民事责任、行政责任和刑事责任。

1. 民事责任。民事责任是指资产评估师由于民事违法而承担的法律后果，资产评估机构和资产评估师承担民事责任的形式主要是赔偿损失。

2. 行政责任。行政责任是指资产评估师由于行政违法而应承担的法律后果，资产评估机构的行政责任包括由公司登记机关没收违法所得、处以罚款、吊销营业执照，由资产评估主管部门依法责令该机构停业。资产评估师的行政责任主要是被资产评估主管部门暂停从业、吊销执业资格直至终身不得从事评估业务。

[小资料 8-2]

北京市财政局对××资产评估公司和签字评估师进行行政处罚

北京市财政局派出检查组对××（北京）资产评估有限公司 2020 年 1 月至 2021 年 6 月执业质量情况实施了检查。发现该资产评估公司存在 30 个资产评估项目未履行订立业务委托合同、编制出具评估报告、整理归集评估档案等资产评估业务基本程序等问题，属于重大遗漏的评估报告，获取业务收入合计 2872278.50 元。该资产公司存在拒绝、拖延提供有关资料等从重处罚的情形。

根据《中华人民共和国资产评估法》第四十七条第一款第（六）项规定，北京市财政局于 2023 年 1 月 11 日决定给予该公司警告，责令停业 6 个月，没收违法公司所得 2872278.50 元（上述 30 个资产评估项目业务收入合计金额），并处违法所得 5 倍罚款 14361392.50 元的行政处罚。

根据《中华人民共和国资产评估法》第四十四条第（五）项规定，北京市财政局于 2023 年 1 月 11 日决定给予签字评估师谢××警告，责令停止从业一年的行政处罚。

（摘自北京市财政局官网行政处罚决定书京财监督〔2023〕106 号、京财监督〔2023〕108 号）

3. 刑事责任。刑事责任是指资产评估师由于触犯刑律，构成刑事犯罪而应承担的法律后果。资产评估师的刑事责任包括有期徒刑或者拘役，并处或者单处罚金。

[小资料 8-3]

相关法律对资产评估专业人员和资产评估机构法律责任的规定
《中华人民共和国资产评估法》相关条款

第四十四条　评估专业人员违反本法规定，有下列情形之一的，由有关评估行政管理部门予以警告，可以责令停止从业六个月以上一年以下；有违法所得的，没收违法所得；情节严重的，责令停止从业一年以上五年以下；构成犯罪的，依法追究刑事责任：

（一）私自接受委托从事业务、收取费用的；

（二）同时在两个以上评估机构从事业务的；

（三）采用欺骗、利诱、胁迫，或者贬损、诋毁其他评估专业人员等不正当手段招揽业务的；

（四）允许他人以本人名义从事业务，或者冒用他人名义从事业务的；

（五）签署本人未承办业务的评估报告或者有重大遗漏的评估报告的；

（六）索要、收受或者变相索要、收受合同约定以外的酬金、财物，或者谋取其他不正当利益的。

第四十五条　评估专业人员违反本法规定，签署虚假评估报告的，由有关评估行政管理部门责令停止从业两年以上五年以下；有违法所得的，没收违法所得；情节严重的，责令停止从业五年以上十年以下；构成犯罪的，依法追究刑事责任，终身不得从事评估业务。

第四十六条　违反本法规定，未经工商登记以评估机构名义从事评估业务的，由工商行政管理部门责令停止违法活动；有违法所得的，没收违法所得，并处违法所得一倍以上五倍以下罚款。

第四十七条　评估机构违反本法规定，有下列情形之一的，由有关评估行政管理部门予以警告，可以责令停业一个月以上六个月以下；有违法所得的，没收违法所得，并处违法所得一倍以上五倍以下罚款；情节严重的，由工商行政管理部门吊销营业执照；构成犯罪的，依法追究刑事责任：

（一）利用开展业务之便，谋取不正当利益的；

（二）允许其他机构以本机构名义开展业务，或者冒用其他机构名义开展业务的；

（三）以恶性压价、支付回扣、虚假宣传，或者贬损、诋毁其他评估机构等不正当手段招揽业务的；

（四）受理与自身有利害关系的业务的；

（五）分别接受利益冲突双方的委托，对同一评估对象进行评估的；

（六）出具有重大遗漏的评估报告的；

（七）未按本法规定的期限保存评估档案的；

（八）聘用或者指定不符合本法规定的人员从事评估业务的；

（九）对本机构的评估专业人员疏于管理，造成不良后果的。

评估机构未按本法规定备案或者不符合本法第十五条规定的条件的，由有关评估行政管理部门责令改正；拒不改正的，责令停业，可以并处一万元以上五万元以下罚款。

第四十八条　评估机构违反本法规定，出具虚假评估报告的，由有关评估行政管理部门责令停业六个月以上一年以下；有违法所得的，没收违法所得，并处违法所得一倍以上五倍以下罚款；情节严重的，由工商行政管理部门吊销营业执照；构成犯罪的，依法追究刑事责任。

第四十九条　评估机构、评估专业人员在一年内累计三次因违反本法规定受到责令停业、责令停止从业以外处罚的，有关评估行政管理部门可以责令其停业或者停止从业一年以上五年以下。

第五十条　评估专业人员违反本法规定，给委托人或者其他相关当事人造成损失的，由其所在的评估机构依法承担赔偿责任。评估机构履行赔偿责任后，可以向有故意或者重大过失行为的评估专业人员追偿。

（摘自国家法律法规数据库《中华人民共和国资产评估法》）

《中华人民共和国公司法》相关条款

第二百五十七条　承担资产评估、验资或者验证的机构提供虚假材料或者提供有重大遗漏的报告的，由有关部门依照《中华人民共和国资产评估法》《中华人民共和国注册会计师法》等法律、行政法规的规定处罚。

承担资产评估、验资或者验证的机构因其出具的评估结果、验资或者验证证明不实，给公司债权人造成损失的，除能够证明自己没有过错的外，在其评估或者证明不实的金额范围内承担赔偿责任。

（摘自国家法律法规数据库《中华人民共和国公司法》）

《中华人民共和国刑法》相关条款

第二百二十九条　承担资产评估、验资、验证、会计、审计、法律服务、保荐、安全评价、环境影响评价、环境监测等职责的中介组织的人员故意提供虚假证明文件，情节严重的，处五年以下有期徒刑或者拘役，并处罚金；有下列情形之一的，处五年以上十年以下有期徒刑，并处罚金：

（一）提供与证券发行相关的虚假的资产评估、会计、审计、法律服务、保荐等证明文件，情节特别严重的；

（二）提供与重大资产交易相关的虚假的资产评估、会计、审计等证明文件，情节特别严重的；

（三）在涉及公共安全的重大工程、项目中提供虚假的安全评价、环境影响评价等证明文件，致使公共财产、国家和人民利益遭受特别重大损失的。

有前款行为，同时索取他人财物或者非法收受他人财物构成犯罪的，依照处罚较重的规定定罪处罚。

第一款规定的人员，严重不负责任，出具的证明文件有重大失实，造成严重后果的，处三年以下有期徒刑或者拘役，并处或者单处罚金。

（摘自国家法律法规数据库《中华人民共和国刑法》）

由于资产评估风险对资产评估机构和资产评估师带来极大的影响，资产评估机构和资产评估师应加强风险管理，降低执业风险。

三、数据资产评估风险

数据资产评估风险是资产评估师在数据资产评估执业过程中，由于过失或欺诈给委托人或其他相关当事人造成了损失，从而应承担相应法律责任的可能性。数据资产评估活动是一个新兴的资产评估领域，也是一个高风险的资产评估领域。

第一，对数据资产的认识还需要加深。在党的十九届四中全会首次将“数据”作为生产要素后，数据要素的重要作用开始得到重视。但是人们对数据资产的认识有一个逐渐深入的过程。一方面理论界还需要对数据要素理论做进一步研究，数据、数据资源、数据资产、数据要素等概念之间的联系与区别还需要进一步厘清，数据要素发挥作用的方式、条件还需要进一步研究。另一方面数据资产本身种类繁多，同时数据资产价值的发挥极大地受到应用场景的影响，数据资产的应用场景还需要进一步开发。

第二，资产评估师还需要积累数据资产评估经验。2022 年资产评估机构首次从事了数据资产评估业务，开启了数据资产评估事业。目前数据资产评估事业尚处于发展初期，数据资产评估业务量还较小，资产评估师从事数据资产评估的机会也不多，积累的数据资产评估经验还不足。

第三，数据资产评估执业准则还需要进一步完善。中国资产评估协会于 2019 年 12 月制定印发了《资产评估专家指引第 9 号——数据资产评估》，该专家指引对尚处于起步阶段的数据资产评估事业起到了推动作用，为资产评估师从事数据资产评估业务提供了参考依据，但该指引仅仅是一种专家意见或建议，不属于资产评估准则的范畴，仅供资产评估机构及其资产评估师执行数据资产评估业务时参考。2023 年 9 月中国资产评估协会制定印发了《数据资产评估指导意见》（以下简称为《指导意见》），随着该《指导意见》的实施，能够促进数据资产评估事业的发展。在准则体系中，资产评估《指导意见》处于效力较低的层次，相信随着数据资产评估理论和实践的丰富，《指导意见》会升格为数据资产评估指南或级次更高的数据资产评估具体准则。随着数据资产评估准则体系的不断健全，对数据资产评估实践的规范性和指导性更强，有利于提升执业质量，降低执业过程中的风险。

第四，数据资产评估理论研究还有待深入。目前资产评估理论界对数据资产管理、数据资产评估基础理论、数据资产评估方法应用和模型构建等展开了研究，但受制于数据资产评估业务较为缺乏，数据资产评估研究基本上处于理论研究阶段，其研究成果还未得到实践的检验，数据资产评估理论研究成果对评估实践活动的指导有限。

所以，数据资产评估属于新兴的也属于高风险的资产评估领域。数据是数字经济的血液，数据资产评估在数字经济中处于非常重要的地位。为了充分发挥数据资产评估在数字经济活动中的重要作用，需要加强数据资产评估风险管理，提升数据资产评估质量，使数据资产评估活动更好地为数字经济发展服务。

四、数据资产评估风险管理

（一）风险管理的概念

在财政部制定的《管理会计应用指引第 700 号——风险管理》中，指出“风险管理，是指企业为实现风险管理目标，对企业风险进行有效识别、评估、预警和应对等管理活动的过程。”

在《中央企业全面风险管理指引》中，对全面风险管理进行了定义，指出“全面风险管理，是指企业围绕总体经营目标，通过在企业管理的各个环节和经营过程中执行风险管理的基本流程，培育良好的风险管理文化，建立健全全面风险管理体系，包括风险管理策略、风险理财措施、风险管理的组织职能体系、风险管理信息系统和内部控制系统，从而为实现风险管理的总体目标提供合理保证的过程和方法。”同时指出风险管理基本流程包括“收集风险管理初始信息；进行风险评估；制定风险管理策略；提出和实施风险管理解决方案；风险管理的监督与改进。”

上述两个框架对风险管理的描述基本一致，风险管理包括风险识别、风险评估、风险预警、风险应对等。所不同的是，《中央企业全面风险管理指引》对建立风险管理文化进行了强调，强调了在风险管理中文化的作用。

（二）数据资产评估风险管理

数据资产评估风险管理是指通过风险识别、风险分析、风险控制等活动将数据资产评估活动的风险控制在风险容忍度范围之内。

风险容忍度是数据资产评估业务中，资产评估机构和资产评估师能够承担风险的限度。数据资产评估业务存在风险，资产评估机构和资产评估师追求评估业务“零”风险，是很难做到的，即使能够做到，可能也要花费大量的人力、物力和财力，站在成本效益角度看，也是不合算的。因此资产评估机构和资产评估师要树立正确的风险文化，要树立正确对待风险的态度，制定风险管理政策，明确能够接受的风险水平。对于不同风险水平的数据资产评估业务采取不同的风险应对策略。

资产评估机构和资产评估师要加强数据资产评估风险管理，及时准确识别风险，通过各种途径降低风险，将风险水平控制在一定限度内。

第二节　数据资产评估风险识别与分析

一、数据资产评估风险识别

数据资产评估风险识别也称为风险辨识，是指查找数据资产评估执业过程中各业务单元、各项评估程序及其重要业务流程中有无风险，有哪些风险。

（一）数据资产评估风险因素

数据资产评估风险是客观存在的，可以从资产评估机构内部和外部两个方面分析识别数据资产评估风险。

1. 内部风险。内部风险是指在数据资产评估业务各环节存在的风险。通过对各业务环节进行剖析，可分析每个环节可能存在的风险因素。

（1）业务承接环节风险。业务承接环节是评估业务的第一个环节，也是评估风险的入口。在业务承接环节，资产评估师要关注独立性风险和专业胜任能力风险。

①独立性风险。资产评估机构应当建立和实施独立性风险评价制度，在承接业务前应检查资产评估机构、资产评估师或者其亲属与委托人或者其他相关当事人之间是否存在经济利益关联、人员关联或者业务关联。如果资产评估机构或资产评估师在执业过程中不具有独立性，其资产评估结论不会被社会所认可。

②专业胜任能力风险。数据资产评估工作具有较高的专业性和复杂性，从事数据资产评估业务的评估师必须具备相关的专业知识、技能和经验，以确保能够合理

完成数据资产的评估业务。资产评估师在承接业务前，需要对完成业务的能力进行评估，如果承担了力所不及的评估业务，将带来较大的评估风险。例如，数据资产包罗万象，有交通数据、气象数据、海洋数据等，同时数据的应用场景各种各样，即使同一组数据其应用场景不同其价值也就不同甚至相差很大。如果资产评估师对所评估的数据资产及应用场景不了解，在评估过程中就有可能出现较大的偏差，增加了资产评估机构和资产评估师的风险。

（2）现场调查环节风险。现场调查是资产评估师对数据资产相关情况的调查，根据委托人提供的资产清单，核实数据资产的存在性及完整性，对数据资产规模、管理情况、使用状况进行现场勘查，并对数据资产的法律权属进行关注。现场调查环节是数据资产评估的关键环节，也是高风险环节。在现场调查环节，资产评估师要关注以下风险：

①现场调查范围确定风险。资产评估师根据《资产评估业务委托合同》商定的评估范围和评估目的，以及数据资产产权持有人提供的数据资产清单确定现场调查范围，一方面要将不属于本次评估范围的数据资产从资产清单中剔除，另一方面也不能出现资产漏评的情况。根据《企业数据资源相关会计处理暂行规定》，企业拥有的部分数据资产未入账，在委托合同中就需要约定，未入账的数据资产是否属于本次资产评估的对象，是否作为账外资产进行评估。如果现场调查范围出现错误，就会出现多评或漏评的情况，导致评估结论失实。

②现场调查程序实施风险。资产评估师通过询问、函证、核对、监盘、勘查、检查等方式进行现场调查，了解数据资产的状况，获取评估业务需要的资料。资产评估师根据不同资产的特点，选择不同的现场调查方法。数据资产的盘点，要采用信息技术手段，通过相关软件、算法来判断数据资产的存在性、完好性等。由于数据资产评估的现场调查工作主要是由精通数据业务的专家完成的，资产评估师应加强对专家指导和督导，确保按照评估准则的要求实施现场调查程序。虽然数据资产较其他资产有很大的不同，但资产评估师也要按照资产评估准则的要求结合数据资产自身的特点合理履行现场调查程序。如果未履行现场调查的某些程序，资产评估师就要在评估工作底稿中说明不需要履行该现场调查程序的理由，如果是由于客观条件的限制未能履行该程序，资产评估师应选择替代评估程序，并且将上述情况以及对评估结论的影响记录于评估工作底稿。如果资产评估师没有按照资产评估准则相关要求履行现场调查程序，同时又没有令人信服的理由，一旦该业务涉及诉讼，资产评估师会面临败诉并承

担相应的法律责任。

（3）评定估算环节风险。评定估算是资产评估师对评估资料进行分析，恰当选择评估方法，形成评估结论。在评定估算环节的工作质量直接影响评估结论的合理性和正确性。在评定估算环节，资产评估师要关注以下风险：

①评估资料收集风险。资产评估师应对现场调查环节收集的资料进行必要的分析、归纳和整理，形成评定估算的基础。由于资料来源和收集方法多种多样，收集的资料难免会出现失真的情况，需要对资料的可靠性进行分析评价。资料的可靠性分为资料来源的可靠性和资料本身的可靠性。资料来源的可靠性可通过该渠道过去提供的资料是否可靠、该渠道提供资料的动因、该渠道是否被通常认为是该种信息的合理提供者等三个方面判断。资料本身的可靠性可通过审阅、询问、鉴定等方式予以证实，必要时可加大资料收集的数量。由于评估资料的质量直接影响评估结论，资产评估师应慎重使用评估资料，一旦评估资料失实，会导致评估结论失实。

②评估方法选择风险。根据《资产评估基本准则》的规定，资产评估师应当根据评估对象、价值类型、评估资料的收集情况，分析市场法、收益法和成本法的适用性，选择恰当的评估方法。市场法、收益法和成本法均适用于数据资产评估，但由于数据市场发育尚不完善，交易不够活跃，加上数据资产本身的复杂性、多样性以及未来的不确定性，给资产评估师选择数据资产评估方法带来较大的难度。资产评估师一定要充分分析数据资产的特性和应用场景，结合评估方法的适用范围，谨慎选择评估方法。如果评估师选择了不恰当的评估方法，构建的评估模型不符合特定数据资产的特点，形成的评估结论就可能出现较大偏差甚至失实。

③评估参数选择风险。评估模型确定后，评估参数的取值直接影响评估结论。不同的评估方法，涉及不同的评估参数。例如，采用收益法进行评估时，涉及收益额、收益年限和折现率的选择。《企业数据资源相关会计处理暂行规定》指出："企业对数据资源进行评估且评估结果对企业财务报表具有重要影响的，应当披露评估依据的信息来源，评估结论成立的假设前提和限制条件，评估方法的选择，各重要参数的来源、分析、比较与测算过程等信息。"如果资产评估师采用的评估参数没有出处，则评估结论就没有说服力。评估参数取值不合理，参数之间不匹配，就会导致评估结论出现偏差甚至失实。

（4）评估报告披露风险。资产评估师应当在履行必要的评估程序后，出具评估报告，恰当披露相关信息。资产评估师在评估报告披露方面通常存在以下风险：

①信息披露不充分风险。对评估对象描述过于简单，没有披露资产评估师的评定估算过程，不利于评估报告使用人了解评估过程和理解评估结论。例如，资产评估师在数据资产评估中，仅采用了成本法，如果只论述了该项数据资产评估业务采用成本法的合理性，而没有说明为什么没有采用市场法和收益法。这就属于在评估方法选择方面信息披露不充分，这种情况容易引起评估报告使用人产生误解。

②遗漏评估对象的重大事件或进行误导性陈述风险。例如，数据资产处于质押或处于诉讼状态，而资产评估师未在评估报告中进行披露，使得评估报告使用人不能完整掌握评估对象的真实状况。例如，在评估报告中夸大或贬低数据资产未来的使用效果，就属于评估报告出现虚假陈述，情节严重，就可能认定为虚假评估报告，资产评估机构和资产评估师就可能要承担相应的法律责任。

③资产评估师没有履行尽职调查义务风险。资产评估师没有按照资产评估准则的规定执行必要的现场调查程序。例如，未对数据资产进行盘点，企业申报的数据资产与真实情况不相符但评估人员没有发现，在“评估报告使用限制”部分以“因评估程序受限造成的评估报告的使用限制”为理由进行解释，利用该条款对未履行有关评估程序进行免责。这种免责声明是无效的，若资产评估师没有履行尽职调查义务给评估报告使用人带来损失，资产评估机构可能就要承担相应的赔偿责任。

2. 外部风险。外部风险是指外部环境给资产评估机构和资产评估师带来的风险。外部风险包括以下几个方面：

（1）评估对象法律权属风险。评估对象法律权属是指评估对象的所有权和与所有权有关的其他财产权利。在评估报告中，资产评估师要明确说明评估对象的法律权属，因此正确界定评估对象法律权属对评估结论有重大影响，资产评估师应关注评估对象法律权属并予以恰当披露。数据资产法律权属关系较为复杂，有所有权、持有权、加工使用权、数据产品经营权以及派生的其他权利。在数据资产评估过程中，资产评估师要查看产权持有人提供的产权证书如《数据资源持有权证书》，并通过证书上提供的路径查看数据资源的登记情况和是否有效。在评估实务中，若数据资产无官方指定的数据资产登记平台登记信息，或者产权证明记载的数据资产所有人与评估项目申报的资产持有人不一致，当出现以上产权瑕疵的情况时，资产评估师应要求委托人、产权持有人出具投资协议、买卖合同、加工合同、支付款项的凭证、数据生成过程记录、账簿记录等，如委托人或数据资产产权持有人不能提供相关资料，资产评估机构应考虑解除业务委托。在资产评估业务中，如果在评估对象存在产权不清晰甚至出现产权纠纷的情况下，评估机构贸然出具评估报告，可能使评估机构陷入法律诉讼，给资产评估机构和签字资产评估师带来极大的风险。

（2）委托人及其他相关当事人风险。在评估业务中，委托人和其他相关当事人的风险主要体现为以下几个方面：

①干预评估过程和评估结论的风险。在评估业务中，有时出现委托人和其他相关当事人干预资产评估程序的选用、评估方法的选择、评估参数的确定，以及干预评估结论的形成。委托人和其他相关当事人不顾各种评估方法的适用条件，要求资产评估师必须采用某种评估方法，对数据资产价值调整系数、数据资产收益分成率等重要的评估参数的确定进行干预，通过明示或暗示的方式告诉资产评估师他所期望的资产价值是多少。上述情形极大地干扰了资产评估师的分析判断过程，给资产评估师执业过程带来很大的风险。

②提供虚假资料的风险。在评估业务中，大部分评估资料是委托人和产权持有人提供的，资产评估师对于评估资料有审查的义务，资产评估师应持有“合理怀疑”的态度对待所取得的评估资料。但是资产评估师对于精心伪造的资料，仍然较难发现并识别。如果资产评估师使用了委托人和产权持有人提供的虚假评估资料，就会得出错误的评估结论。若评估报告使用人因使用错误的评估结论而给自身带来损失，资产评估机构就可能要承担连带赔偿责任。

③评估报告使用不当的风险。评估报告使用不当的风险是指评估报告使用人对评估报告书及评估结论使用不当所带来的风险。主要表现为：使用了过期失效的评估报告书及评估结论；未按评估报告书上所注明的评估目的使用评估报告书及评估结论；在使用评估报告书及评估结论时，未充分考虑评估期后事项的发生而导致的评估价值的变化等。虽然评估报告使用不当的责任在评估报告使用人，但也有可能出现评估报告使用人转嫁责任的情况，给资产评估机构和资产评估师带来不必要的麻烦。

（3）市场信息风险。数据资产评估参数大部分来源于数据交易市场和资本市场，由于我国数据交易市场发育存在不完善性，数据的交易价格未能完全反映其内在价值。同时来源于市场的各种信息质量参差不齐，需要进行甄别，去伪存真。如果资产评估师缺乏市场信息甄别的技术和工具，未对市场信息进行甄别，直接根据市场信息确定评估参数，就有可能导致评估参数的取值出现较大的偏差，使评估结论失实。

（4）政策法规风险。目前规范数据资产的法律有《数据安全法》《个人信息保护法》《反不正当竞争法》等，数据资产的法律法规还将进一步健全完善。根据中共中央、国务院发布的《关于构建数据基础制度更好发挥数据要素作用的意见》，我国将逐步完善数据产权制度、数据要素流通和交易制度、数据要素收益分配制度和数据要素治理制度。相信随着数据相关法律法规和制度的进一步完善，资产评估师从事数据资产评估业务面临的政策法规风险将大幅度降低。

在数据资产评估业务执业过程中，内部风险一般属于可控风险，外部风险一般属于不可控风险。资产评估机构和资产评估师应该对识别出的风险进行分析，为进一步采取对策提供依据。

（二）数据资产评估风险识别的方法

资产评估师在进行风险识别时，可以采取座谈讨论、问卷调查、案例分析、咨询专业机构意见等方法识别相关的风险因素，特别应注意总结、吸取数据资产评估过去的经验教训和评估界同行的经验教训，加强对高危性、多发性风险因素的关注。

1. 座谈讨论法。资产评估师与项目组成员进行座谈，分析该数据资产评估项目存在的风险，并确定主要风险与次要风险。作为项目负责人的资产评估师将评估风险识别情况与部门负责人、负责质量监控的负责人、首席评估师进行沟通，以确定评估风险划分的合理性和恰当性。

2. 问卷调查法。根据特定的数据资产评估项目的内容，设计调查的项目，制作调查问卷。调查问卷可以采用“问卷星”制作，可以向项目组成员、资产评估机构相关人员定向发放。如果通过微信群、QQ 群不定向发放时，就要将调查表相关内容做匿名化处理，防止泄露客户的隐私或商业秘密。

3. 案例分析法。作为项目负责人的资产评估师组织项目组成员对典型的数据资产评估项目案例进行剖析，分析该评估项目的风险状况，以对本评估项目的风险识别提供借鉴。

4. 咨询专业机构意见。如果该数据资产评估项目比较特殊，其风险难以把握，可以聘请专业的风险管理公司进行协助，听取专业的风险管理公司对本数据资产评估项目风险的判断。

虽然数据资产评估风险识别有多种方法，这些方法的使用能够给资产评估师带来帮助和启发，但不能代替资产评估师的职业判断。作为项目负责人的资产评估师一定要具有独立分析能力和判断能力，对本项目的资产评估风险进行准确把握。

资产评估风险确定后，可以通过编制数据资产评估风险清单进行描述，数据资产评估风险清单见表 8-1。

表 8-1 数据资产评估风险清单

风险识别								风险分析						风险应对
风险类别						风险描述	关键风险指标	可能产生的后果	关键影响因素	风险责任主体	风险发生可能性	风险后果严重程度	风险重要性等级	风险应对措施
一级风险		二级风险		三级风险										
编号	名称	编号	名称	编号	名称									
1	业务承接环节风险	1.1	独立性风险											
		1.2	专业胜任能力风险											
2	现场调查环节风险	2.1	现场调查范围确定风险											
		2.2	现场调查程序实施风险											
3	评定估算环节风险	3.1	评估资料收集风险											
		3.2	评估方法选择风险											
		3.3	评估参数选择风险											
4	评估报告披露风险	4.1	信息披露不充分风险											
		4.2	遗漏评估对象重大事件或进行误导性陈述风险											
		4.3	资产评估师没有履行尽职调查义务风险											

二、数据资产评估风险分析

（一）数据资产评估风险定性、定量分析

数据资产评估风险分析是对数据资产评估业务中识别出的风险及其特征进行明确的定义描述，分析和描述风险发生的条件、发生的可能性以及风险发生后果的严重程度。资产评估机构和资产评估师应在风险识别的基础上，对风险成因和特征、风险之间的相互关系，以及风险发生的可能性、风险发生后果的严重程度和可能持续的时间进行分析。风险分析应当采用定性与定量相结合的方法，按照风险发生的可能性及其后果的严重程度等，对识别的风险进行分析和排序，确定关注重点和优先控制的风险。

资产评估师对数据资产评估风险进行风险分析，对风险发生的可能性和后果的严重程度进行定性、定量说明，见表 8-2。

表 8-2　风险定性定量分析表

序号	项目	定性指标	定量指标
1	可能性	确定、基本确定、很可能、可能、极小可能、不可能	概率
2	后果的严重程度	重大、较大、较小、微小	数量、金额

根据《〈企业会计准则第 13 号——或有事项〉应用指南》的相关规定，风险发生的可能性及其对应的概率见表 8-3。

表 8-3　发生的可能性和对应的概率对照表

序号	发生的可能性	对应的概率区间
1	确定	100%
2	基本确定	95%<概率< 100%
3	很可能	50%<概率≤95%
4	可能	5%<概率≤50%
5	极小可能	0 <概率≤5%
6	不可能	0

（二）数据资产评估风险分析的方法

资产评估风险分析应将定性方法与定量方法相结合。定性方法可采用问卷调查、集体讨论、专家咨询、情景分析、政策分析、行业标杆比较、管理层访谈、由专人主持的工作访谈和调查研究等。定量方法可采用统计推论（如集中趋势法）、计算机模拟（如蒙特卡罗分析法）、失效模式与影响分析、事件树分析等。这里主要对蒙特卡罗分析法进行介绍。

蒙特卡罗分析法是一种随机模拟数学方法。该方法可以用来分析数据资产评估风险发生的可能性、风险的成因、风险造成的损失或带来的机会等变量在未来变化的概率分布。具体操作步骤如下：

1. 量化风险。将需要分析的数据资产评估风险进行量化，明确其度量单位，得到风险变量，并收集历史相关数据。

2. 根据对历史数据的分析，构建能描述数据资产评估风险变量在未来变化的概率模型。建立概率模型的方法有差分和微分方程方法、插值和拟合方法等。这些方法可以分为两类：一类是对风险变量之间的关系及其未来的情况作出假设，直接描述该风险变量在未来的分布类型（如正态分布），并确定其分布参数；另一类是对风险变量的变化过程作出假设，描述该风险变量在未来的分布类型。

3. 计算概率分布初步结果。利用随机数字发生器，将生成的随机数字代入上述概率模型，生成风险变量的概率分布初步结果。

4. 修正构建的概率模型。通过对生成的概率分布初步结果进行分析，用实验数据验证模型的正确性，并在实践中不断修正和完善模型。

5. 利用该模型分析数据资产评估风险情况。

正态分布是蒙特卡罗分析法中使用最广泛的一类模型。通常情况下，如果一个变量受很多相互独立的随机因素的影响，而其中每一个因素的影响都很小，则该变量服从正态分布。在自然界和社会中大量的变量都满足正态分布。描述正态分布需要两个特征值：均值和标准差。其密度函数和分布函数的一般形式如下：

密度函数：$p(x)=\frac{1}{\sigma\sqrt{2\pi}}e^{-\frac{(x-\mu)^2}{2\sigma^2}},\infty<x<+\infty$

分布函数：$\Phi(x)=P(X\leqslant x)=\int_{-\infty}^{x}\frac{1}{\sigma\sqrt{2\pi}}e^{-\frac{(t-\mu)^2}{2\sigma^2}}dt,-\infty<x<+\infty$

其中μ为均值，σ为标准差。

由于蒙特卡罗分析方法依赖于模型的选择，因此，模型本身的选择对于蒙特卡罗分析法计算结果的精度影响甚大。蒙特卡罗分析法计算工作量很大，通常需要借助计算机完成。

[案例 8-1]

某资产评估公司正在从事一项数据资产评估业务，经调查分析，该项数据资产评估业务面临的风险受指标 A 影响，当指标 A 取值为 x 时，对应的损失为 x^2。通过对历史数据进行分析，发现指标 A 的取值服从均值为 0、方差为 1 的正态分布。现通过蒙特卡洛分析法进行仿真计算，并计算预计损失。

该公司进行了 10 次仿真实验，得到的实验结果见表 8-4。

表 8-4　数据资产评估风险仿真计算表

实验	1	2	3	4	5	6	7	8	9	10	均值
指标 A	0.20	0.38	0.80	0.20	0.28	0.64	0.58	0.40	0.10	0.27	0.39
损失	0.04	0.14	0.64	0.04	0.08	0.40	0.33	0.16	0.01	0.07	0.19

通过蒙特卡洛仿真可以预知该数据资产评估业务面临的损失预计为 0.19。

（三）数据资产评估风险分析结果的描述

资产评估机构和资产评估师对数据资产评估风险分析的结果，从风险发生的可能性和影响程度两个方面进行描述，将数据资产评估分析直观地表现出来。资产评估机构和资产评估师从事数据资产评估风险分析，可以采用风险矩阵法。

在《管理会计应用指引第 701 号——风险矩阵》中，对风险矩阵和矩阵坐标图进行了定义和描述。风险矩阵，是指按照风险发生的可能性和风险发生后果的严重程度，将风险绘制在矩阵图中，展示风险及其重要性等级的风险管理工具方法。风险矩阵的基本原理是，根据企业风险偏好，判断并度量风险发生的可能性和后果严重程度，计算风险值，以此作为主要依据在矩阵中描绘出风险重要性等级。

在应用风险矩阵工具方法时，一般需要绘制风险矩阵坐标图，见图 8-1。

风险矩阵坐标图，是以风险后果严重程度为横坐标、以风险发生的可能性为纵坐标的矩阵坐标图。风险矩阵坐标图包括确定风险矩阵的纵横坐标、制定风险重要性等级标准、分析与评价各项风险、在风险矩阵中描绘出风险点。资产评估机构可根据风险管理精度的需要，确定定性、半定量或定量指标来描述风险后果严重程度和风险发生的可能性。

风险后果严重程度的横坐标等级可定性描述为“微小”“较小”“较大”“重大”等（也可采用 1、2、3、4 等 M 个半定量分值），风险发生可能性的纵坐标等级可定性描述为“不可能”“极小可能”“可能”“很可能”“基本确定”“确定”等（也可采用 1、2、3、4、5、6 等 N 个半定量分值），从而形成 M×N 个方格区域的风险矩阵图（图 8-1），也可以根据需要通过定量指标更精确地描述风险后果严重程度和风险发生的可能性。

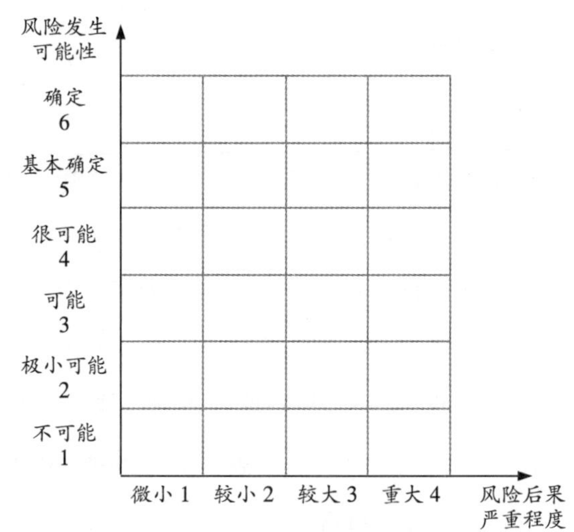

图 8-1　风险矩阵坐标图

在确定风险重要性等级时，应综合考虑风险后果严重程度和发生的可能性，以及资产评估机构的风险偏好，将风险重要性等级划分为可不予关注的风险、要关注的风险和高度关注的风险等级别。对于使用半定量和定量指标描绘的矩阵，资产评估机构可将风险后果严重程度和发生可能性等级的乘积（即风险值）划分为与风险重要性等级相匹配的区间。为了突出风险矩阵的可视化效果，资产评估机构可以将不同重要性等级的风险用不同的标识进行区分，便于资产评估师对风险进行区分，给予不同的关注程度，按照“重要的少数，次要的多数”原则，对于重要的风险给予较高的关注程度，见图 8-2。

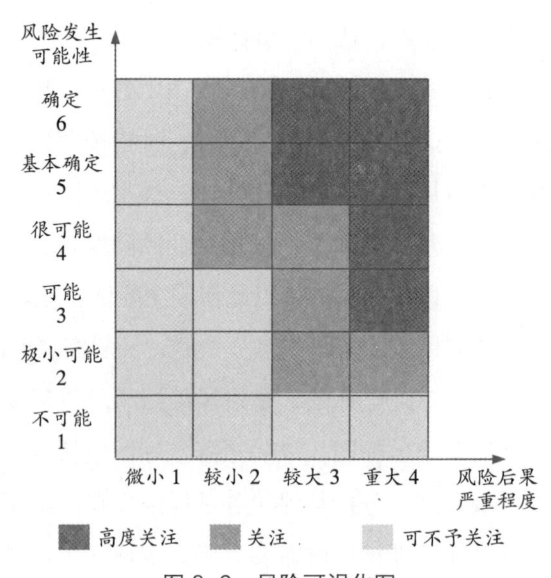

图 8-2　风险可视化图

在逐项分析和评价需要在风险矩阵中展示风险时，注意考虑各风险的性质和资产评估机构对该风险的应对能力，对单个风险发生的可能性和风险后果严重程度的量化应注重参考相关历史数据。资产评估机构在综合职能部门和业务部门等相关方意见后，得到每一风险发生可能性和后果严重程度的评分结果。

资产评估机构应将每一风险发生的可能性和后果严重程度的评分结果组成的唯一坐标点标注在建立好的风险矩阵图中，标明各点的含义并给风险矩阵命名，完成风险矩阵的绘制。

资产评估师应注意，风险矩阵为资产评估师确定数据资产评估各项风险重要性等级提供了可视化的工具。一方面，风险矩阵有一定的主观性，对风险重要性等级标准、风险发生的可能性、后果严重程度等做出判断属于主观判断，评价结果可能会受到评价团队人员经验、经历和对评估对象了解程度等因素的影响，评价结论的主观性可能会影响到评价结果的可靠性。另一方面，应用风险矩阵所确定的风险重要性等级是通过相互比较确定的，因而无法将列示的个别风险重要性等级通过数学运算得到总体风险的重要性等级。资产评估师在进行风险分析时，应当充分吸收专业人员组成风险分析团队，按照严格规范的程序开展工作，提高数据资产评估风险分析结果的准确性。

三、数据资产评估风险评价

风险评价是评估风险对实现目标的影响程度。资产评估机构应根据不同业务特点统一确定风险偏好和风险承受度，即资产评估机构和资产评估师愿意承担哪些风险，明确风险的最低限度和不能超过的最高限度，并据此确定风险的预警线及采取的相应对策。确定风险偏好和风险承受度，要正确认识和把握风险与收益的平衡，防止和纠正忽视风险，片面追求收益而不讲条件、范围，认为风险越大、收益越高的观念和做法，同时也要防止单纯为规避风险而放弃发展机遇的情况。资产评估机构应当结合不同发展阶段和业务拓展情况，持续收集与风险变化相关的信息，进行风险识别和风险分析，采取恰当的风险应对策略，对资产评估风险进行有效的管理和控制。

第三节　数据资产评估风险应对策略

根据财政部等五部委制定的《企业内部控制基本规范》、国务院国有资产监督管理委员会制定的《中央企业全面风险管理指引》以及财政部制定的《管理会计应用指引第 700 号——风险管理》等文件的要求，根据数据资产评估的特点，资产评估机构可以采取风险规避、风险降低、风险分担和风险承受等策略，实现对数据资产评估风险的有效控制。

一、风险规避

风险规避是资产评估机构对超出自身承受能力的风险，通过放弃或者停止与该风险相关的业务活动以避免和减轻损失的策略。《资产评估法》第十九条规定："委托人要求出具虚假评估报告或者有其他非法干预评估结果情形的，评估机构有权解除合同。"一般来讲，资产评估机构在以下情况下应解除业务委托合同，以规避资产评估风险。

（一）委托人干预资产评估结论或要求出具虚假资产评估报告

在资产评估业务中，委托人为了达到特定目的，可能会明确或隐含表达他所期望达到的资产评估值，资产评估师出具的评估结论如果不能达到委托人所期望的价值，委托人就可能以不支付评估费相威胁。也可能出现委托人指使资产评估师在未履行相关评估程序的情况下，按委托人的意思出具资产评估报告，即要求资产评估师出具虚假的评估报告。资产评估机构应明确拒绝承接该项资产评估业务或解除本次资产评估业务合同，以规避可能导致的资产评估风险。

（二）委托人拒绝提供执行评估业务所需的文件、证明或相关资料

在评估业务执行过程中，资产评估师所需的大部分资产评估资料是委托人或产权持有人所持有的，这些资料证明了资产的所有权、存在状态、使用情况等，是评估业务不可缺少的资料，因此委托人和产权持有人有义务向资产评估师提供评估执业所需的文件资料。如果资产评估师在数据资产评估业务中不能得到数据资产登记机构出具的反映数据资产状况的证书，如《数据资源持有权证书》《数据加工使用权证书》《数据产品经营权证书》等数据资产登记证书，也没有出具能够证明数据资产权属的其他资料，资产评估师将无法确定数据资产的所有权（或持有权等）以及数据资产的存在状况，贸然进行评估和出具报告，资产评估师会面临极大的风险，因此资产评估师应放弃该项评估业务。

（三）委托人干预评估程序的实施

《资产评估执业准则——资产评估程序》第十二条规定："执行资产评估业务，应当对评估对象进行现场调查，获取评估业务需要的资料，了解评估对象现状，关注评估对象法律权属。现场调查手段通常包括询问、访谈、核对、监盘、勘查等。资产评估专业人员可以根据重要性原则采用逐项或者抽样的方式进行现场调查。”在资产评估业务中，实物资产盘点、债权债务函证、数据资产核对等都是必备的评估程序，委托人有义务为资产评估师实施评估程序提供便利。如果委托人以种种借口阻挠资产评估师履行数据资产的监盘程序，则资产评估师很难取得数据资产是否存在的证据，无法为评估结论提供支撑，如果资产评估师出具评估报告则会面临很大的风险，因此资产评估师应放弃该项评估业务。

从以上分析可以看出，资产评估机构解除资产评估委托合同、资产评估师放弃该项资产评估业务属于很极端的情况。资产评估机构和资产评估师经过风险评价后认为，资产评估机构承接该项资产评估业务或者资产评估师继续履行资产评估合同将违反《资产评估法》《资产评估基本准则》《资产评估职业道德准则》的相关规定，产生的法律后果是资产评估机构和资产评估师难以承受的，资产评估师也无法通过采用适当的资产评估程序将风险带来的潜在损失降低到能够承受的程度，资产评估机构和资产评估师经过权衡，放弃该项资产评估业务，从而避免可能发生潜在的巨大损失。

二、风险降低

风险降低是资产评估机构在权衡成本效益之后，准备采取适当的控制措施降低风险或者减轻损失，将风险以及带来的损失控制在一定限度内的策略。由于资产评估风险是客观存在的，资产评估机构不可能只从事没有风险的评估业务。对资产评估机构来讲，采取各种措施降低评估风险，是一个比较可行的应对资产评估风险的方式。资产评估机构可以通过提高资产评估师的执业能力以及建立完善的资产评估机构质量控制体系等措施降低资产评估风险。

（一）提高资产评估师执业能力

资产评估过程是资产评估师的分析估算过程，要求资产评估师具有丰富的评估知识、经验、技能以及良好的职业道德。通过剖析评估诉讼案例可以看出，资产评估师在执业过程中疏忽和判断失误是评估涉诉的重要原因，因此要降低资产评估风险，应从提高资产评估师的执业能力入手。

1. 招聘合格的资产评估师。我国的评估师资格是一个综合性的职业资格，而资产评估师又不可能熟悉所有资产评估业务涉及行业的知识，因此可根据资产评估机构的需要对应聘者的学习经历进行限定。例如，拟从事数据资产评估的资产评估师应该具有数据科学、大数据等专业的学习经历。这样资产评估师就能具备所评估资产所需要的专业技术知识，避免由于资产评估师缺乏专业知识和技能而导致的评估执业质量低下的风险。

2. 加强资产评估师的继续教育。资产评估师在执业过程中所需要的知识包罗万象，同时评估技术和方法也在不断发展。资产评估师需要不断地学习，参加继续教育就非常关键，学校教育仅占资产评估师学习经历的一小部分，资产评估师执业所需要的知识和技能主要靠继续教育获得。资产评估师的继续教育应注重效果，应根据其实际需要安排学习内容，提高教学内容的针对性，采用案例教学法，使教学内容更加贴近资产评估师的执业活动，通过继续教育使资产评估师具备执业活动所需要的评估知识和技能。

3. 资产评估师在执业中要严格遵守评估准则。资产评估师按照评估准则的要求执业，一方面能保证执业质量，另一方面能保护资产评估师的合法权益。根据《资产评估法》第十三条规定："遵守评估准则，履行调查职责，独立分析估算，勤勉谨慎从事业务"是资产评估师的法定义务。《企业国有资产法》第五十条规定："资产评估机构及其工作人员受托评估有关资产，应当遵守法律、行政法规以及评估执业准则，独立、客观、公正地对受托评估的资产进行评估。"资产评估机构及其工作人员受托评估数据资产，应当遵守法律、行政法规以及评估执业准则，独立、客观、公正地对受托评估的数据资产进行评估。资产评估准则得到了法律的承认，资产评估师只有严格按照准则执业，才能保证执业质量，降低执业风险。评估业务一旦涉及诉讼，资产评估机构和资产评估师可以按照资产评估执业准则进行辩护，这样可以减轻甚至免除资产评估机构和资产评估师的责任。

4. 资产评估师要提高自身职业道德素养。资产评估师在执业过程中要做到"独立、客观、公正"。资产评估师应从经济上、业务上独立于委托人和其他相关当事人。资产评估师要认真履行评估程序，客观地得出评估结论。资产评估师要公正对待评估业务中的每一位当事人，做到不偏不倚。资产评估师的职业道德水平直接影响委托人和其他相关当事人对资产评估机构的认可程度，也决定了评估结论能否被委托人和其他相关当事人所接受。提高资产评估师职业道德素养，是降低资产评估风险的重要途径。

（二）完善资产评估机构质量控制体系

资产评估机构通过建立质量控制体系，控制资产评估执业风险。

1. 执业理念控制。资产评估机构和资产评估师应具有风险理念和质量理念。资产评估师应具有风险意识，并树立全面质量管理理念。资产评估机构应建立风险控制制度，建设以质量为核心的诚信文化。

2. 组织架构设计控制。资产评估机构组织架构包括组织形式和组织机构。资产评估机构的组织形式包括合伙和有限责任公司两种形式，从提高执业质量和降低评估风险角度看，大中型资产评估机构应采用合伙制尤其是特殊的普通合伙制。同时资产评估机构应设置专门部门或人员控制执业质量和执业风险。

3. 人力资源管理控制。资产评估师要具有丰富的评估知识、经验和技能。资产评估机构人力资源管理在质量控制体系中发挥着关键作用。资产评估机构要建立完善的资产评估师招聘、培训制度，建立评估师持股计划，做到留住人才、用好人才，以利于评估机构做大做强。

三、风险分担

风险分担是资产评估机构借助他人力量，采取业务分包、购买保险等方式和适当的控制措施，将风险控制在一定限度之内的策略。

（一）与其他机构合作，对部分评估业务进行分包

在资产评估业务中，由于资产评估机构执业人员知识、经验、能力、时间等因素的限制，有时需要与会计师事务所、其他评估机构、专业数据公司等机构合作，以提高业务质量，降低评估风险。

根据《资产评估执业准则——利用专家工作及相关报告》的相关规定，利用专家工作及相关报告，是指资产评估机构在执行资产评估业务过程中，聘请专家个人协助工作、利用专业报告和引用单项资产评估报告的行为。聘请专家个人协助工作是指因涉及特殊专业知识和经验，聘请某一领域中具有专门知识、技能和经验的个人协助工作，向资产评估师提供技术支持。利用专业报告是指因涉及特殊专业知识和经验，利用某一领域中具有专门资质或者相关经验的机构所出具的专业报告，作为资产评估依据。引用单项资产评估报告是指资产评估机构根据法律、行政法规等要求，引用其他评估机构出具的单项资产评估报告，作为资产评估报告的组成部分。

在数据资产评估业务过程中，与其他机构合作是降低资产评估风险的有效手段。

1. 与会计师事务所合作。资产评估机构在采用资产加和法评估企业价值时，需要对作为数据资产入账的数据资源进行核实，涉及数据资产的历史成本、摊销额、计

提的减值（跌价）准备以及账面价值等，由于注册会计师具有丰富的审计经验，注册会计师从事数据资产账面价值的审核比资产评估师更专业、可靠性更高，因而资产评估机构可将此类业务委托给会计师事务所从事。

2. 与专项资产评估机构合作。在企业价值评估业务中，承担该评估业务的一般是综合资产评估机构。如果被评估企业存在数据资产需要进行评估，但该综合资产评估机构尚不具备胜任数据资产评估的能力，在这种情况下，该综合资产评估机构可以与专门从事数据资产评估的资产评估机构进行合作，由数据资产评估机构对数据资产价值进行评估并出具数据资产评估报告。综合资产评估机构在对数据资产评估报告分析并决定引用后，在其出具的资产评估报告中引用数据资产评估报告的结论，并对其引用数据资产评估报告的情况进行披露。

3. 与其他资产评估机构合作。在集团公司整体评估中，由某一家大型评估机构牵头负责，制订评估计划，提出评估质量要求，并进行风险控制和出具总评估报告。集团公司中子公司、孙公司的评估业务则由合作的其他资产评估机构进行，多家评估机构共同协作，可避免某一家资产评估机构由于执业人员数量和时间有限而仓促执业带来的风险。

4. 与专业数据公司合作。在数据资产评估业务中，涉及数据质量评价，需要对数据的准确性、一致性、完整性、规范性、时效性、可访问性进行评价，这些评价工作超出了一般的资产评估师和资产评估机构的能力范围，需要委托专业的数据公司从事数据质量评价并出具数据质量评价报告。

评估机构与其他机构合作，能弥补评估机构在人力、经验等方面存在的不足，能提高评估工作效率，降低评估风险。资产评估机构一定要关注其他机构的工作质量，事前对质量标准提出要求，事中对工作质量进行检查，事后对工作质量进行复核，使其他机构工作质量达到规定的要求。

（二）购买资产评估师职业责任保险

职业责任保险是指各种专业技术人员、具有职业资格的人员以及机构在提供专业服务过程中，因过失造成委托人的经济损失，依法应由专业技术服务机构或个人承担经济赔偿责任的保险。职业责任险被保险人应当是在中华人民共和国境内依法设立的专业服务机构或个人，尤其是具备职业资格的个人，以其个人名义提供专业服务的注册会计师、资产评估师、税务师等。

《资产评估行业财政监督管理办法》第十九条规定：“资产评估机构根据业务需

要建立职业风险基金管理制度，或者自愿购买职业责任保险，完善职业风险防范机制。资产评估机构根据业务需要建立职业风险基金管理制度，或者自愿购买职业责任保险，完善职业风险防范机制。”资产评估机构和资产评估师在执业过程中由于过失给委托人或其他相关当事人造成损失，应予以赔偿。而资产评估机构的资金规模一般不大，支付赔偿款的能力有限，若由资产评估机构支付大额赔偿款，可能导致资产评估机构破产，委托人和相关当事人的权利无法得到保障。因此资产评估机构可购买评估师职业责任险，当资产评估机构由于执业存在过失需要赔偿时，由资产评估机构和保险公司共同赔偿。资产评估师职业责任保险有以下特点：

1. 由于资产评估师疏忽或过失给委托人或其他相关当事人造成损失由评估机构承担经济赔偿责任的，保险公司才予以赔偿。也就是说，由资产评估机构和资产评估师故意导致的，保险公司不予赔偿。因此资产评估机构和资产评估师应谨慎执业，合理控制执业风险，不能因为有职业责任保险就降低执业质量。

2. 保险公司赔偿的前提是资产评估机构先行赔偿。当评估委托人或其他相关当事人追偿损失时，应由资产评估机构先行赔偿。如果资产评估机构未赔偿，保险公司不予赔偿。这也就杜绝了资产评估机构的投机心理，有利于资产评估机构和资产评估师规范执业。

四、风险承受

风险承受是企业对风险承受度之内的风险，在权衡成本效益之后，不准备采取控制措施降低风险或者减轻损失的策略。

在数据资产评估项目中，评估风险是客观存在的，如果资产评估机构和资产评估师只想做没有任何风险的数据资产评估业务，是不可能的，或者说是不经济的。因此资产评估机构和资产评估师需要对评估业务的风险和收益进行评估，如果风险发生后产生的不利影响在风险承受度以内，承受风险实现的收益大于风险发生后带来的损失，资产评估机构就应该承受这项风险，不采取其他降低风险或者减轻损失的措施。

数据资产评估业务中，资产评估师面临的风险各种各样，风险规避、风险降低、风险分担和风险承受等风险控制方法是一套组合的方法，这些方法可能同时使用，也可能使用其中的一种或几种方法，这需要根据特定的资产评估风险确定。

参考文献

［1］张平. 中华人民共和国数据安全法理解适用与案例解读［M］. 北京：中国法制出版社，2021.

［2］国家市场监督管理总局，中国国家标准化管理委员会. 信息技术　数据质量评价指标［M］. 北京：中国标准出版社，2018.

［3］国家市场监督管理总局，中国国家标准化管理委员会. 电子商务数据资产评价指标体系［M］. 北京：中国标准出版社，2019.

［4］国家市场监督管理总局，国家标准化管理委员会. 信息技术服务　数据资产管理要求［M］. 北京：中国标准出版社，2021.

［5］朝乐门. 数据科学［M］. 北京：清华大学出版社，2016.

［6］徐宗本，唐年胜，程学旗. 数据科学——它的内涵、方法、意义与发展［M］. 北京：科学出版社，2022.

［7］叶雅珍，朱扬勇. 数据资产［M］. 北京：人民邮电出版社，2021.

［8］曾燕. 数据资源与数据资产概论［M］. 北京：中国社会科学出版社，2022.

［9］张玉珍，徐寒. 资产评估［M］. 3 版. 西安：西北大学出版社，2018.

［10］中国资产评估协会. 资产评估基础［M］. 北京：中国财政经济出版社，2021.

［11］崔静，张群，王春涛，等. 数据资产评估指南［M］. 北京：电子工业出版社，2022.

［12］黄世忠，叶丰滢，陈朝琳. 数据资产的确认、计量和报告——基于商业模式视角［J］. 财会月刊，2023,44（8）：3-7.

［13］朱扬勇，叶雅珍. 从数据的属性看数据资产［J］. 大数据，2018，4（6）：65-76.

［14］汪海粟，文豪，张世如. 资产评估风险界定及防范体系［J］. 中国资产评估，2002（6）：6-10.

［15］徐海成. 资产评估的风险属性及类型分析［J］. 交通财会，2002（8）：5-7.

［16］潘学模. 资产评估风险及其防范［J］. 财会月刊，2003（16）：12-13.

［17］徐寒，张玉珍. 资产评估风险管理研究［J］. 科技和产业，2014，14（8）：92-97.

［18］孙文章，杨文涛. 基于多期超额收益法的互联网金融企业数据资产价值评估研究［J］. 中国资产评估，2023（2）：4-18.

［19］崔叶，朱锦余. 智慧物流企业数据资产价值评估研究［J］. 中国资产评估. 2022，（8）：20-29.